电机运行热交换计算和设计

Calculation and design of heat exchange for motor operation

黎贤钛 编著

前 言

电机冷却系统设计，就是基于其使用环境，综合考虑换热效率、可靠性、成本三大指标，对热力、流体(风压、水压)、几何(散热部件形状、排列等)三类参数进行优化组合，得到一个比较满足用户需要的综合方案。

近二三十年来，随着经济、技术的快速发展，大型电机的应用领域越来越多，容量越来越大，性能要求越来越复杂，相应地，对冷却系统的研发制造也提出了新的、更高的要求。但由于设计理念落后，国内厂家大多仍习惯于“凭经验试样→与实机反复匹配→合格后投入批量生产”的开发模式，造成了许多不必要的人力、物力和财力的浪费。尽管有换热设计软件，但材料性能、制造工艺差异较大，不同厂家需求也各不相同，在同行业竞争日趋激烈的情况下，旧的设计方法已不能适应市场要求，需要与时俱进，提高非标精细化设计能力。

尔格科技专注于电机冷却系统研制二十余年，在产品设计和技术人员培训方面积累了一些心得。公司久有心愿，将这些专业知识与广大客户及同行分享，以期共同进步。

本书由尔格技术团队参酌相关著作，结合多年设计经验，共同撰写编著。它详细解析了电机冷却系统的基本结构、换热计算、参数性能和设计方法，以换热计算和结构设计为重点，并穿插介绍了标准化、模块化的设计理念，尽量做到简洁明了、深入浅出，非常适合作为工厂初学者的学习用书。

本书由黎贤钛编写。编写完稿后，分别由尔格科技各技术人员核对：第1章为张龙波，第2、3章为俞钧，第4、5章为涂佳，第6、7章为杨照，第8、9章为虞礼辉。对他们的认真核对，表示谢意。

本书在编写过程中，曾得到不少单位和专家的支持，他们提供了许多资料和有益的建议，对此表示衷心的感谢。

黎贤钛

2015年1月于尔格科技

符号说明

A—— 壳程总传热面积；

A_1—— 盘-环形折流板换热器盘板与壳体间纵向管束(轴向)流道环弧形空间传热面积；

A_2—— 盘-环形折流板换热器环板中心开口处纵向流道传热面积；

A_3—— 盘-环形折流板换热器横流流道传热面积；

D_1—— 盘-环形折流板的盘径；

D_2—— 盘-环形折流板的环板中间开口(孔口)直径；

D_m—— 盘-环形折流板换热器横流面积计算的平均直径，$D_m = \dfrac{D_1 + D_2}{2}$；

D_s—— 壳内径；

d—— 传热管外径；

g_c—— 重力加速度；

h_1—— 相当于 Nu_1 的纵向流传热膜系数；

h_2—— 相当于 Nu_2 的纵向流传热膜系数；

h_3—— 相当于 Nu_3 的横向流传热膜系数；

K—— 传热校正系数；

L—— 传热管长；

M—— 方程式中的乘积因子；

M_s—— 壳程质量流率；

N_t—— 换热器总数；

N_{t1}—— 盘-环形折流板换热器盘形板与壳体间弧环形流道处换热管数；

N_{t2}—— 盘-环形折流板换热器环形板中央开口处流道的换热管数；

N_{t3}—— 盘-环形折流板换热器横流流道处换热管数；

Nu_1—— 计算传热膜系数 h_1 的努歇尔数；

Nu_2—— 计算传热膜系数 h_2 的努歇尔数；

Nu_3——计算传热膜系数 h_3 的努歇尔数；

Pr—— 普兰特数；

Re_1—— 纵向流流道截面积 S_1 处雷诺数；

Re_2—— 纵向流流道截面积 S_2 处雷诺数；

Re_3—— 纵向流流道截面积 S_3 处雷诺数；

S_1—— 穿过盘环形折流板与壳体间弧环形流道纵向流横截面积；

S_2—— 穿过盘环形折流板与中央开口处纵向流流道横截面积；

S_{k1}—— 盘形折流板与壳体间弧环形截面积；

S_{k2}—— 环形折流板以内的截面积；

S_q—— 穿过管束的横流流道截面积；

S_s—— 纵向流流道平均截面积，$S_s = \dfrac{S_1 + S_2}{2}$；

T_b—— 壳体流体主体流体平均温度；

T_w—— 管壁温度；

U_1—— 穿过横截面 S_1 的壳程流速；

U_2—— 穿过横截面 S_2 的壳程流速；

U_3—— 穿过横截面 S_3 的壳程流速；

μ_s—— 壳程流体主体平均温度下动力黏度；

μ_w—— 壳程流体壁温下动力黏度。

CONTENTS 目录

绪　论

随着国民经济的快速发展，新技术、新材料的不断研究与应用，电机容量越来越大，电压等级也不断提高，为此，电机可靠性要求越来越高，对电机冷却系统研究和制造也提出新的课题。特别是用于风力发电机组中的冷却器重量、体积受到空间和空中运行的限制，价格又不能太高；用于核电、大型水力发电等大型发电机可靠性、寿命要求通常为30年；用于火电、石化、环保等电机因使用环境不同，对材料、结构和尺寸提出新的挑战，不断推出新的规格和品种。电机的发展促使冷却器从设计方面就要满足效率高、可靠性、价格成本等要求。要满足上述条件，除了要充分考虑电机发热原理外，对冷却器的研究、冷却器材料和制造上也需要新的突破。但是，近半个世纪以来，冷却器理论和设计方法上的进展相对较慢，其品种、规格、性能和尺寸没有统一标准。大部分企业都是凭借经验制造样机，在电机整机中测试合格后，才投入批量生产。如不合格则继续试样，造成不必要的财力和时间上的浪费。

在冷却器设计时需要很多参数，这些参数大体上可分为两组：第一组是冷却器内有关风压、水压、流体的参数和热力学参数；第二组是表示冷却器各通用部件形状、排列和管子材料、大小的几何参数。这二组参数都是三维的，相互之间有影响。尤其是流道上、下、左、右之间的流体动力参数也是相互关联的。在设计中要处理好这些关系，需要对整个过程反复进行修改，难度较大，以前的设计理论和方法已很难适应。

近年来，关于电机冷却器的学术和理论研究，已注意到了流体参数与性能参数之间的关系，但是却忽视了流道几何特征对流体力学参数的影响，而且学术和理论研究与设计方法的发展脱节，没有实质性推动电机冷却器整个优化设计。

大型电机冷却器常用介质可分为空气冷却和水冷却，空气冷却常选用风机，它是易损的主要部件，如叶轮、轴、轴承和轴封等配件，应该是可互换的，但如果用于风力发电机上，更换成本很高。因此，要进行有限元的分析，改变电机极数和材料，使之可构成多种组合，适应标准化。

作为专用于高寒型和海洋型特殊环境的电机冷却器，应尽量考虑使用条件中的其他要求。为了获得最优的性能(但不一定最高效率)和最经济的设计,应有效分析其风机转速、极数、管子冷却系数、流道风压和流量系数,也应结合零部件的强度和结构以及材料等进行综合考虑。

近年来,发电行业和输变电行业设备使用部门存在着一些片面的看法,只追求表面的"节能"指标,即使是临时性工作或者间歇性工作,也选择同样的机型。选用复杂,其昂贵和大功率的机型,实际上提高了投资和总运行费用。

设计电机冷却器考虑最多的是:散热效率、冷却性能曲线、振动和重量。效率是最受人们重视的表观指标,特别是在当前能源紧张的情况下,"节能"是人们注重的一大指标,而且有时这也是最能"蒙骗人"的指标。因有些"节能"冷却器只是在设计点或工况点时效率高,但高效范围不宽,其性能曲线的形状不能令人满意。标准参数的冷却器,应适应较广泛的使用场合,但这些使用场合很难恰好都在标准电机冷却器的设计点上,甚至也不在高效工作点范围内,因此在实际使用的场合,冷却器的效率并不都是设计点的效率,其节能效果不如实际测试的某一特定点显著。对特定类提出优化设计,应该是处理三个指标的折中方案:一是强调效率设计,考虑到各种损失的折中,即流体效率、容积效率和机械效率等;二是强调材料选择节约成本,考虑到各种强度和振动的折中;三是强调零部件可靠性时应考虑通用零件和标准零件的生产成本的折中。其中折中就是优化。

本书内容极具基础性,主要是为了帮助制造型企业技术人员了解电机发热源的产生、热源的传递过程;如何把这部分热源让冷却器带走,保证电机在规定温升内运行,是本书的主要内容;热源通过冷却器的传递,对冷却器的换热计算、结构设计介绍是本书重点部分。

尔格科技作为电机冷却器的研制企业,对冷却器各部件使用造型有一定的实践经验,但缺乏理论深入研究,编写过程中参考了大量的著作,特别是附页中的参考文献,在此向其作者表示感谢。

由于编者水平有限,书中难免有不妥之处,敬请读者给予批评指正,不胜感激。

第1章　电机构造

随着科技的发展，电机用途十分广泛，系列品种、规格很多，结构形式多样。但无论哪一类电机，其原理都相同，结构上都是由固定、转动和过渡三大部分组成。其中固定部分通常称为定子，转动部分称为转子，过渡部分包括电气过渡（如集电环、换向器和电刷结构）和机械过渡（如端盖和轴承）。定子和转子部分主要是由铁芯和绕组构成，其余是机械支撑紧固用的结构部件。

1.1　电机结构分类

电机总体构造是根据电机的类别、运行条件、原动机或被传动机械的种类及传动方式、电机的容量与转速、冷却方式、防护型式、轴承型式和对数、安装方式等确定。在确定电机的总体结构时，必须根据技术使用条件提出的要求，结合具体情况来进行。总体结构应符合国家标准的规定，常用的主要有三种类型，即按通风冷却系统、防护型式和安装结构型式分类。

一、按通风冷却系统分类

空冷有自冷、自扇冷、它扇冷、管道通风、自由循环通风、封闭循环通风等多种型式；采用其他冷却介质（氢、水等）时，从总体结构上看，通常都是封闭循环系统。

二、按防护型式分类

根据防护型式的不同，可将电机分成诸多类型，目前主要的防护型式有开启、防护、封闭、防爆、防水、水密、潜水、潜油等。

开启电机的结构特点是其带电和转动部分没有专门的保护装置。这种结构常用于卧式、低速的中大型直流电机和凸极同步电机，以及低电压大电流直流电机中，一般要求环境比较洁净。如图1-1所示为开启式直流电机总装图。

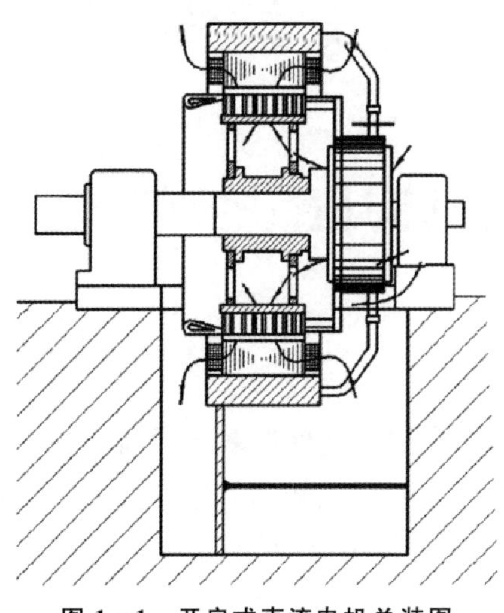

图 1－1　开启式直流电机总装图

防护式电机的机壳对于电机内带电部分和转动部分有必要的机械保护，以防止意外接触，但这种保护并不显著妨碍电机的通风。根据通风口防护结构的不同，它又可细分为网罩式、防滴式和防溅式三种。用铁丝网或多孔金属薄板遮盖通风口，使直径大于 15mm 的外物不能接触到电机的带电和转动部分的称为网罩式；能防止垂直下落的液体或固体直接进入电机内部的称为防滴式；能防止与垂直线成 100°角范围内任何方向的液体或固体进入电机内部的称为防溅式。防护式结构适用于使用场所对电机无特殊要求的情况。如图 1－2 和图 1－3 所示为自扇冷防护式异步电机总装图。

封闭式电机的机座和端盖能组织电机内外空气自由交换，但不要求完全密封。它可以防护来自任何方向的液体和异物进入电机内部。这种结构适于安装在多尘或露天场合的电机中。图 1－4 所示为封闭自扇冷式异步电机。

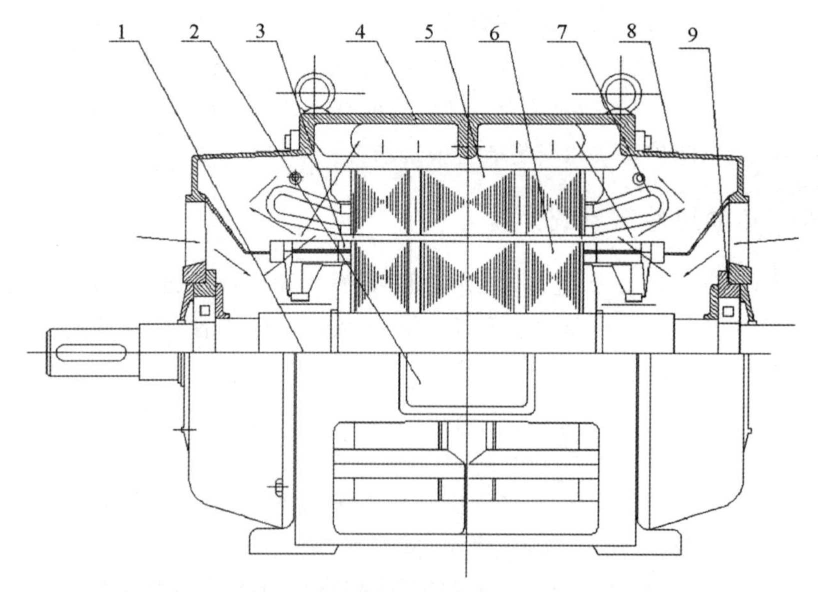

图 1－2　中型自扇冷防护式笼型转子异步电机总装图

1—转轴　2—出线盒　3—转子绕组　4—机座　5—定子铁芯
6—转子铁芯　7—定子绕组　8—端盖　9—轴承

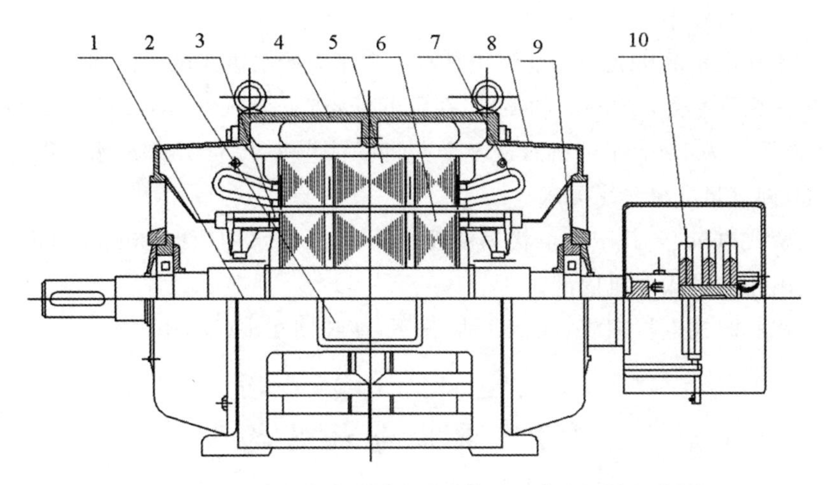

图1-3　中型自扇冷防护式绕线转子异步电机的总装图

1—转轴　2—出线盒　3—转子绕组　4—机座　5—定子铁芯　6—转子铁芯　7—定子绕组　8—端盖　9—轴承　10—集电环

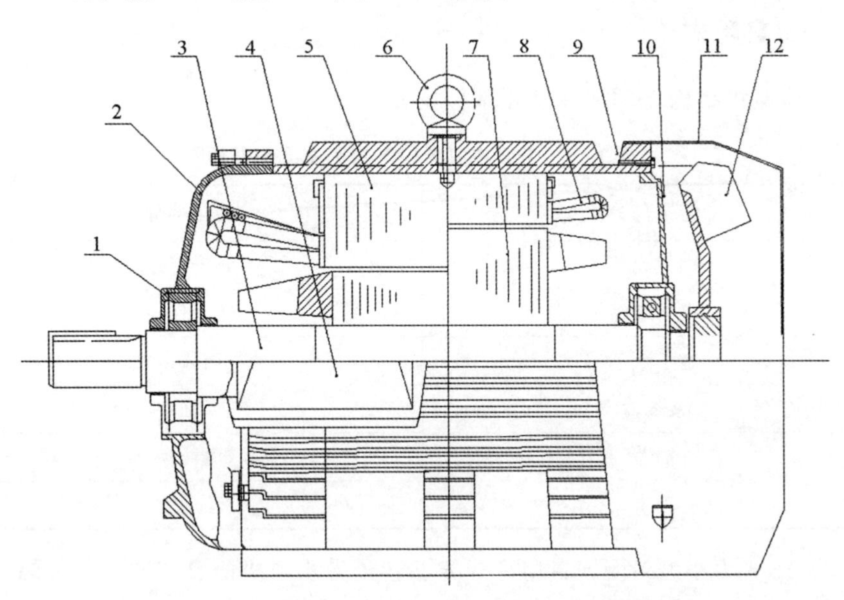

图1-4　小型封闭自扇冷式笼型转子异步电机总装图

1—轴承　2—前端盖　3—转轴　4—出线盒　5—定子铁芯　6—吊攀　7—转子　8—定子绕组　9—机座　10—后端盖　11—风罩　12—风扇

防爆式(也称隔爆式)电机的外形与封闭式电机的类似,但其机座和端盖具有较高的机械强度,能承受爆炸性气体在电机内部产生的爆炸力,电机内外的各金属接缝面均具有足够的长度,以阻止爆炸时电机内部的高温气体迅速传递到电机外部。所有螺母都不允许外露,并设有锁紧装置。这种结构主要应用于煤矿和化工等行业中。

防水式电机的机壳结构能阻止具有一定压力的水进入电机内部。常用的检查标准是：用直径为25mm的喷嘴，在距电机2m处以压力为4m H_2O 或距电机3m处以压力为10m H_2O 的水从各个方向喷射电机，历时15min，水不得进入电机内部，即满足电机技术要求。

水密式电机，当其于静止状态浸没在10m深的水中历时30min以内，机壳结构能阻止水进入电机内部。

潜水（油）式电机在规定的水（油）压下，能长期在水（油）中运行。

1.2 异步电机结构

异步电机结构可分为封闭式、防护式和箱式三种类型。

一、封闭式

异步电机结构Y系列主要零部件见表1－1。

表1－1　异步电机结构Y系列主要零部件

定子部分	转子部分
机壳	转子绕组
定子绕组	转子铁芯
定子铁芯	内风扇
接线盒	轴
端盖	甩油盘
轴承	轴承盖

图1－4为小型封闭式自扇冷式笼型转子异步电机的总装图。电机的基本特征是：卧式，机座带底脚，有两个端盖轴承，单轴伸（根据需要也可以制成双轴伸），带内、外风扇。

机座为铸铁件，表面带有散热筋，用以扩大散热面积，改善冷却条件。机座顶部有起吊用的吊环螺钉，底部有两个小孔（图上未标出），供泄出冷凝水用。从传动端看，机座右侧有一方形出线盒，用来引入电源线。机座内腔呈圆筒形，无纵筋，此结构有利于定子绕组散热。

定子铁芯用扣片在其外圆处的鸽尾槽中将其沿轴向固紧，结构简单，又使铁芯外圆几乎和机座内圆全部接触,有利于铁芯散热。这种结构可采用外压装工艺。

铸铝的笼型转子用热套与轴配合(也可将转轴滚花后采用冷压装配),端环和内风扇的叶片形成整体,使工艺简化和可靠性提高。在端环上还铸有若干放置平衡块用的小柱。内风扇的作用是使机内热风加速循环,以便更好地与机座和端盖交换热量。外风扇采用径向离心式风扇,用铝或塑料制成,风罩用螺钉固定于机座上,见图1-4所示。

前、后端盖相同,轴承为单列向心球轴承。

为了表示出系列电机在定子外径相同、极数不同时,机座可以相同这一情况,图1-4中左右两部分的定子内径与转子外径画成彼此均不相同,左半部分表示该机座号中极数较少的电机,右半部分表示电机的极数较多。

二、防护式

三相异步电机JS/R系列主要部件见表1-2。

表1-2 三相异步电机JS/R系列主要零部件

定子部分	转子部分
机壳	转子绕组
定子绕组	转子铁芯
定子铁芯	转子压圈
接线盒	转子支架
端盖	轴
挡风板	轴承
百叶窗	轴承套、轴承盖
	滑环(R)

图1-3为中型自扇冷防护式绕线转子异步电机的总装图。此电机的基本特征是:机座带底脚、有两个端盖轴承、单轴伸,采用两侧对称的径向通风系统,一般为自通风,根据需要也可制成管道通风,铁芯中有通风道,以利于散热。

机座系铸铁件,内圆处有纵筋,以便和铁芯外圆间形成通风道。因电机较重,故机座顶部有两个吊环螺钉。从传动端看,出线盒在机座右侧的正中处。

定子铁芯采用内压装结构,即冲片直接在机座内进行叠压。叠成后,沿轴向用压圈和弧形键固紧。3kV和6kV电机的定子铁芯采用开口槽,500V以下则采用半开口或半闭口槽。定子线圈端部用间隔垫片绑绳扎紧,或用涤纶护套玻璃丝绳绑扎。转速较高的电机,定子线圈端部还用包以绝缘的端箍加固,以增强承受起动时冲击电流产生的电磁力的作用。

转子铁芯直接套于轴上，利用平键和环形键进行周向与轴向固定。轭部具有轴向通风道，以利冷却；当电机容量较大时，转子铁芯常装于支架上，铁芯和支架的筋、毂之间留有足够的轴向通风道。转子铁芯两端各有一个压圈，压圈用弧形键固定于支架上，用来沿轴向把铁芯固紧和支承线圈端部，其上并开有放置平衡块的沟槽。转子采用双层波绕组，以半成型的包有绝缘的铜排（称为半组式线圈）穿入半闭口槽，弯形后进行连接；除了斜导体（也称为跳层线圈）所在槽外，一般每槽有两根导体。线圈端部用无纬玻璃丝带（有的也用钢丝）扎紧。转子绕组的引出线用电缆通过转轴中心孔从非传动端穿出，再连接至集电环上。这样可缩短轴承间的距离，减小轴的绕度。转子半组式线圈端头的连接用并头套上，装有若干风叶，沿圆周等距分布，类似风扇冷却通风。

集电环和电刷装置用防护罩保护。图 1－5 所示结构具有电刷短路和举刷装置。起动时电刷与集电环接触，以便外接起动电阻；起动完毕后，将手柄扳至运行位置，电刷和集电环分离，同时借短路环将三个集电环短路。有些绕线式电机无举刷装置，这时电刷始终和集电环接触，运行时机械损耗及电刷磨损增大，但电机结构较为简单，便于工艺制作。

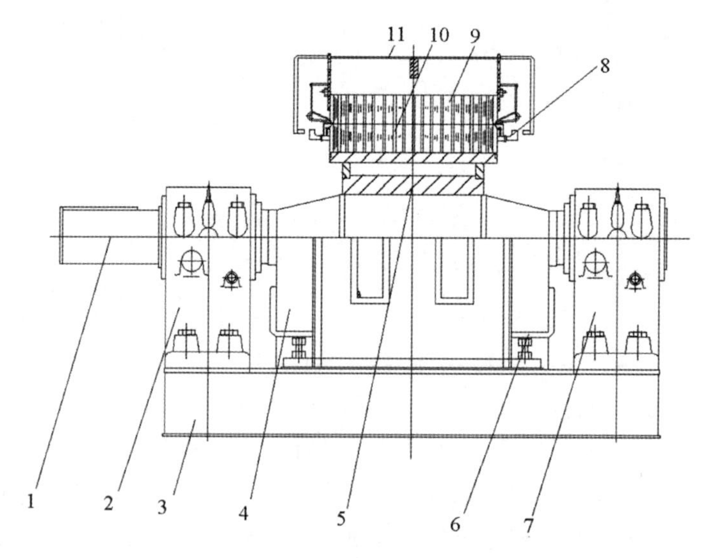

图 1－5　大型防护式双笼转子异步电机的总装图

1—转轴　2—座式轴承　3—底板　4,6—端罩　5—转子支架
7—座式轴承　8—风叶　9—定子　10—转子　11—机座

为了防止空气形成局部循环，在端盖内侧装有挡风板。借助于转子绕组两端的风叶和转子铁芯径向风道片产生的风压作用，冷却空气自两侧端盖下方的

进风口进入电机后，一部分空气吹过定子绕组端部而进入铁芯背部，另一部分则经过转子和定子铁芯中的径向通风道后进入背部，然后都汇集于基座下部的出风口溢出。

由于传动端的负荷较大，故该处采用单列向心短圆柱滚子轴承。非传动端采用单列向心球轴承。滚子轴承还能自动适应因冷热变化造成的转轴伸缩及零部件允许的加工和装配偏差引起的轴向窜动。为便于装拆，并在装拆和检修时保持轴承清洁，两个轴承均采用轴承套保护。

图1-3为中型自扇冷防护式笼型转子异步电机的总装图。其定子结构与上述绕线转子电机的相同，但转子导条、端环和风叶均用铝铸成，借铝条冷却时的拉紧力使转子冲片被压紧而成为一个整体结构。

图1-5为大型防护式双笼转子异步电机的总装图。由于电机容量及径向尺寸较大，故采用座式轴承及转子支架制造。

三、箱型结构

高压电机结构主要零部件见表1-3。

表1-3 高压电机结构主要零部件

定子部分	转子部分
机座	转子绕组(铸铝/绕线/铜条)
定子绕组	转子铁芯
定子铁芯	转子压圈
接线盒	转子支架/筋板
端盖	轴
挡风板	轴承(滚动、滑动)
顶罩/百叶窗(lp23)	轴承套、甩油盘、轴承盖
冷却器(lp44/54/55)	滑环(R)

这是近年来新发展起来且颇有前景的一种结构形式，目前国外在交、直流电机中均已广泛应用，特别是应用在单台容量为3MW左右中的中大型异步电机。

图1-6和图1-7分别为箱型结构的中型笼型转子异步电机的外形图和拆开后的部件图。箱型电机的主要部件有外罩、底座、定子、转子和轴承等。外罩因不承受任何载荷，故结构轻巧，它可以是整体的，也可以由上、下两部分组成。通常，对于分半外罩(见图1-6)，同一机座号电机的外罩下半部分都相同，但外罩上半部分则随电机防护形式和冷却方式的不同而不同，如图1-8所示，底座

因要承受整个电机的重量和有关作用力，故要求具有较高的强度。底座和定/转子铁芯、绕组、轴承等已装在一起。定子系装入式，它是可以与底座及外罩完全分开的独立部件。轴承根据情况可采用滚动轴承或滑动轴承，轴承座在轴中心高处分成上、下两半，以便于拆卸（如图 1-7 所示）。

图 1-6　箱型结构笼型转子异步电机的外形图

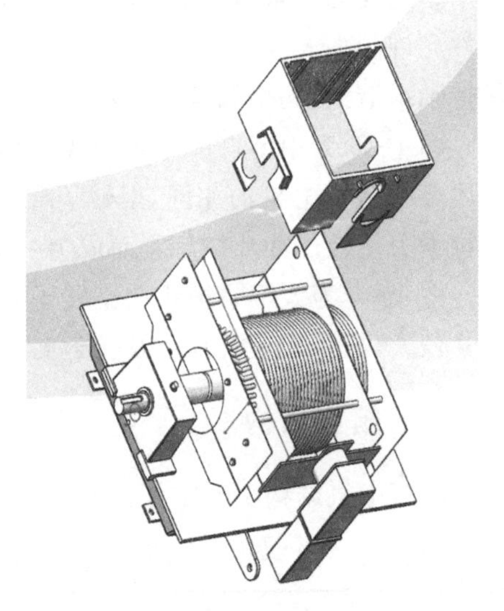

图 1-7　箱型结构笼型转子异步电机拆开后的部件图

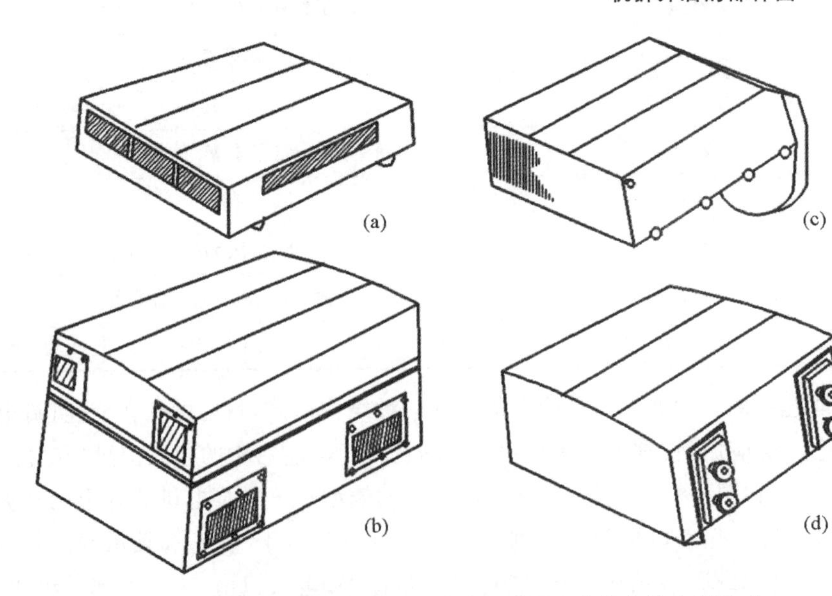

图 1-8　箱型结构笼型转子异步电机外罩上半部分的各种形式

(a) 具有网罩保护的防滴式　(b) 户外式　(c) 闭路循环空冷
(d) 闭路循环水冷（水为第二冷却介质）

箱型结构的主要优点有：(1) 零部件的通用性很高(例如底座、铁芯、轴承座等均可通用)。(2) 仅仅采用不同的外罩，就很方便地派生出防护型和冷却方式不同的电机，容易实现标准化。(3) 定子铁芯采用外压装，因此可使定子铁芯压装、下线、浸渍和底座、外罩的加工同时进行，缩短了生产周期；而且便于采用整体真空、压力浸渍工艺，提高绝缘质量。(4) 机械加工量少，气隙均匀度高，下线方便，拆卸容易。

1.3 同步电机结构

一、凸极同步电机

凸极同步电机从结构上可分为卧式和立式两大类。大多数同步电动机、调相机和用内燃机或冲击式、贯流式水轮机拖动的发电机都采用卧式结构，混流式和轴流(浆)式水轮机拖动的水轮发电机和少数同步电动机则采用立式结构型式。

(一) 卧式凸极同步电机

图1-9为带直流励磁机的卧式小型防护式凸极同步电机。这种电机的基本特征是：卧式、机座带底脚、有两个端盖式轴承、单轴伸端、自扇冷通风系统等。

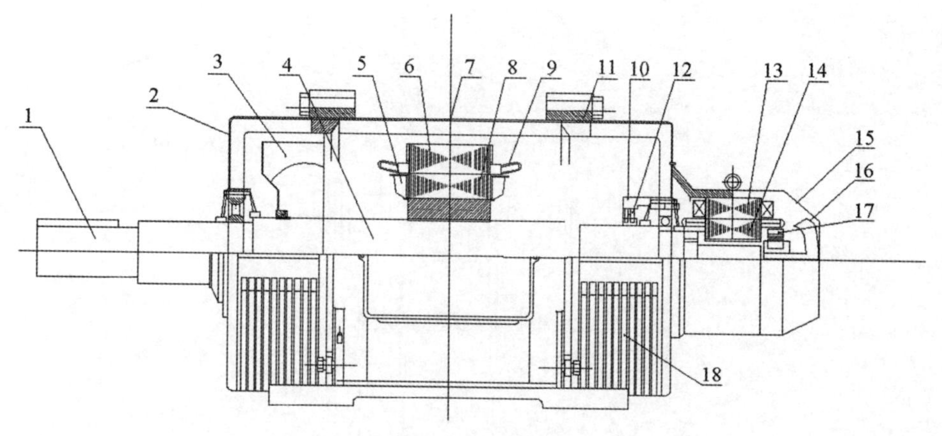

图1-9 带直流励磁机的卧式小型防护式凸极同步电机

1—转轴 2—端盖 3—风扇 4—出线盒 5—励磁绕组 6—定子铁芯 7—机座
8—磁极 9—定子绕组 10—电刷装置 11—端盖 12—集电环 13—励磁机定子
14—励磁机电枢 15—励磁机端盖 16—风扇 17—电话装置 18—网罩

定子结构和异步电机的基本相同。转子由磁极、磁轭、励磁绕组、集电环、风扇和转轴等零部件组成，励磁机的电枢和换向器与同步电机转子同轴安装。同步电机的磁极用薄钢板冲制后以铆钉沿轴向铆紧，其两端有钢板制成的L型压板，用来防止励磁绕组在离心力作用下甩出。磁极用螺钉固定于圆筒形的铸钢磁轭上，磁轭则用热套或键固定在轴上。集电环用耐磨黄铜浇铸(也可用青铜、磷青铜或钢制成)，两个集电环用玻璃酚醛塑料作绝缘，经热压成为一个整体。

轴伸端采用单列向心短圆柱滚子轴承，非轴伸端为单列向心球轴承。整个电机有两只风扇，分别安装于传动端和励磁机端的轴上。冷却空气由励磁机与前端盖(位于非传动端)上的进风孔进入电机，从后端盖的出风口逸出。

图1-10和图1-11分别为大型开启式低速同步电机和大型封闭式中高速同步电机的总装图。由于直径较大，两者的定子铁芯均用扇形片拼叠而成。绕组一边采用环氧粉云母绝缘(B级)的成型线圈双层叠绕组，槽电流大于100A时，改为条式线圈绕制。

图1-10中转子具有叠片磁极，用螺栓固定在铸钢的圆筒形磁轭上，有阻尼绕组。集电环为装配式，重量轻，加工容易，冷却条件好，但容易变形，因此只宜用于直径较大或低速情况下。风扇为刮板式或斗式，呈杓形，一般固定于转子轭的两端，这种风扇通常用于转子圆周速度低于45m/s的情况。图1-11中因转速和离心力大，采用了整块磁极，极靴两端装有阻尼端环，与极靴一起起着阻尼或起动绕组的作用。集电环为套筒式，零件少，结构简单，绝缘可靠性高。由于

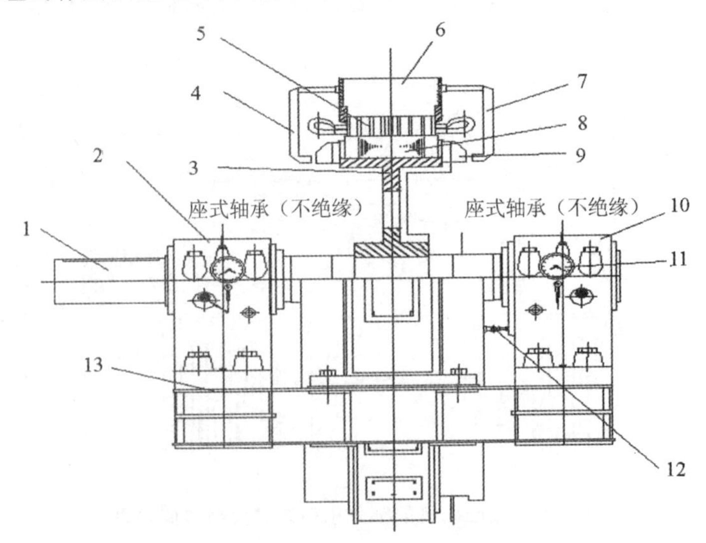

图1-10　大型开启式低速同步电机的总装图

1—转轴　2,10—座式轴承　3—转子支架　4,7—端罩　5—定子　6—机座
8—转子　9—刮板式风扇　11—测温装置　12—电刷装置　13—底板

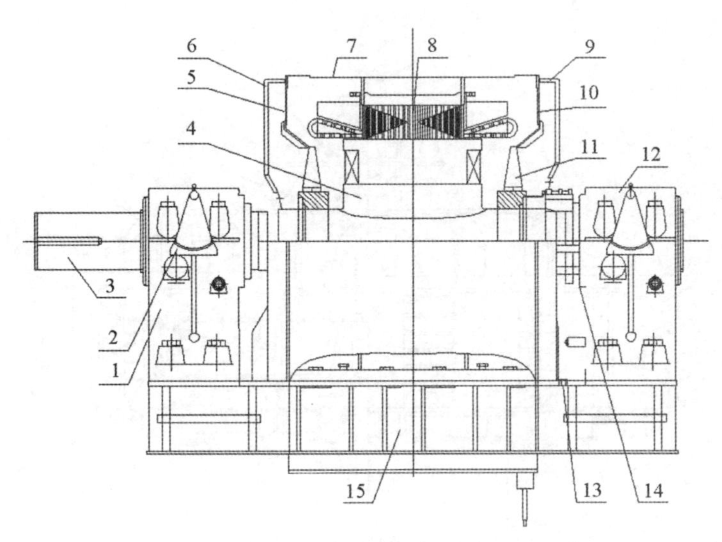

图1-11 大型封闭式中高速同步电机的总装图

1,12—座式轴承 2—测温装置 3—转轴 4—转子 5,10—挡风罩 6,9—端罩 7—机座 8—定子 11—风扇 13—绝缘套 14—电刷装置 15—底板

转子圆周速度大于45m/s,采用轴流式风扇。两图中励磁绕组均用裸铜线扁绕而成,匝间一般采用玻璃坯布绝缘,热压成整体,为B级绝缘。

图1-10中采用圆柱面座式滑动轴承。图1-11中为球面座式滑动轴承,这种轴承有自位作用,使用于转速高、转子长、绕较大或承受一定轴向冲击负荷的电机。由于电机容量较大,为了便于安装,并减轻基础承受的单位荷重,电机底板由钢板焊接。

(二)立式凸极同步电机

立式结构主要用于水轮发电机中,根据推力轴承的位置,立式水轮发电机可分为悬式(图1-12)和伞式(图1-13)两种基本机构形式。悬式的推力轴承位于电机上机架上部或中部,整个机组的转动部分"悬吊"在推力轴承上;伞式的推力轴承则位于电机下机架或水轮机的顶盖上。一般来说,低速电机多采用伞式,其优点是机组总高度和电站厂房高度均可降低,负重机架的尺寸较小,因而机组总重量较轻。中高速电机多采用悬式,这种结构推力轴承损耗小、维护方便。和伞式相比,在转速较高、铁芯直径和长度的比值较小时,悬式结构运行较为稳定。

图1-14与1-15分别表示发电机定子和转子,图1-12与图1-13分别为悬式和伞式水轮发电机的总装图。由图可见,立式水轮发电机的基本部件有定子、转子、推力轴承、导轴承、上机架、下机架和制动器等。此外,还附有永磁发电机、励磁机以及副励磁机(如图1-12所示),或半导体励磁装置(如图1-13所示),自动励磁调节装置。

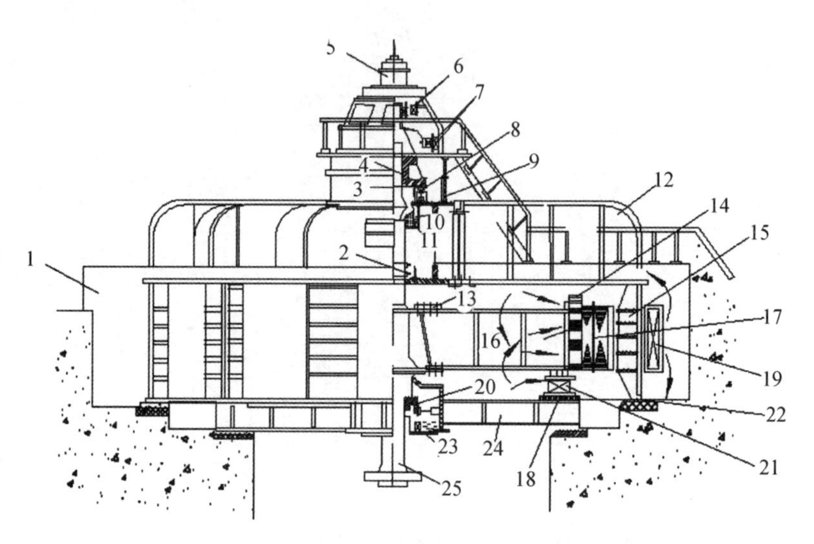

图 1-12　悬式水轮发电机总装图

1—外壳　2—集电环　3—镜板　4—推力头　5—永磁发电机　6—副励磁机　7—励磁机　8—推力瓦　9—推力轴承油槽　10—上导轴承　11—上导轴承油槽　12—上机架　13—转子支架　14—风扇叶片　15—机座　16—转子　17—定子　18—制动块　19—空气冷却器　20—下导轴承　21—制动器　22—底板　23—轴承润滑油冷却器　24—下机架　25—转轴

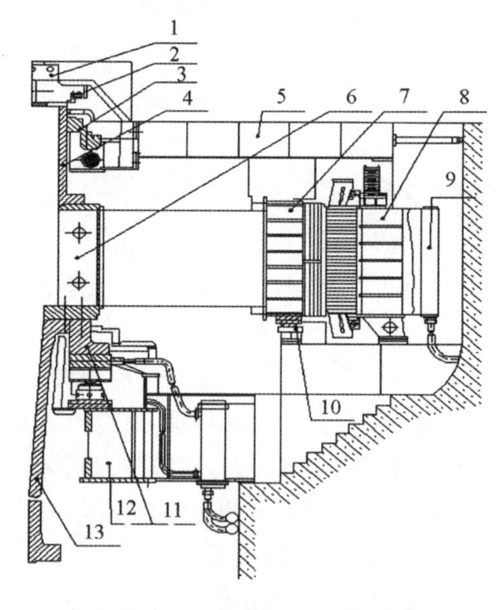

图 1-13　伞式水轮发电机总装图

1—永磁发电机　2—集电环　3—上导轴承　4—电机转轴上端　5—上机架　6—转子支架中心体　7—转子　8—定子　9—空气冷却器　10—制动器　11—推力轴承　12—下机架　13—水轮机转轴

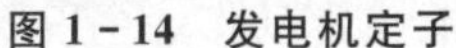

图1-14　发电机定子

图1-15　发电机转子

定子通常由钢板焊接机座、铁芯和绕组等组成。大型水轮发电机的定子尺寸很大，例如机座外径可达20m以上，为了运输方便，常做成分瓣式，全部下线和部分接线后分瓣运送到电站再安装。由于机座尺寸很大，无法在装配后加工，因此，结构设计时应考虑机座上各零部件能事先进行加工，然后再精确地焊至机座上，以保证铁芯在机座中的正确位置。定子绕组一般采用双层波式或叠式，水内冷电机中，有时也用单层绕组，以减少水接头数目。

转轴通常用锻件，但大型转轴有时也采用电渣焊的空心轴结构。转子若要求在工地进行装配，则设计时必须采用轴、转子支架、磁轭与磁极能分开的结构。

上、下机架相当于普通卧式电机端盖，一般做成辐射式，以增强其负重能力。悬式电机的上机架和伞式电机的下机架（当推力轴承位于下机架上时）均为负重机架，因此尤应保证其结构具有足够的强度和刚度。推力轴承是水轮发电机组中最复杂、最重要和加工要求最高的部件，它由推力头、镜板、推力轴瓦和支柱等部分组成。推力轴承承受整个机组转动部分的重量和作用于水轮机转子上的水推力，大型水轮发电机中，这一轴向负荷可到达上万牛顿力。导轴承承受径向推力，无论悬式或伞式电机，导轴承可以只有一个。通常位于上机架中，称为上导轴承；伞式有时也位于下机架中，称为下导轴承。也可以有两个，分别位于上机架和下机架中，并相应地称为上导轴承与下导轴承。前者使电机结构较为简单，后者则增加了机组运行时的机械稳定性，因此该结构价格更宜缺点是转轴较长，其与主发电机同轴还可装有气隙较小的辅助发电机，即交流励磁机。

为了保护推力轴承，在额定功率大于300kVA的立式水轮发电机中，通常均装有制动器。其作用是在发电机停电时，通进压缩空气，顶起制动阀，使其和转子支架上的制动板(块)产生接触摩擦，而使机组迅速停转，从而避免推力轴承的镜板在低速下运转时间过长，因油膜太薄而受损。在安装维修时，制动器中可通入高压油，作为顶起转子油压千斤顶的动能。

主发电机顶部装有作为水轮机调速器中电动机电源用的永磁发电机，其定子主绕组向调速器供电，副绕组是转速继电器的信号电源。在机械调速系统中，一般采用三相永磁式同步发电机；在电液调速系统中，采用单相永磁式感应发电机。1000kVA以下的中小型低速水轮发电机，一般无此种永磁发电机，而采用较简单的由主发电机出线端的电压互感器向调速器的飞摆电动机供电的方式，但这时调速系统的电压讯号将受发电机励磁系统运行情况的影响，且在主机发生三相短路或甩负荷时，调速机构将失去电源，不能正常动作。主发电机顶部通常还装有直流励磁机和副励磁机，作为主发电机的励磁电源。但因直流励磁机维护工作量大，反应速度慢，而且由于换向问题，使高速大容量直流励磁机的制造受到限制，已逐渐被交流励磁机和半导体励磁装置所代替。采用交流励磁机时，主、副励磁机均为交流发电机；通常主励磁机为同步发电机，主发电机同轴，其电压与电流能在很大范围内调节，并具有高的反应速度，输出交流经硅整流器整流后供电给主发电机的励磁绕组。主励磁机本身的励磁由副励磁机供给，副励磁机一般为永磁发电机或感应子发电机；有时省去副励磁机，而采用自励方式。

图1-12和1-13所示结构均采用封闭循环式通风系统，利用转子本身的风扇作用使空气循环，转子两端不另装风扇。空气冷却器在发电机机座外的机坑中，冷却器中通入冷却循环水，去冷却通风系统中的热空气，保持电机内部温升。

二、隐极同步电机

同步电机的基本结构见图1-16，系定子绕组水内冷、转子绕组氢内冷、定子铁芯氢冷的大型汽轮发电机组的总装和外形图。

机座沿轴向分成三段，其两端部分称为端罩，均为钢板焊接结构；机座中段的长度和定子铁芯长度相近，两侧各有两个吊攀，供吊装用。为减少运行时定子铁芯产生的双倍频率振动对发电机与基础的影响，铁芯和机座间采用了轴向弹

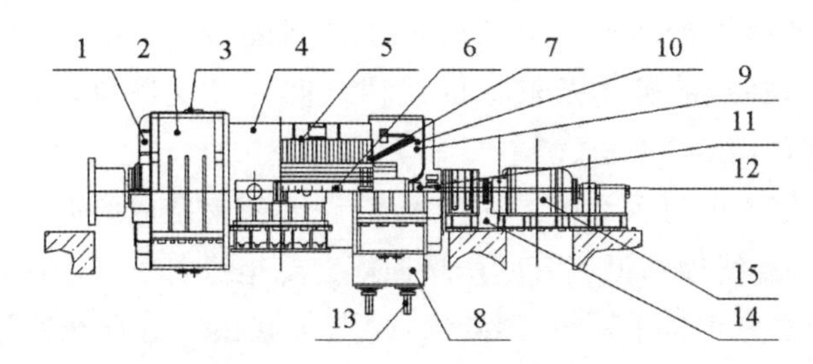

图 1-16 定子绕组水内冷、转子绕组氢内冷定子铁芯氢冷的大型汽轮发电机组的总装和外形图

1—端盖 2—端罩 3—冷却器 4—机座 5—轴向弹簧板 6—转子 7—定子铁芯 8—定子出线罩 9—定子引线 10—定子线圈 11—油密封 12—轴承 13—定子引出线 14—电刷装置 15—交流励磁机 16—中频副励磁机

簧板隔振结构。端罩呈方形,作用是罩住定子绕组的端部。电机内部充氢,为防止因氢气爆炸危及人员、厂房和设备安全,机座、端罩连同端盖应能承受 7log/cm^2 的水压试验,而不产生有害变形,并具有足够的气密性。此外,两个端罩中还装有四个直立的氢气冷却器,通过循环水以冷却电机内部的氢气。

定子铁芯由冷轧硅钢片叠成。为防止铁芯端部过热,除采用 T 形非磁性铸钢压圈压紧,以减少漏磁引起的损耗外,还应满足:(1) 定子铁芯比转子本体稍短,以降低压圈上最热处的温升;(2) 将两端铁芯做成阶梯型,冲片齿部中间开有径向小槽,以降低边端铁芯中由漏磁场轴向分量引起的涡流损耗;(3) 定子绕组端部的各种紧固用构件及与其邻近的其他部件都用非磁性材料制成;(4) 定子线棒端部具有 22.5k(下层)与 15.5k(上层)的倾角。同时为提高可靠性,边端铁芯冲片采用 B 级绝缘漆涂刷。

定子绕组为双层叠式,由条形线棒连接而成,线棒内部通水冷却。每根线棒由两排导体组成,每排导体在高度方向分为四组,每组由一根空心导体和三根实心导体组成。绕组在槽内采用编织换位,以减少附加损耗。绕组槽部及端部均采用环氧粉云母带连续绝缘。线棒表面采取防晕处理,端部还具有外屏蔽措施,并在端部渐开线间留有适当间隙,以保证发电机正常运行时不产生电晕。由于定子电流较大,为防止由电磁振动产生的绝缘磨损和电腐蚀,对线棒在槽内和端部采取了以下的固定方式:(1) 槽内固定(以径向固紧为主,侧面固紧为辅)——槽底和层间垫以半导体垫条,径向固紧采用对斜组合槽楔,楔下采用半导体波纹垫条,侧面采用分段半导体波纹斜楔固紧,对线圈和槽壁之间其他部分的间隙则用半导体玻璃布板填充。(2) 端部固定——用强度高、加热固化、收缩量较大并经处理过的无纬玻璃丝带绑扎,绑扎处打斜楔;端部由内外数个绑环箍紧,经绝缘支架固定在压圈上(绝缘支架由环氧玻璃布板制成，绑环由非磁性钢环外包无纬玻璃丝带制成）；端部线棒和绑环及垫块间垫以适形材料；在线圈鼻端及槽口的线棒之间加设支撑块等；这样，使绕组端部联成一个整体，结构整密。

水冷定子绕组的每根线棒为一条水路，由不锈钢制成的进、出水汇流管分别布置于绕组两端，线棒和汇流管间用聚四氟乙烯绝缘引水管连通，运行时汇流管应接地。定子水电连接采用分开结构。电气连接由实心导线用银焊对接；水路连接由每根线棒的空心导线套入过渡接头，后者每两个用一个三通接头联通，并与绝缘引水管相连。定子引出线由空心铜线组成，通常用水冷却，在它附近的其他零部件要用非磁性材料制成。

发电机转子和铁芯采用多流式通风系统。转子绕组为气隙铣孔斜流式氢内冷系统。转子槽楔材料为高强度杜拉铝，其上铣有特殊的进出风孔，通过楔下垫条和铜线的风道相通，每个进出风孔联通两个流向相反的斜流风道。转子端部铜线铣有凹槽和进出风口，每两根铜线上的凹槽分别组成轴向（转子铜线伸出铁芯的直线部分）和轴向（连接上述直接部分的接线中）风道。转子绕组的对地绝缘采用环氧粉云母聚酰亚胺薄膜和玻璃布复合绝缘压制成的槽衬。转子两端的槽楔（称为端头槽楔）用特种铝青铜制成，在其底部和护环下装有梳齿式半阻尼绕组（大齿上开槽装设阻尼条或大齿上无阻尼条），以保护护环塔接面，提高承受不平衡负荷的能力，并可减少转子附加损耗，提高效率。

转子本体两端采用悬挂式护环和中心环。护环由高强度非磁性合金钢制成，它与转子本体间除用热套法箍紧外，还另用一只开口环作轴向锁紧。中心环和护环间用热套法装配，中心环和转子绕组端部轴向间则设置弹性支撑结构。风扇为轴流式，叶片用高强度铝模锻造而成，安装角可以调节，但不影响整体结构。

转子引出线经本体中心孔接至集电环，导电螺钉采用高强度库巴合金，并设置两道密封。集电环表面开有螺旋沟，以减少电刷磨损，并有利于冷却。为加强集电环的冷却，其中部件还铣有轴向月牙槽，槽中开有贯通的斜孔，可以让热空气流动。

为了防止端盖在高氢压下产生过大的轴向变形和提高轴承刚度，端盖采用内圆锥体形状，并加焊若干辐板。滑动轴承的轴瓦采用油膜刚度较好的球面镶块式三油楔瓦，瓦上设有高压油顶起装置。氢气密封采用双流环式密封装置，励磁机端的油密封有对地绝缘。发电机的励磁由同轴的交流励磁机组产生。

1.4　直流电机结构

直流电机结构主要零部件

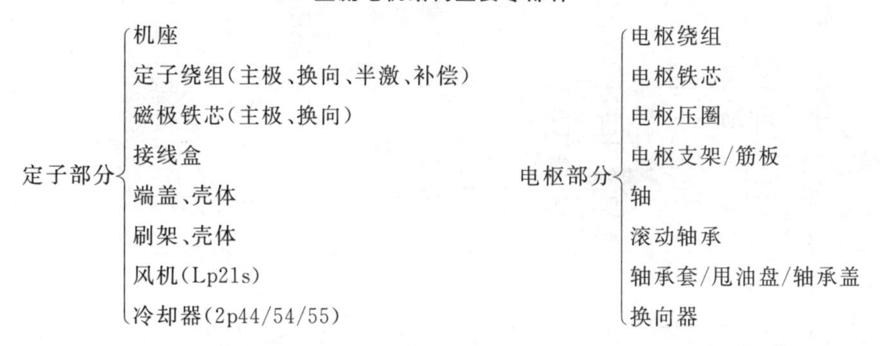

图1-17为小型卧式直流电机的典型结构。该型电机的基本特征是：防护式、机座带底脚、有两个端盖轴承、单轴伸(根据需要也可制成双轴伸)、自扇冷轴向抽风式通风系统，容量较大时采用外通风。

和交流电机不同，直流电机的机座一般要求导磁，因此通常采用钢板焊接或铸钢。在换向较困难或由可控硅电源供电的电机中，磁轭也用冲片叠成；有的甚至采用隐极定子结构，即定子铁芯由带有齿槽的冲片叠成，励磁绕组和换向极绕组均放在槽中，从而有可能使定子体积缩小。和交流机座相似，直流机座一般也需装设吊环螺钉、底脚和出线盒。

主磁极由铁芯、励磁绕组和一些附件组成。主磁极铁芯一般由1～2mm厚的钢板冲制后叠成，再用螺钉固定于基座上。各励磁绕组在导线截面小于$30mm^2$左右时，用绝缘线绕制，截面较大时用裸扁线绕制成。换向极又称附加极，其数目和主磁极相同或为其$\frac{1}{2}$。换向极铁芯一般用整块钢或1～2mm厚的钢板制成，对换向要求较高或由可控硅电源供电的电机，则用硅钢片叠成。换向极绕组除1～2kW的小电机外，一般都由裸扁线制成。

电枢铁芯由硅钢片叠成，轭部开有轴向通风道，容量较大的铁芯沿轴向分段。铁芯用键固定于转轴上(小型)或通过支架与转轴作机械联接。电枢绕组用绝缘圆线或扁线绕制而成，其槽部用槽楔固紧，或用与端部相同的扎紧方式；端部支撑在绕组支架上，外表面用无纬玻璃丝带或钢丝扎紧。

换向器是直流电机的关键部件之一，对它的结构有下列基本要求：(1)有足够的片间压力，以保证换向器在正常运行时不会发生凸片现象；(2)各部件

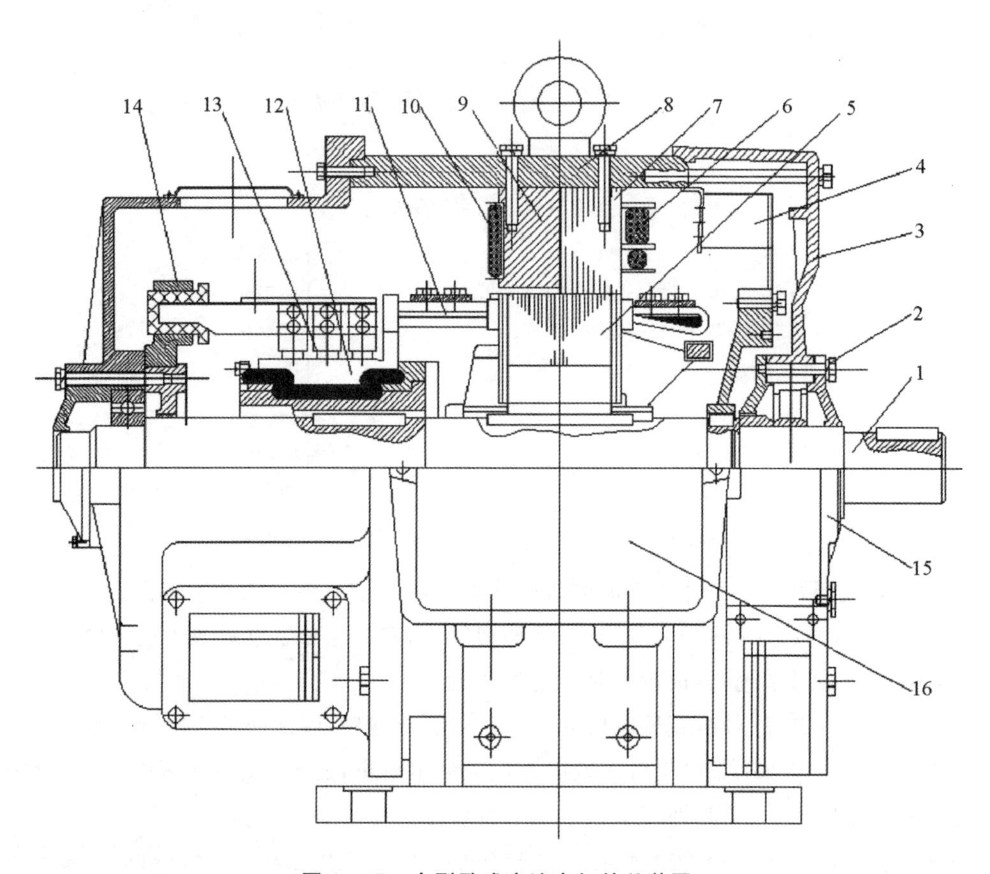

图 1-17　小型卧式直流电机的总装图

1—转轴　2—轴承　3—端盖　4—风扇　5—电枢铁芯　6—主磁极绕组　7—主磁极铁芯　8—机座　9—换向极铁芯　10—换向极绕组　11—电枢绕组　12—换向器　13—电刷　14—刷架　15—轴承盖　16—出线盒

具有足够的强度和刚度，在电机起动、制动或允许的超速运行时，不应产生有害的变形；(3) 工作表面有较高的耐磨性和耐电弧性；(4) 电气绝缘强度要高。

在直流电机中应用最广泛的是拱形换向器。它由许多换向片和云母片交替叠成圆筒，然后两端加工成鸽尾形并加以紧固而成。根据紧固方法的不同，拱形换向器可分为螺帽式、铆接式、螺栓式与螺杆式等多种型式。中小型直流电机中常用螺帽式结构(见图 1-17)。它适用于外径小于 250mm 和长度不超过 300mm 的换向器，其紧固系借助两个钢制 V 形压圈从两端将换向片夹紧，再用一个螺帽拧紧在套筒上，在压圈和换向片间垫有用云母制成的 V 形绝缘圈。铆接式是依靠套筒把压圈铆紧，适用于直径为 40～80mm 的小换向器。螺栓式和螺杆式系分别采用螺栓或拉紧螺杆来紧固换向器，前者适用于直径大于360mm的换向器。后两种结构，尤其是螺杆式，不但能较好地补偿换向片受热时的轴向伸长，因而可防止运行时换向器表面的热变形；而且片间云母片厚度不均匀时，也能由于各螺栓（或螺杆）的分别收紧而使换向片较可靠地形成紧密的整体。

由于拱形换向器的结构和工艺均较复杂，因此小型直流电机中已广泛采用塑料换向器。其结构形式很多，但主要有图1－18所示的两种形式。塑料换向器采用酚醛树脂玻璃纤维压塑料，经过热压使换向片紧固成一个整体。其优点是：(1) 结构简单（省去了压圈、套筒、螺母和V形绝缘环等许多零件）；(2) 对换向片的加工要求较低，因而劳动生产率较高；(3) 系整体结构，故运行时不易造成因装配不良而引起的换向片凸出；(4) 耐潮耐震性能较好；(5) 可节约贵重的云母材料，简化工艺过程，重量轻、尺寸小、成本低。目前我国在B级绝缘直流电机中，外径125mm以下的换向器几乎已全部采用了塑料结构，外径150mm的塑料换向器也已在一般的直流电机中使用，并在研制外径200mm以上的塑料换向器。

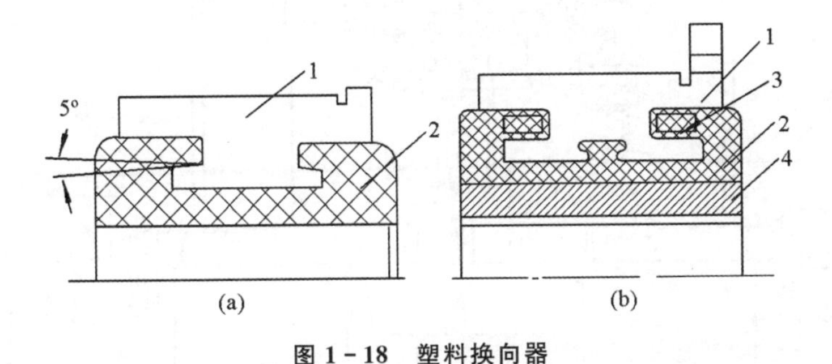

图1－18　塑料换向器

1—换向片　2—塑料　3—加强环　4—金属套筒

当换向器和电枢直径相差较小，或为了提高电机使用的可靠性时，电枢绕组元件的端头可用锡直接焊在开于换向片一端的小孔或小槽内，也可焊在片端升高部分铣出的沟槽里。但当换向器直径和电枢直径相差较多，或虽不多但从机械方面看来工作条件并不困难时，则采用专门的升高片来进行连接，以节约换向片铜材。升高片一般用薄铜带或薄铜板制成，铆接在换向片端部，升高片很高时应加以适当支撑。

电刷装置由电刷、刷握、刷杆座等零件组成。对电刷装置的基本要求是：(1) 具有足够的刚度，在电机正常运行时不产生有害变形和震动；(2) 应使电刷在刷握内能上下自由滑动，刷握的弹簧能保证所需的电刷压力；(3) 刷杆座沿圆周方向的位置调整及更换电刷应较方便；(4) 电刷在换向器表面的布置应使后者的磨损能较均匀。

在中小型直流电机中，通常采用直刷握。这种刷握的弹簧按结构又可分为恒压弹簧、圆柱形弹簧和涡形弹簧等数种。其中恒压弹簧刷握可使电刷在其磨损过程中所受压力基本不变；圆柱形弹簧刷握和涡形弹簧刷握不能保持电刷压力不变，因此带有压力可调节机构。大型直流电机中较多地采用斜刷握(见图 1－19)，它可减小电刷和刷握间的摩擦力，但仅使用同样的一排单斜刷握时，电机转向不宜改变，因而仅适用于不可逆转的电机；对可逆转电机，则在每组电刷中需使用一对斜向不同的双斜刷握。可配刷握放大图及类型。

直流电机的端盖也分为带轴承和不带轴承两种类型，前者主要用于小型电机、采用滚动轴承的中型电机中，后者主要用于采用座式轴承的中大型电机中。带轴承的端盖(见图 1－19 所示)可缩短电机的轴向长度，其结构(卧式电机)除与机座连接用的止口、轴承室以及两者之间的过渡部分外，前端盖上还开有视察

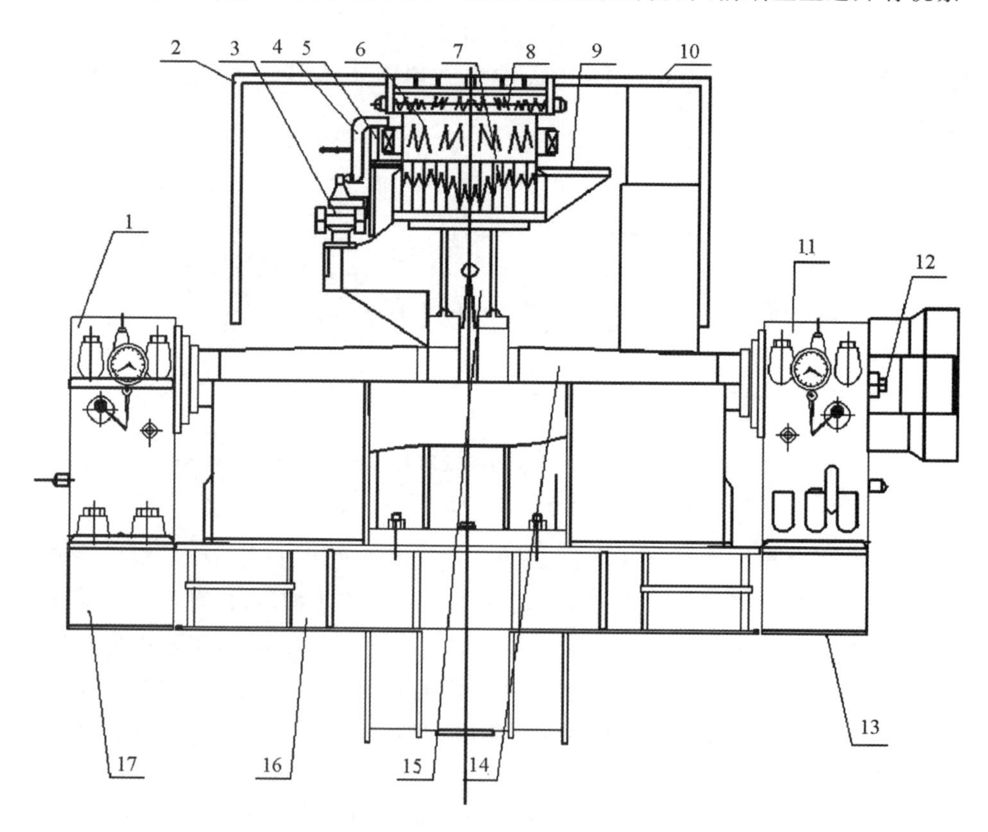

图 1－19　大型直流电机(单电枢)的总装图

1—座式轴承　2,10—端罩　3—换向器　4—电刷装置　5—补偿绕组　6—定子　7—电枢铁芯　8—叠片磁轭　9—电枢绕组　11—座式轴承　12—接地电刷装置　13,16,17—底板　14—转轴　15—转子支架

换向器和电刷运行情况，并可供维护用的视察窗，后端盖上则开有出风用的窗口。不带轴承的端盖和机座间的连接面部采用止口，但需要有一定的定位措施。端盖通常用铸铁制成，要求重量轻时用铝合金铸造，对强度要求较高的端盖，则用铸钢制成。大型直流电机中采用钢板焊接或铸造的端盖。

图1-19及图1-20分别为单电枢和双电枢大型直流电机的总装图。除前面已提到的部分结构外，它们还具有下列特点：

(1) 机座为钢板焊接结构，并采用叠片式磁轭；

(2) 磁极上具有补偿绕组；

(3) 图1-20中采用了空心轴结构，它由四段组成，相互间用螺栓连接在一起。空心轴既减轻了重量，又具有较大的抗扭刚度；

(4) 由电机外部的鼓风机与冷却器、过滤器等组成封闭循环式的通风系统；

(5) 均采用螺杆式拱形换向器；

(6) 为了阻断因磁路不对称而引起的轴电流的回路，在换向器端的轴承座与底板间垫有绝缘(要用两层绝缘材料中间夹一层钢板，以便检查绝缘情况)。此外，图1-19中还在传动端另装一套接地电刷12，以便将由某些其他原因(例如采用可控硅供电电源等)引起的对地轴电流引走。应当指出，这些措施也适用于其他大型电机。

(7) 大型直流电机强风冷结构，如图1-20、图1-21所示。

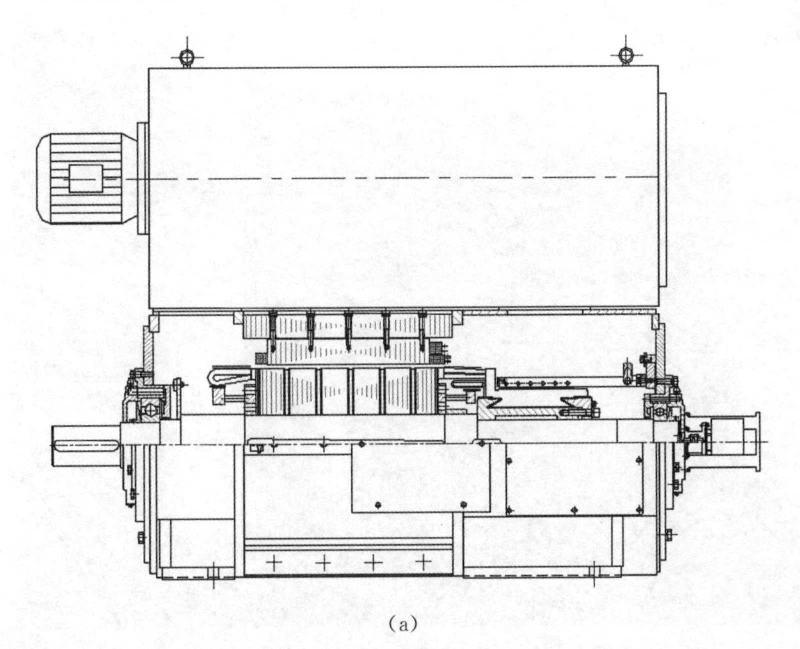

(a)

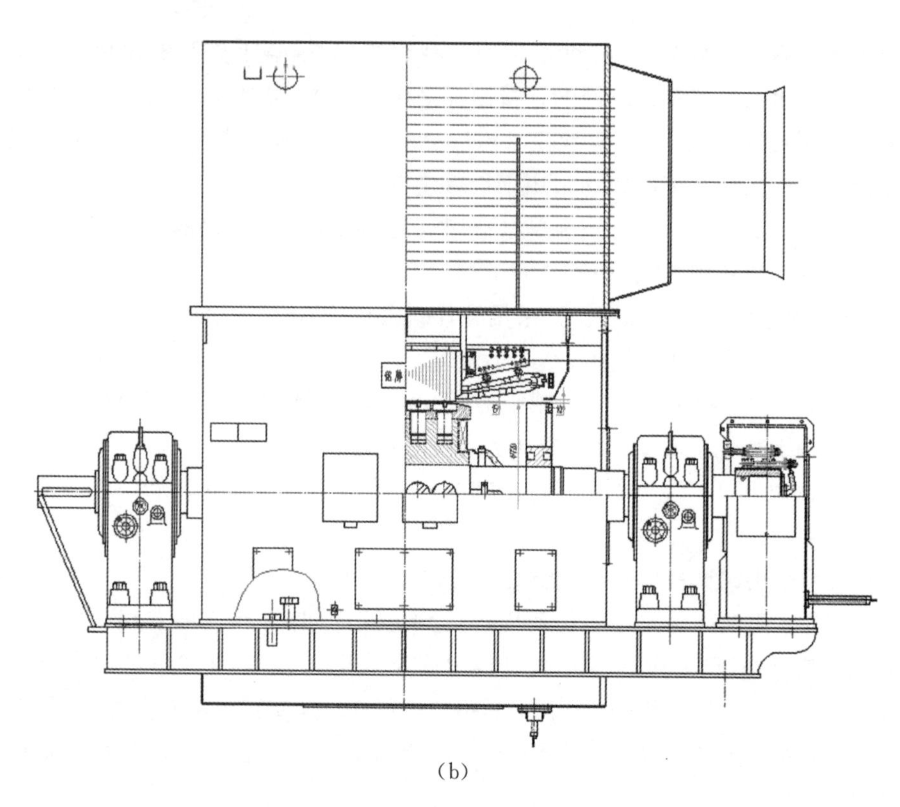

(b)

图 1-20　大型直流电机强风冷结构(1)

图 1-21　大型直流电机强风冷结构(2)

第2章　电机损耗与效率

效率是电机的一个重要性能指标，它的高低取决于运行时电机中所产生的损耗，损耗越大，效率就越低。损耗的大小与所选择的电磁负荷有很大的关系。为了降低损耗，就得选取较低的电磁负荷以及电流密度，但这样会增加电机的尺寸及材料的耗用量。此外，损耗的大小还与材料性能、绕组型式、电机结构有密切的关系。因此，要设计一台性能良好而又经济的电机，必须熟悉电机的损耗与这些因素的关系。

电机的损耗可分为下列各类：

(1) 定子和转子铁芯中的基本铁耗，它主要是主磁场在铁芯中发生变化时产生的。

(2) 空载时铁芯中的附加(或杂散)损耗，它主要指由定子和转子开槽而引起的气隙磁导产生的谐波磁场，在对方铁芯表面产生的表面损耗因开槽而使对方齿中磁通因电机旋转而变化所产生的脉振损耗。

(3) 电气损耗，它指由工作电流在绕组铜(或铝)中产生的损耗，也包括电刷在换向器或集电环上的接触损耗。

(4) 负载时的附加(或杂散)损耗，这是由于定子或转子的工作电流所产生的漏磁场，在定、转子绕组里和铁芯及结构件里引起的各种损耗。

(5) 机械损耗，它包括通风损耗(由转子旋转引起的转子表面与冷却气体之间的摩擦损耗，以及安装在电机转轴上的或由电机本身转轴驱动的风扇所需的功率损耗)、轴承摩擦损耗和电刷换向器或集电环间的摩擦损耗。

以上(1)(2)(3)项称为空载损耗，因为它们可在空载试验中测得。对于大多数运行时电枢端电压固定或转速变化率不大的电机，这些损耗从空载到额定负载变动很小。

其余两项是在负载情况下产生的，所以称为负载损耗。在同步电机里，这些损耗可由短路试验测得，故又称为短路损耗。

2.1 基本铁耗

基本铁耗是由主磁场在铁芯内发生变化时产生的，这种变化可以是所谓的交变磁化性质，即变压器的铁芯中及电机的定子或转子齿中所发生的，也可以是所谓的旋转磁化性质的，即电机的定子或转子铁轭中所发生的。

不论是交变磁化还是旋转磁化，它们均会在铁芯中引起磁滞损耗和涡流损耗。

一、磁滞损耗

根据试验，单位质量铁磁物质内由交变磁化引起的磁滞损耗 P_h，即称为磁滞损耗系数，与交变磁化的频率 f 和磁通密度幅值 B 有关，如下式所示：

$$P_h = \sigma_h f B^2 \tag{2-1}$$

式中：σ_h——取决于材料性能的常数，$\sigma_h = 1.6 \sim 2.2$；

另外，磁滞损耗系数可以更准确地用下式表示：

$$P_h = (aB + bB^2) f \tag{2-2}$$

式中：a,b——取决于材料性能的比例常数。

电机铁芯内磁通密度幅值范围通常在 $1.0\text{T} \leqslant B \leqslant 1.6\text{T}$ 的情况下，系数 a 接近于零，故可略去式(2-2)中的第一项，而得

$$P_h = \sigma_h f B^2 \tag{2-3}$$

由旋转磁化引起的磁滞损耗其大小不同于由交变磁化引起的。图 2-1 表示由试验得出的中含硅量钢片在两种性质磁化下，磁滞损耗与磁通密度幅值的

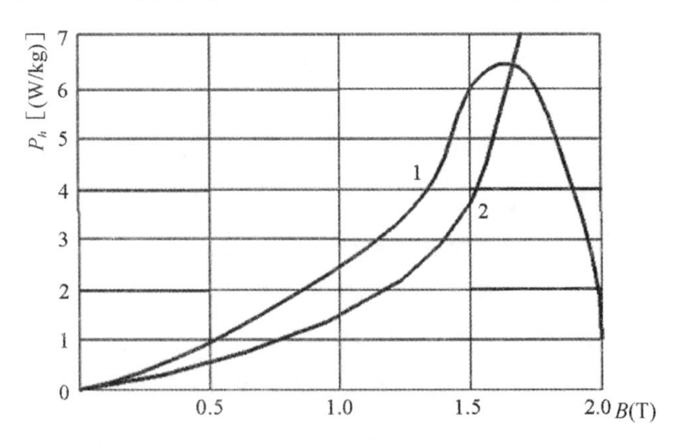

图 2-1　中含硅量钢片(sil. 9%)的磁滞损耗

1—由旋转磁化引起　2—由交变磁化引起

关系。由图可见，当磁通密度幅值在 1.7T 以下时，旋转磁化引起的磁滞损耗较交变磁化引起的磁滞损耗大；当高于 1.7T 时，则相反。电机轭部磁通密度一般在 1.0～1.5T 范围内，相应的旋转磁化引起的磁滞损耗较之交变磁化引起的磁滞损耗约大 45%～65%。

二、涡流损耗

铁芯中的磁场发生变化时，在其中会感生电流，称为涡流，它引起的损耗称为涡流损耗。为了减小涡流损耗，电机铁芯通常不能做成整块的，而是由彼此绝缘的钢片沿轴向叠压起来，以阻碍涡流的流通。

通常采用厚为 0.5mm 或 0.35mm 的电工钢片作为铁芯的材料。对于一般电机中遇到的频率范围，磁场在钢片截面上可以认为是均匀分布的，此时钢片的涡流损耗理论上可用下列方法准确计算。

如图 2-2 所示，厚为 Δ_{Fe}、高为 h、长为 L 且电阻率为 p 的钢片被交变磁通所穿过，设磁通密度幅值 B 的方向与薄片平面平行，并随着时间作正弦变化。把坐标轴原点取在薄片横截面的中间(图 2-2)。先研究钢片中离坐标原点 x 处的某回路(如图中阴影线所示)中的损耗 $\mathrm{d}p_{x0}$。此回路的宽度为 $\mathrm{d}x$，沿 y 方向尺寸为 L。由于钢片较薄，可以忽略所取回路的两端路径上的涡流损耗。

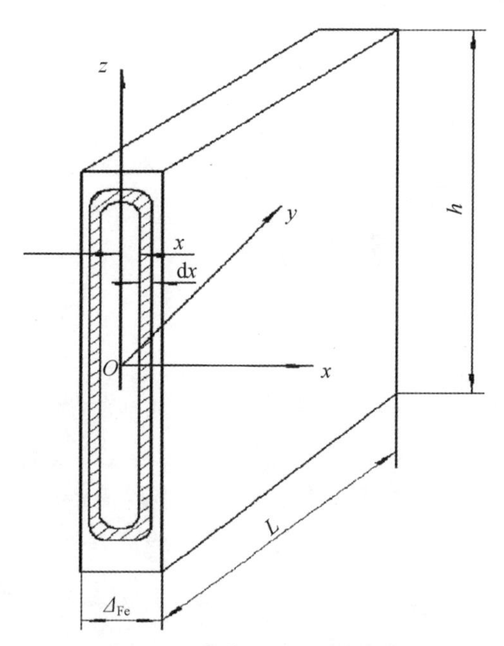

图 2-2　钢片尺寸及涡流途径

由电磁感应定律和欧姆定律可得

$$dp_x = \frac{E_x^2}{r_x} \tag{2-4}$$

式中：r_x 为此回路之电阻，即

$$r_x \approx \rho \frac{2h}{l\,dx} \tag{2-5}$$

E_x 为回路中之感应电势，即

$$E_x = \pi \sqrt{2} f \phi_{xm} \tag{2-6}$$

式中：ϕ_{xm} 为回路所包围之磁通的最大值。

把式(2-5)及式(2-6)代入式(2-4)，得

$$dp_x = \frac{\pi^2 f^2 \phi_{xm}^2 l\,dx}{\rho h}$$

由于 $\phi_{xm} = B2^{xh}$，代入上式，得

$$dp_x = \frac{4\pi^2 f^2 B^2 l dx^2}{\rho} dx \tag{2-7}$$

故，整个钢片内的涡流损耗为

$$P_e = \int_0^{\frac{\Delta_{Fe}}{2}} dp_x = \frac{\pi^2}{6\rho}(fB)^2 \Delta_{Fe}^3 lh$$

若把上式除以钢片之体积 $\Delta_{Fe}hl$，再除以钢片之密度 d_{Fe}，即可得单位质量内的涡流损耗 P_e 为

$$P_e = \frac{\pi^2}{6\rho d_{Fe}}(\Delta_{Fe} B f)^2 \tag{2-8}$$

由上式可知，涡流损耗系数与磁通密度、频率及材料的厚度的平方成正比。在厚度一定的情况下，可得

$$P_e = \sigma_e (Bf)^2 \tag{2-9}$$

式中：

$$\sigma_e = \frac{\pi^2 \Delta_{Fe}^2}{6\rho d_{Fe}} \tag{2-10}$$

为取决于材料规格及性能的常数。

式(2-8)是在不考虑涡流对磁场的反作用的情况下导出的。当交变磁场的频率较高或钢片较厚时，须考虑涡流反作用使磁场在钢片截面中不再均匀分布，此时磁通大部分将集中在表面层，即所谓的导电媒质中磁通的集肤效应。其结果是增加了磁滞损耗而减少了涡流损耗。通常当频率 $f=50\text{Hz}$ 的情况下，一般可以忽略这些影响。

三、轭部和齿部的基本铁耗

将式(2-3)及式(2-9)合并在一起，可得到铁的损耗系数(或称比耗)的算式：

$$P_{Fe} = \sigma_h \cdot f \cdot B^2 + \sigma_e \cdot (f \cdot B)^2 \tag{2-11}$$

钢片厚度为 0.5mm 时的 σ_h 和 σ_e 近似地如表 2－1 所示。

表 2－1　常数 σ_h 和 σ_e

钢的种类	钢片厚度 (mm)	σ_h (W/kg)	σ_e (W/kg)	$P_{10/50}$ (W/kg)	相当的国产钢号
低含硅量钢片	0.5	2.25	0.55	2.8	D_{12}
中含硅量钢片	0.5	1.80	0.40	2.2	D_{22}
高含硅量钢片	0.5	1.46	0.54	2.0	D_{31}

表 2－1 中的常数 σ_h 和 σ_e 系数是对交变磁化而言的，且没有计及由于加工以及磁通密度在钢片中的分布不均匀所引起的影响。

为了便于计算，钢的损耗系数通常按下式计算：

$$P_{Fe} \approx P_{10/50} B^2 \left(\frac{f}{50}\right)^{1.3} \quad (\text{W/kg}) \tag{2-12}$$

式中：B——磁通密度(T)；

f——交变频率(Hz)；

$P_{10/50}$——当磁通密度 B 为 1T 及频率 $f=50$Hz 时钢单位质量内的损耗(W/kg)。

钢中基本铁耗一般表达式为

$$P'_{Fe} = k_a P_{Fe} M_{Fe} \quad (\text{W}) \tag{2-13}$$

式中：M_{Fe}——受交变磁化或旋转磁化作用的钢的质量(kg)；

k_a——经验系数，钢片加工(钢片冲压和车削后片间的短接)、磁通密度分布的不均匀、磁通密度随时间不按正弦规律变化以及旋转磁化与交变磁化之间的损耗差异等而引起的损耗增加等都估计在内。

利用式(2－13)可计算电机轭中及齿中的基本铁耗。

(一) 定子或转子(齿联)轭中的基本铁耗

计算轭中的损耗系数时，式(2－12)中的 B 采用定子或转子轭中的最大磁通密度值 B_i，即

$$P_{Fei} = P_{10/50} B_i^2 \left(\frac{f}{50}\right)^{1.3} \quad (\text{W/kg}) \tag{2-14}$$

式中：常数 $P_{10/50}$ 可按所用硅钢片型号从表 2－1 中查取。

轭中的基本铁耗等于

$$P'_{Fei} = k_a P_{Fei} M_i \times 10^{-3} \quad (\text{kW}) \tag{2-15}$$

式中：M_i 为轭的质量(kg)；

k_a 具有下列统计平均值：

对于直流电机，$k_a=3.6$。

对于同步和异步电机，

当容量 $P_N<100\text{kVA}$ 时，$k_a=1.5$；

当容量 $P_N\geqslant 100\text{kVA}$ 时，$k_a=1.3$。

（二）齿中的基本铁耗

计算齿中的损耗系数时，式(2-12)中的 B 采用齿磁路长度上磁通密度平均值，即

$$P_{\text{Fet}} = P_{10/50}B_t^2\left(\frac{f}{50}\right)^{1.3} \quad (\text{W/kg}) \tag{2-16}$$

齿中的基本铁耗

$$P'_{\text{Fet}} = k_a P_{\text{Fet}} M_t \times 10^{-3} \quad (\text{kW}) \tag{2-17}$$

式中：M_t 为齿的质量(kg)；

k_a 具有下列统计平均值：

对直流电机，$k_a=4.0$。

对异步电机，$k_a=1.8$。

对同步电机，

当 $P_N<100\text{kVA}$ 时，$k_a=2.0$；

当 $P_N\geqslant 100\text{kVA}$ 时，$k_a=1.7$。

由上可知，铁芯中的基本铁耗在频率为一定的情况下，主要与铁芯中的磁通密度、材料的厚度及性能有关。此外，铁芯重叠工艺水平的高低及加工方法也往往对铁耗的大小有重大影响。

2.2 空载时铁芯中的附加损耗

空载时铁芯中的附加损耗主要是指铁芯表面损耗和齿中脉振损耗，它是由气隙中的谐波磁场引起的。这些谐波磁场可由两种原因造成：(1) 电机铁芯开槽导致气隙磁导不均匀；(2) 空载励磁磁势空间分布曲线中有谐波存在。谐波磁通的路径与气隙沿圆周方向边界凹凸面的间距有关。如果凹凸面的间距(例如凸极机的极距 τ)比谐波波长 λ 大得多，则谐波磁通集中在极弧表面一薄层内，如图 2-3(a)所示。当谐波磁场相对磁极表面运动时，就会在极面感生涡流，产生涡流损耗。谐波磁场相对于极面运动，还会在其中引起磁滞损耗，但数值较小，一般不予计算。由于涡流集中在表面一薄层内，故称表面损耗。如果边界凹

凸面的间距（例如齿距 t）比谐波波长 λ 小得多，谐波磁通将深入齿部并经由轭部形成闭合回路，如图 2－3(b)所示。当谐波磁场相对于齿运动时，就会在整个齿中导致涡流损耗及磁滞损耗，称为脉振损耗。如果边界凹凸面的间距与谐波波长相比，介于前两种情况之间，则谐波磁通的一部分沿铁磁物质表面，另一部分深入齿部形成回路，如图 2－3(c)所示。这时将产生表面损耗和脉振损耗。

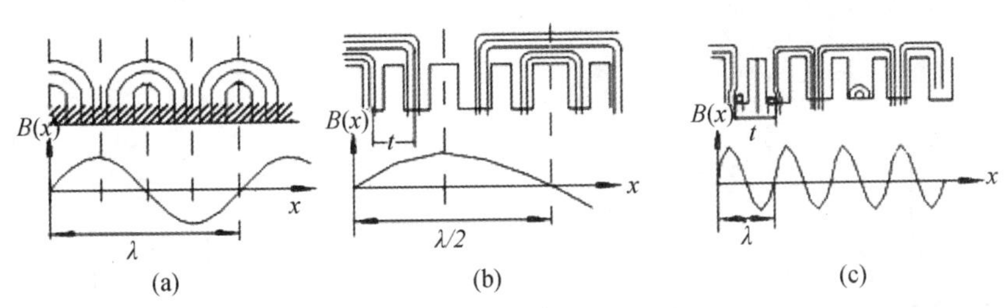

图 2－3　气隙谐波磁通的路径

(a) 在极弧表面　(b) 深入齿部　(c) 在表面及齿中

本节主要讲述铁芯开槽引起的空载表面损耗及脉振损耗的计算方法。由空载励磁磁势谐波产生的这类损耗，一般在隐极同步电机里才需单独进行计算。

一、直流机及同步机整块(或实心)磁极的表面损耗

在直流机及同步机里，由于电枢开槽，使得气隙主磁场上叠加了一个气隙磁导齿谐波磁场，如图 2－4 所示。电枢相对磁极运动时，此齿谐波就与磁极表面有相对运动，在磁极表面引起涡流损耗。涡流的回路如图 2－5 所示。涡流的频率为

$$f_Z = \frac{Zn}{60} \quad (\mathrm{Hz}) \tag{2-18}$$

式中：n 为电枢相对磁极的转速(r/min)，Z 为电枢槽数。

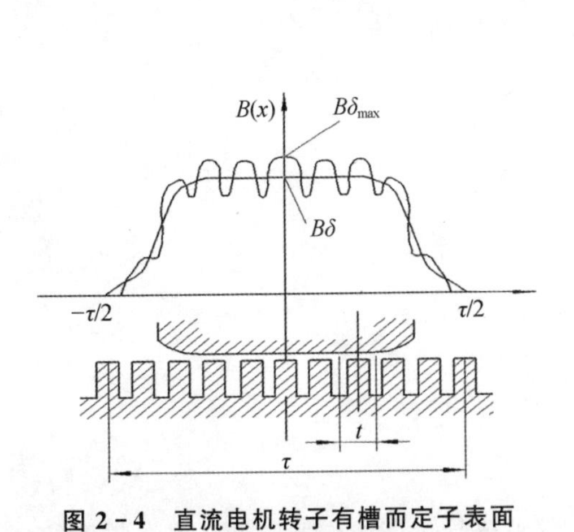

图 2－4　直流电机转子有槽而定子表面光滑时气隙磁通密度的分布

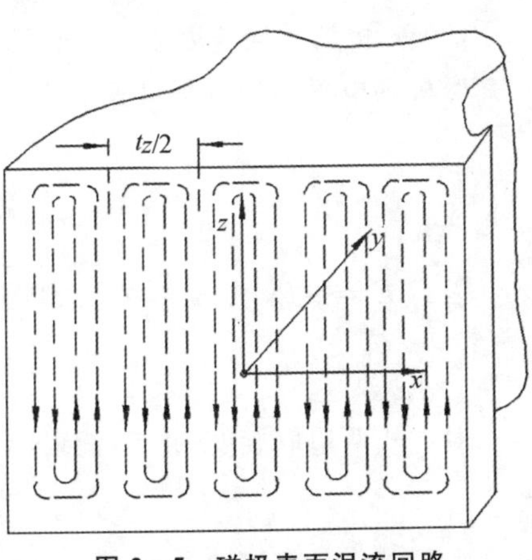

图 2－5　磁极表面涡流回路

根据图 2－6 所示，齿谐波磁通密度最大值 B_0 可由下面任一公式计算(但气隙较小时，式(2－19)较为准确)：

$$B_0 = B_{\delta\max} - B_\delta = (K_\delta - 1)B_\delta \qquad (2-19)$$

$$B_0 = \beta_0 B_{\delta\max} = \beta_0 K_\delta B_\delta \qquad (2-20)$$

式中：K_δ，β_0 为 $\dfrac{b_0}{\delta}$ 之函数，如图 2－7 所示。

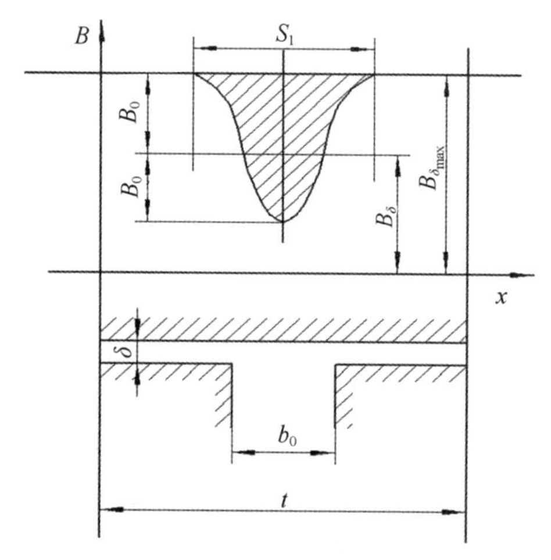

图 2－6　一个齿距内的气隙磁通密度分布

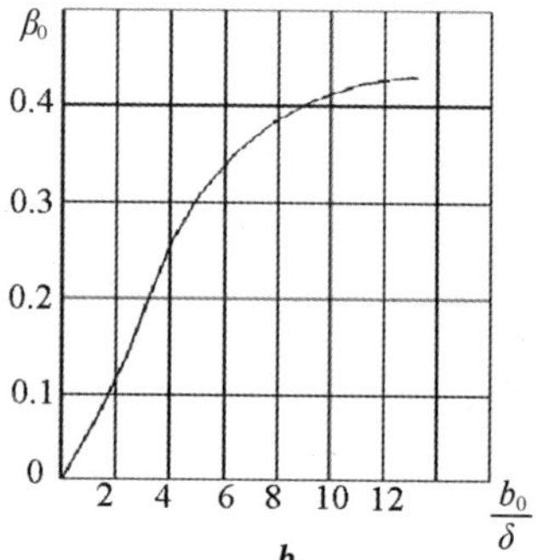

图 2－7　β_0 与 $\dfrac{b_0}{\delta}$ 的关系曲线

对于齿谐波磁场在磁极表面引起的涡流损耗，可把坐标轴安放在如图 2－5 所示的位置，可假设：

(1) 谐波磁通密度在空间按正弦规律分布，其幅值为 B_0，忽略极面涡流对 B_0 的削弱作用；

(2) 磁极材料的磁导率 μ 为常数；

(3) 磁极的轴向长度较长，磁极表面仅有轴向电流。

磁极内电磁场的方程可表示为

$$\mathrm{rot}\,\vec{H} = \vec{J} \qquad (2-21)$$

或

$$\mathrm{rot}\,\vec{E} = -\frac{\partial \vec{B}}{\partial t} \qquad (2-22)$$

因为 $\vec{E} = \rho\vec{J}$，代入式(2－22)得

$$\mathrm{rot}\,\vec{J} = -\frac{\mu}{\rho}\frac{\partial \vec{H}}{\partial t} \qquad (2-23)$$

对上式两边取旋度，并考虑到式(2－21)，可得

$$\mathrm{rot}\,\mathrm{rot}\,\vec{J} = -\frac{\mu}{\rho}\frac{\partial \vec{J}}{\partial t} \qquad (2-24)$$

根据假定，磁极表面仅有轴向电流，气隙磁导齿谐波磁场为具有单一频率的

正弦分布磁场，故上式通过数学变换后，可写成复数形式如下：

$$\frac{\partial^2 J_Z}{\partial x^2}+\frac{\partial^2 J_Z}{\partial y^2}=j\,\frac{\omega_Z\mu}{\rho}J_Z \tag{2-25}$$

式中：ω_Z——涡流的角频率(rad/s)。

求解此方程，可得

$$J_Z=J_0\mathrm{e}^{-\beta y+i\left(\omega_Z t-\frac{\pi x}{\tau_z}\right)} \tag{2-26}$$

式中：J_0——磁极表面边界上的电流密度幅值；

τ_z——齿谐波磁场的极距。

将式(2-26)代入式(2-25)得

$$\beta^2=\frac{\pi^2}{\tau_z^2}+i\,\frac{\omega_Z\mu}{\rho}$$

由于 $\frac{\omega_Z\mu}{2\rho}\gg\frac{\pi^2}{2\tau_z^2}$，因此

$$\beta=(1+i)\alpha \tag{2-27}$$

式中：α 与 $\alpha=\sqrt{\frac{b_w\mu_0}{b_s 2\rho}}=\sqrt{\frac{b}{b_s}\cdot\frac{\pi+\mu_0}{\rho}}$ 实质上具有相同的概念，但此处

$$\alpha=\sqrt{\frac{\omega_Z\mu}{2\rho}} \tag{2-28}$$

再将式(2-27)代入式(2-26)，得电流密度的表达式：

$$J_Z=J_0\mathrm{e}^{-(1+i)\alpha y+i\left(\omega_Z t-\frac{\pi x}{\tau_z}\right)} \tag{2-29}$$

又由式(2-23)可得整块磁极内磁通密度的 y 向分量为

$$B_y=-i\,\frac{\rho}{\omega_Z}\frac{\partial J_z}{\partial x}=-\frac{\rho\pi}{\omega_Z\tau_z}J_0\mathrm{e}^{-(1+i)\alpha y+i\left(\omega_Z t-\frac{\pi x}{\tau_z}\right)} \tag{2-30}$$

当 $y=0$ 时，B_y 应等于 $B_0\mathrm{e}^{i\left(\omega_Z t-\frac{\pi x}{\tau_z}\right)}$，故有

$$J_0=-B_0\,\frac{\omega_Z\tau_z}{\rho\pi} \tag{2-31}$$

由式(2-29)可得电流密度的有效值

$$J_e=\frac{J_0}{\sqrt{2}}\mathrm{e}^{-\alpha y} \tag{2-32}$$

它沿深度方向逐渐衰减。由此可求出磁极单位表面积的涡流损耗(按计算电流损耗的楞次焦耳定律)：

$$q_0=\int_0^\infty J_e^2\rho\,\mathrm{d}y=\int_0^\infty\frac{J_0^2}{2}\rho\,\mathrm{e}^{-2\alpha y}\,\mathrm{d}y=\frac{J_0^2\rho}{4\alpha} \tag{2-33}$$

将式(2-28)及式(2-31)代入式(2-33)，且因 $\omega_Z=2\pi f_z=\frac{2\pi Zn}{60}$，$\tau_z=\frac{t}{2}$，可得

$$q_0 = k_0(B_0 t)^2 (Zn)^{1.5} \quad (\mathrm{W/m^2}) \tag{2-34}$$

式中：

$$k_0 = \frac{1}{4\sqrt{\pi\mu\rho}} \cdot \left(\frac{1}{60}\right)^{1.5} \tag{2-35}$$

由式(2－34)可见，表面损耗与产生该损耗的磁通密度幅值 B_0 的平方、此磁通密度在空间分布波长 λ(即等于齿距 t)的平方及其频率的 1.5 次方成正比，并与整块磁极材料的导磁、导电性能有关。

表 2－2　计算表面损耗所用的系数 k_0

磁极材料	k_0
锻钢	23.3
铸钢	17.5
叠片磁极，钢片厚度 2mm	8.6
叠片磁极，钢片厚度 1.5mm	6.0
叠片磁极，钢片厚度 1mm	4.6

将钢的磁导率 $\mu = 0.4\pi \times 10^{-6} \times 2000\mathrm{H \cdot m}$，电阻率 $\rho = 0.1 \times 10^{-6}\ \Omega \cdot \mathrm{m}$ 代入公式(2－35)，得 $k_0 \approx 19.3$。但由于在推导式(2－34)时，曾作了一系列的简化假定，且也没有考虑谐波磁场引起的磁滞损耗，所以实际应用时，k_0 值要给予试验修正，其平均修正值列于表 2－2。

如气隙主磁场 B_0 在极距范围内作正弦表分布，则气隙磁导齿谐波磁场的幅值也将随着作正弦变化，计算时式(2－34)中尚须乘以 0.5，因为

$$\frac{1}{\tau}\int_0^{\tau}\left(B_0 \sin\frac{x}{\tau}\pi\right)^2 \mathrm{d}x = \frac{1}{2}B_0^2 \tag{2-36}$$

将式(2－34)乘以所有磁极的表面积 S_p(在隐极汽轮发电机里，指转子大小齿的总表面积)，就可得出电机的表面损耗

$$P_{\mathrm{Fe}p} = q_0 S_p \times 10^{-3} \quad (\mathrm{kW}) \tag{2-37}$$

二、叠片磁极及异步机中的表面损耗

为了减少磁极表面损耗(及工艺上的方便)，直流机及凸极同步电机的磁极常做成叠片式的，这样可以利用在冲片表面形成的天然氧化绝缘层来增加涡流回路的电阻。根据详细分析，叠片式磁极表面损耗的计算公式(2－34)略有不同，但习惯上仍按式(2－34)来计算，而采用相应的经验系数(见表 2－2)。

此外，在装有阻尼笼的凸极同步电机里，空载附加损耗还可以包括由气隙磁导齿谐波磁场在阻尼笼中产生的损耗。

为了降低表面损耗，应不使 B_0 太大，即不使 $\frac{b_0}{\delta}$ 值太大，特别是采用整块磁极时。而采用叠片磁极时，最好不要在叠压后进行车削加工，以免在磁极表面造成低电阻的涡流通路。

在异步电机里，电子和转子铁芯均由硅钢片叠压而成，而且定子和转子都有槽。定子开槽引起的气隙磁导齿谐波磁场会在转子表面产生表面损耗，反之也是。转子表面损耗

$$p_{02} = q_{02}\pi D_2 l'_{t2} \frac{t_2 - b_{02}}{t_2} \times 10^{-3} \quad (\text{kW}) \qquad (2-38)$$

式中：t_2，b_{02}——转子齿距及槽口宽(m)；

D_2，l'_{t2}——转子铁芯外径长度(m)。

q_{02}为由定子槽开口引起的齿谐波磁场在转子单位表面中产生的损耗，

$$q_{02} = 0.5k_0(Z_1 n)^{1.5}(B_{01}t_1)^2 \quad (\text{W/m}^2) \qquad (2-39)$$

式中：B_{01}为由定子开槽引起的齿谐波磁密幅值，

$$B_{01} = \beta_{01} K_{\delta 1} B_{\delta} \quad (\text{T}) \qquad (2-40)$$

式中：B_{01}为$\dfrac{b_{01}}{\delta}$之函数，由图 2-7 查取。在异步机中，气隙主磁场沿空间近似地按正弦分布，故在式(2-39)中引入了系数 0.5。该式中的经验系数 k_0 主要与硅钢片的规格、性能以及铁芯的加工质量有关。对于低含硅量硅钢片，它等于 1.5，加工后可达 3～5；对于高含硅量硅钢片约等于 0.7，加工后可达 1.5～3。

三、异步机齿中的脉振损耗

异步机里，由于定子和转子都有槽，运行时定、转子齿中将产生脉振损耗，其原理如下：

当转子旋转时，定、转子齿槽关系不断改变。图 2-8 示出定、转子齿处于两个极端位置时的气隙磁场分布情况，其中图 2-8(a)为转子齿中心线正好对准定子齿中心线；图 2-8(b)为转子槽中心线正好对准定子齿中心线。很明显，在此两个不同位置，进入定子齿中的磁通量不同，其差额正比于图 2-8(b)中示出的阴影面积。可见随着电机的旋转，定子齿中磁通将发生变化，因而导致附加铁损耗。

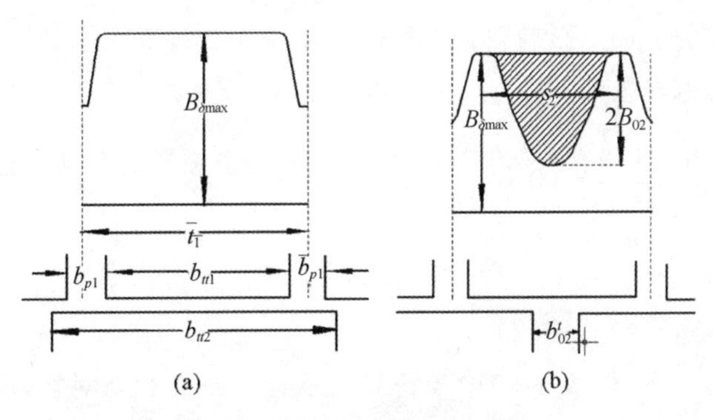

图 2-8　定子齿中磁通的脉振

现在取电机单位轴向长度来看，上述磁通的变化等于 $B_{02}s_2$。由此引起在定子齿里的磁通密度脉振振幅

$$B_{p1} = \frac{B_{02}s_2}{2K_{\mathrm{Feb}_{t1}}} \tag{2-41}$$

气隙系数 K_δ 由查表可知

$$s_2 = \sigma_2 b_{02} \tag{2-42}$$

$$B_{02} = \beta_{02} K_\delta B_\delta \tag{2-43}$$

上两式中，系数 σ_2 和 β_{02} 均与 $\frac{b_{02}}{\delta}$ 有关，且

$$\sigma_2\beta_{02} \approx \frac{\frac{b_{02}}{\delta}}{5} + \frac{b_{02}}{\delta} \tag{2-44}$$

将以上各式代入式(2-41)，可得

$$B_{p1} = \frac{\gamma_2 \delta K_\delta}{2t_1} B_{t1} \tag{2-45}$$

式中：B_{t1}——定子齿中平均磁通密度(T)；

γ_2——系数。

$$\gamma_2 = \sigma_2\beta_{02}\frac{b_{02}}{\delta} = \left(\frac{b_{02}}{\delta}\right)^2/5 + \frac{b_{02}}{\delta} \tag{2-46}$$

式(2-45)是根据定与转子，齿与槽之间尺寸不优化的情况下得出的。考虑到这种附加损耗主要为涡流损耗，那么由于频率较高，以及齿钢片磁导率变化的影响等，实际齿中磁密脉振振幅要偏小。计算时可取 $K_\delta=1$ 作为近似补偿，于是

$$B_{p1} \approx \frac{\gamma_2\,\delta}{2t_1} B_{t1} \quad (\mathrm{T}) \tag{2-47}$$

根据式(2-11)的第二项，可得出齿中脉振损耗

$$P_{P1} = 0.5k\sigma_e\left(\frac{f_{z1}}{50}\right)^2 (B_{p1})^2 M_{t1} \times 10^{-3} \quad (\mathrm{kW}) \tag{2-48}$$

式中，k 是考虑由于加工影响和脉振磁通变化非正弦等而引入的损耗增加系数，一般约为 2.5；由表 2-1，取 $\sigma_e=0.5$(0.5mm 厚硅钢片)；又定子齿中脉振磁通的交变频率 f_{z1} 近似等于 $\frac{Z_2 n}{60}$，其中 n 取为气隙的主磁场的转速。把这些都代入式(2-48)，得

$$P_{P1} \approx 0.7(Z_2 n)^2 (B_{p1})^2 M_{t1} \times 10^{-9} \quad (\mathrm{kW}) \tag{2-49}$$

式中：M_{t1}——定子齿质量(kg)。

把式(2-41)～式(2-49)中各符号的下标 1 及 2 相互对换，就可得出转子齿中脉振损耗的表达式。

制造厂、设计单位常常不单独计算异步机的空载附加铁芯损耗，而是根据试验，对式(2－15)和式(2－17)取用更高的 k_a 值。

2.3　电气损耗

电气损耗包括各部分绕组里的电气损耗，以及电刷与换向器或集电环间的接触损耗。

一、绕组中的电气损耗

根据焦耳-楞次定律，此损耗等于绕组中电流的平方与电阻的乘积。如电机具有多个绕组，则应分别计算各绕组的电气损耗，然后相加如下：

$$P_{Cu(Al)} = \sum(I_X^2 R_X) \times 10^{-3} \quad (kW) \tag{2-50}$$

式中：I_X——绕组 x 中的电流(A)；

R_X——换算到基准工作稳定度的绕组 x 的电阻(Ω)。

对于交流 m 相绕组，如其中电流 I 一样、绕组电阻 R 相同，则电气损耗为

$$P_{Cu(Al)} = mI^2 R \times 10^{-3} \quad (kW) \tag{2-51}$$

计算电气损耗时，假定电流在导线截面上均匀分布，故上列公式中的电阻均指直流电阻。

按电机的有关国家标准规定：供电机在正常工作时作调节用的变阻器、调压装置以及永久连接而不作调节用的电阻、阻抗线圈、辅助变压器和其他类似的辅助设备中的损耗也应计入电机损耗内。

如果用同轴的励磁机(或副励磁机、旋转整流器等)来励磁，则应把它们的损耗也计入电机损耗内。

二、电刷接触损耗

电刷与集电环或换向器间的接触压降主要与所选用的电刷种类有关，而与电流的大小无关，因此一个极性下的电刷接触损耗

$$P_{cb} = \Delta U_b I \times 10^{-3} \quad (kW) \tag{2-52}$$

式中：ΔU_b——电刷接触压降(V)。

按国家标准，每一极性(直流)或每一相(对交流)所有的电刷接触压降定为：

碳-石墨、石墨及电化石墨电刷 1 伏。

金属石墨电刷 0.3 伏。

2.4 电机负载时的附加损耗

负载时产生附加损耗的主要原因是由于环绕着绕组存在漏磁场。这些漏磁场在绕组中以及在所有邻近的金属结构中感生涡流损耗。定子和转子绕组在气隙中建立的谐波磁势所产生的谐波磁场以不同的速度相对转子和定子在运动，在铁芯和鼠笼绕组中也会感生涡流，产生附加损耗。

负载时的附加损耗一般较难于准确计算。中小型电机里，这种附加损耗的绝对值比较小，通常不做详细计算，而规定为其额定输出(或输入)功率的一定百分数。大型电机要预以年度，现以凸极同步电机及笼型异步电机的负载为例加以计算。

一、凸极同步电机负载时的附加损耗

由额定负载电流引起的同步电机的附加损耗，约略等于短路试验(电枢电流为额定值)时的附加损耗，所以又称为短路附加损耗。现分别就其所包括的各分量进行讨论。

1. 短路时由于漏磁场在定子绕组中引起的附加损耗

交流电流的挤流效应，它使绕组的交流电阻大于直流电阻，对应于所增加的电阻的损耗即是由漏磁场在绕组中引起的附加损耗。因此

$$P_{Cuad} = (K'_F - 1)P_{Cu} \quad (kW) \tag{2-53}$$

式中：P_{Cu}——绕组的直流电阻损耗(kW)，由式(2-51)计算得出；

K'_F——绕组的电阻增加系数，根据绕组形式的不同计算得出。

2. 短路时漏磁场在定子绕组端部附近的金属部件中产生的附加损耗

由于绕组端部电流的空间分布比较复杂，也由于临近端部的部件如压板、压指、端盖等形状各异，距端部的距离也不等，要准确计算由端部电流漏磁场在这些部件里产生的损耗，比较困难。一般可采用参考文献4所给的经验公式进行计算，

$$P_{pl} = 35\tau D_{il}\left(\frac{f}{50}\right)^2 P'_C \quad (kW) \tag{2-54}$$

式中：τ ——极距(m)；

D_{il}——定子铁芯内径(m)；

P'_C——损耗系数，

$$P'_C = 1.15\left(\frac{A_1\tau}{10^5}\right)^{2.5}$$

式中：A_1——定子电负荷(A/m)。

3. 定子绕组磁势谐波在转子磁极表面引起的表面损耗

当多相交流电机绕组中通以多相对称电流时，电机气隙中产生基波和谐波磁势。凸极电机进行短路试验时，也存在这种情况。这些谐波磁势与转子之间有相对运动，因此除会在磁极表面感生涡流、产生表面损耗外，还会在阻尼笼中产生附加损耗。这里只分析前者。

在计算上述附加损耗时，为了方便，把气隙中的绕组磁势谐波分成两部分：即所谓相带谐波磁势及齿谐波磁势，如图 2－9 所示。图中(b)为 A 相电流达到最大值时的三相绕组合成气隙磁势分布曲线；(c)及(d)分别为齿谐波和相带谐波磁势曲线。合成磁势中之所以有齿谐波分量，是因为导体不是均匀地分布在电枢表面，而是集中在一个个槽中(作磁势图时假定电流集中在槽中心线上)，此曲线呈锯齿形；而之所以有相带谐波分量，是由于相带的存在，使得沿电枢周边分布的导体中电流因属于不同相而大小不一，以致磁势曲线在相带相邻处发生突变。即使是 $q=\infty$，没有齿谐波磁势，气隙磁势仍不呈正弦形，而呈折线形[见图 2－9(b)]，可把其中所含的相带谐波分量分解出来，如图 2－9(d)所示。

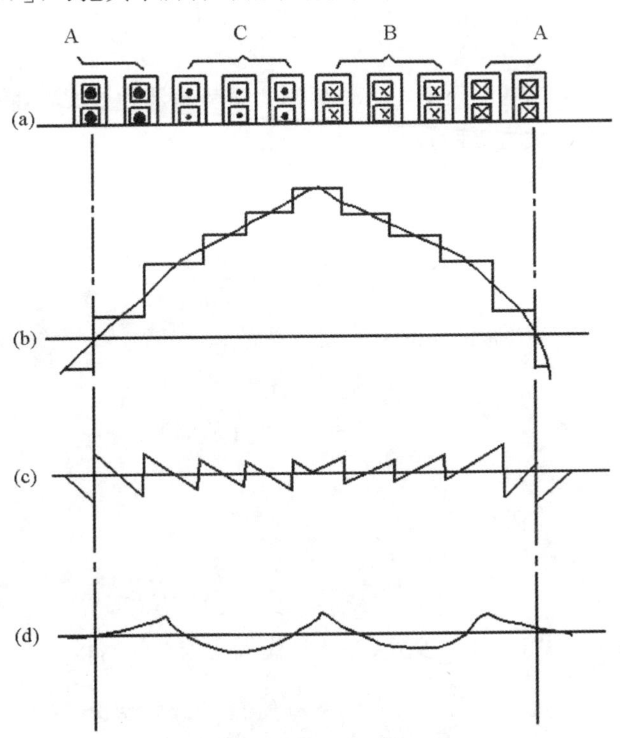

图 2－9　三相绕组的磁势曲线

(a) 各相导体在槽中的分布情况　(b) 磁势曲线及其分解。其中阶梯形曲线表示当 A 相电流达最大值时的三相合成磁势曲线　(c) 齿谐波磁势曲线　(d) 相带谐波磁势曲线

(1) 定子相带谐波磁势在磁极表面产生的附加损耗

由式(2-34)，磁极单位表面积的附加损耗的一般计算公式为

$$q_0 = k_0(60f_z)^{1.5}(2\tau_z)^2 B_0^2 \quad (\mathrm{W/m^2}) \tag{2-55}$$

式中：B_0、τ_z、f_z 分别为产生此表面损耗之磁场的磁密振幅、极距及频率。

因此，若将由定子各次相带谐波磁势产生的各次相带谐波磁场的磁密幅值、极距及频率代入式(2-55)，然后相加，即得由这些谐波在磁极表面产生的表面损耗，对于三相电机而言，

$$p_{2\nu k} = \sum k_0(B_{\nu b}2\tau_\nu)^2 f_\nu^{1.5} k_{r\nu}^2 S_p \tag{2-56}$$

式中：ν=5，7，11…；

S_p——转子磁极表面积；

$k_{r\nu}$——考虑涡流反作用使原磁场削弱而引入的系数，可按图 2-10 中相应曲线查取；

f_ν——定子 ν 次相带谐波在磁极表面感应电势之频率，

$$f_\nu = \frac{p_\nu(n_1 \pm n_\nu)}{60} = \frac{\nu p\left(n_1 \pm \dfrac{n_1}{\nu}\right)}{60} = f_1(\nu \pm 1) \tag{2-57}$$

式中：f_1 为定子电流基波频率，n_1，n_ν 分别为磁势基波和谐波转速；

τ_ν——ν 次谐波之极距，

$$\tau_\nu = \frac{\tau}{\nu} \tag{2-58}$$

$$B_{\nu b} = \mu_0 H_{\nu b} = \mu_0 \frac{F_{\nu b}}{\delta_{ef}} k_\nu \tag{2-59}$$

式中：k_ν 为 ν 次谐波磁通密度的空间衰减系数，

$$k_\nu = \frac{\pi \dfrac{\delta_{ef}}{\tau_\nu}}{\mathrm{sh}\pi \dfrac{\delta_{ef}}{\tau_\nu}} \quad \text{（推导从略）} \tag{2-60}$$

或按图 2-10 中相应曲线查取。

$$F_{\nu b} = \frac{1}{\nu} F_1 \frac{K_{dp\nu}}{K_{dp1}} = \frac{1}{\nu} \frac{\sqrt{2}}{\pi} A_1 \tau K_{dp\nu} \tag{2-61}$$

将式(2-57)、式(2-58)及式(2-59)代入式(2-56)，得

$$p_{2\nu k} = \frac{8}{\pi^2} \frac{\tau^4}{(\delta_{ef})^2} k_0 \mu_0^2 \times A_1^2 f_1^{1.5} S_p \varphi(\beta) k_{r\nu}^2 k_\nu^2 \tag{2-62}$$

式中：$\varphi(\beta) = \sum \left(\frac{1}{\nu^2} K_{dp\nu}\right)^2 (\nu \pm 1)^{1.5}$ 与绕组节距比 β 有关（式中 ν=5，7，11，…），如图 2-11 所示。当 $\beta \approx 0.8$ 时，$\varphi(\beta)$ 很小。这是由于相带谐波中的较

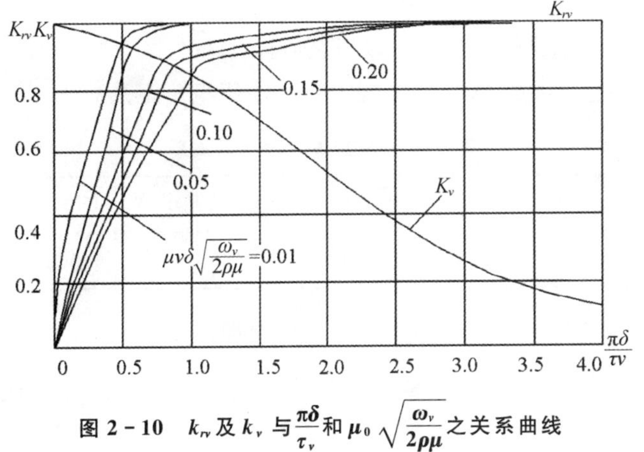

图 2-10　k_{rv} 及 k_v 与 $\frac{\pi\delta}{\tau_v}$ 和 $\mu_0\sqrt{\frac{\omega_v}{2\rho\mu}}$ 之关系曲线

低次分量(5 次及 7 次)因绕组短距而被大大地削弱。因此采用短距绕组可以降低转子表面损耗。此外,由式(2-62)可知,表面损耗的大小还与选用的电负荷 A_1 及尺寸比 $\frac{\tau}{\delta_{ef}}$ 有密切的关系,这在物理意义上是不难理解的。

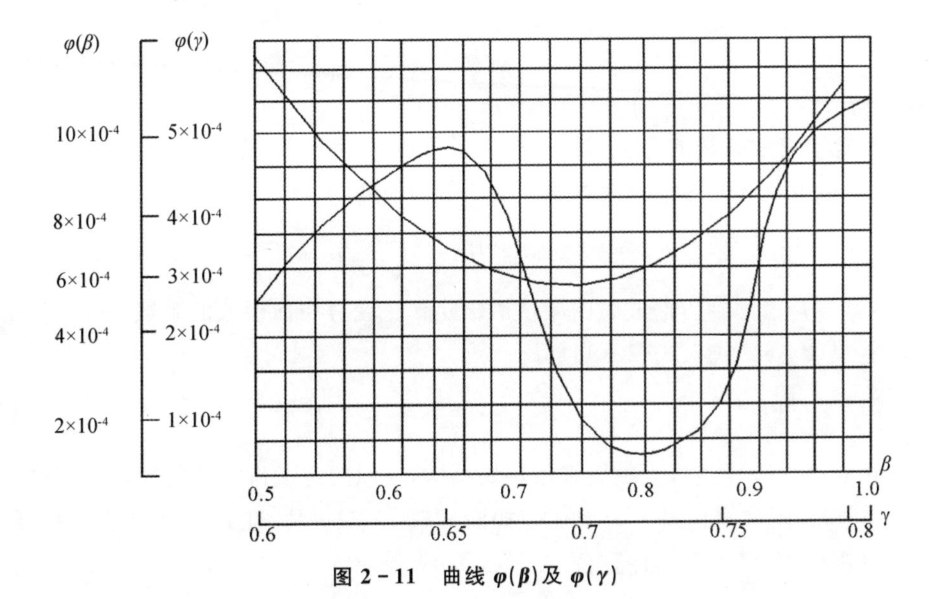

图 2-11　曲线 $\varphi(\beta)$ 及 $\varphi(\gamma)$

式(2-62)是在假定磁极表面磁导率等于恒值的情况下推导得出的。实际上通常须对式(2-62)进行试验修正。工厂中根据式(2-62)进一步推导、整理、化简并修正后的表面损耗经验计算公式如下:

$$p_{2\nu k}=\frac{2.1}{\sqrt[3]{q}}\left(\frac{k_\beta x_{ad}^*}{K_\delta-1}\right)^2 p_{\mathrm{Fe}p} \tag{2-63}$$

式中：p_{Fep}——空载磁极表面损耗(kW)；

x_{ad}^*——纵轴电枢反应电抗，以标么值计(Ω)；

k_β——系数，由表 2-3 查取，表中 K_p 为绕组短距系数。

表 2-3　系数 k_β 和 K_p 之关系

K_p	1.0	0.98	0.96	0.94	0.92	0.90	0.88	0.85	0.80	0.75
k_β	0.055	0.02	0.01	0.02	0.035	0.045	0.05	0.055	0.052	0.045

(2) 定子齿谐波磁势在磁极表面产生的附加损耗

由定子齿谐波磁势在磁极表面引起的涡流，其频率为$\frac{Z_1 n}{60}$。此齿谐波磁通密度的空间分布极距为$\frac{t_1}{2}$，其幅值为(其绕组系数与基波的相同)

$$B_{\nu_t} = \sqrt{2}\mu_0 \frac{A_1 t_1}{2\delta_{ef}} k_{\nu_t} \tag{2-64}$$

考虑到一阶齿谐波次数 $\nu_t = \frac{Z_1}{p}$，因此式(2-64)中空间衰减系数由式(2-60)得

$$k_{\nu_t} = \frac{\pi\delta_{ef} Z_1}{p\tau \operatorname{sh} \frac{\pi\delta_{ef} Z_1}{p\tau}} = \frac{2\pi\delta_{ef}}{t_1 \operatorname{sh} \frac{2\pi\delta_{ef}}{t_1}} \tag{2-65}$$

把定子谐波磁场的有关量代入式(2-56)，并考虑到涡流对磁场的削弱作用，可得由齿谐波磁场在磁极表面产生的附加损耗

$$p_{2tk} = 0.5 k_0 S_p (B_{\nu t} t_1)^2 \left(\frac{Z_1 n}{60}\right)^{1.5} k_{r\nu}^2 \tag{2-66}$$

式中：0.5 是考虑到齿谐波磁密幅值沿极距作正弦分布而引入的系数。

将式(2-64)代入式(2-66)得

$$p_{2tk} = 0.25 S_p \mu_0^2 A_1^2 \frac{t_1^4}{\delta_{ef}^2} \left(\frac{Z_1 n}{60}\right)^{1.5} k_{r\nu}^2 k_{\nu t}^2 \tag{2-67}$$

由式(2-67)可知，当磁极采用整块结构，选用的定子齿距及负荷较大、气隙 δ 较小时，此附加损耗将大为增加。如同式(2-63)一样，工厂中对此表面损耗采用如下整理、修正后的计算公式：

$$p_{2tk} = k' \left[\frac{2 p x_{ad}^*}{Z_1 (K_\delta - 1)}\right]^2 p_{Fep} \tag{2-68}$$

式中：Z_1——定子槽数；

k'——比例系数。$k' \approx 0.3$，(δ_{max}：δ=1.0)；$k' \approx 0.2$，(δ_{max}：δ=1.5)；$k' \approx 1.5$，(δ_{max}：δ=2.0)。其中 δ 为极靴中心处的气隙，δ_{max} 为极尖处的气隙。

4．短路电流为额定值时磁场的三次谐波在定子齿中产生的附加损耗

由于凸极同步电机气隙的不均匀，转子励磁磁势及电枢反应磁势的基波分量均会在气隙里产生三次谐波磁场。在短路时，定、转子三次谐波磁场作用相互叠加，见图 2-12。对不同的磁极及气隙尺寸，可用作图法作出一系列的气隙磁场图，并作出一些曲线用以决定三次谐波磁场的幅值。由此，可算出定子齿中此三次谐波磁场的磁通密度幅值：

$$B_{t1} = (A_{3m}x_d^* + 1.27A_{3d}x_{ad}^*)B_{t1} \quad (\mathrm{T}) \tag{2-69}$$

式中：B_{t1}——空载额定电压时定子齿中平均磁通密度(T)；

A_{3m}——磁极三次谐磁场系数，按图 2-13(a)中公式及曲线的相应数据计算；

A_{3d}——电枢反应三次谐波磁场系数，按图 2-13(b)中公式及曲线的相应数据计算。

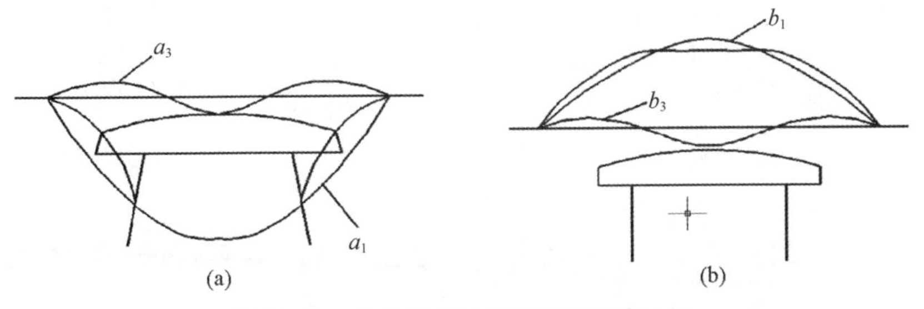

图 2-12　凸极同步电机的三次谐波磁场

(a) 直轴电枢反应磁场曲线：a_1—电枢反应磁场基波；a_3—电枢反应磁场三次谐波

(b) 励磁磁场曲线：b_1—励磁磁场基波；b_3—励磁磁场三次谐波

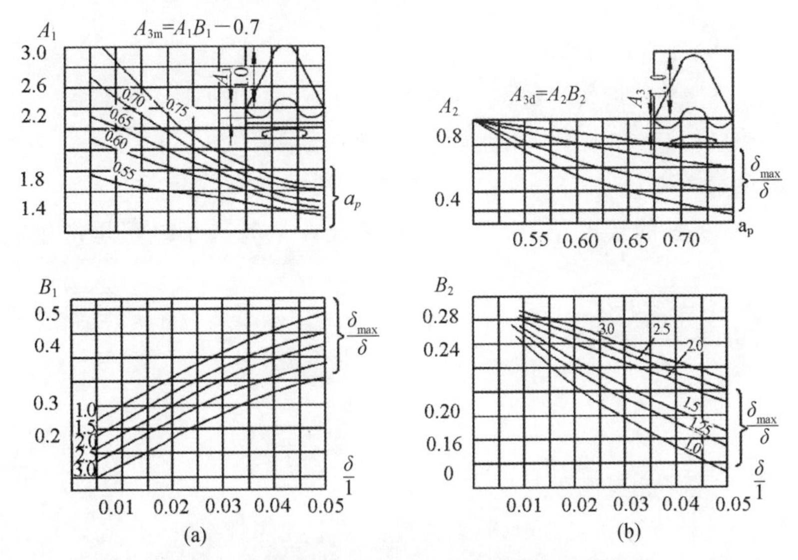

图 2-13　磁极及电枢反应三次谐波磁场系数计算

三次谐波磁场将在定子齿中产生附加损耗，它可根据铁耗的一般公式通过经验修正后的下式计算得出：

$$p_1 = 10.7 p_{10/50} (B_{t1})^{5/4} M_{t1} \times 10^{-3} \quad (\mathrm{kW}) \tag{2-70}$$

式中：M_{t1}——定子齿质量(kg)。

二、异步电机负载时的附加损耗

异步电机负载时的附加损耗通常不进行详细计算。许多国家的标准中一般规定负载时的附加损耗占电机输出（发电机）或输入（电动机）功率的0.5%。当然这个数值是非常粗略的。采用压力铸铝工艺的小型异步电动机里，负载时附加损耗一般约占输出功率的2%～3%，个别甚至高达4%～5%或以上。这不但严重影响电机的运行经济性及起动性能，并且也可能造成过高的绕组温升。因此多年来关于如何准确计算机降低笼型铸铝转子异步电机负载时的附加损耗一直受到人们的重视。

笼型转子异步电机负载时的附加损耗主要有下列几部分：

(1) 定子绕组的漏磁场在绕组里及绕组端部附近的金属部件中产生的附加损耗。

(2) 定子磁势谐波产生的磁场在鼠笼转子绕组中感生电流引起的附加损耗。

(3) 定子磁势谐波产生的磁场在转子铁芯表面引起的表面损耗。由于鼠笼转子绕组中感生电流的去磁效应，只有少量谐波磁场能深入转子齿部，故这些谐波在齿中产生的脉振损耗可忽略不计。由转子磁势谐波在定子铁芯中产生的附加损耗比较小，通常也可以忽略不计。

(4) 没有槽绝缘的铸铝转子中，由泄漏电流产生的损耗。

上列第(1)项损耗由基频电流产生，故又称基频附加(杂散)损耗。其余各项均由高频电流产生，故又称高频附加(杂散)损耗。

(一) 在直槽的情况下，由定子磁势谐波在鼠笼转子绕组里产生的附加损耗

1. 定子相带谐波磁势在鼠笼转子绕组里产生的附加损耗

根据式(2-2)，由ν次相带谐波产生的该项损耗为

$$p_{2\nu} = \frac{4m_1^2 W_1^2 K_{dp\nu}^2 K_{2\nu}^4}{Z_2} R_{2\nu} I_1^2 \tag{2-71}$$

式中：I_1——定子相电流；

$R_{2\nu}$——转子导条交流电阻(对应于有关谐波的频率)；

$K_{dp\nu}$——对ν次谐波的定子绕组系数；

$K_{2\nu}$——假想的转子绕组对 ν 次谐波的绕组系数，

$$K_{2\nu}=\frac{\sin\dfrac{\pi\nu p}{Z^{2}}}{\dfrac{\pi\nu p}{Z_{2}}} \tag{2-72}$$

计算时只考虑 $\nu\leqslant 0.8\dfrac{Z_2}{p}$ 的各次谐波，因此项损耗只占转子绕组基本损耗的 0.25%左右，次数更高的可以忽略。

由式(2-71)可知，$p_{2\nu}$ 主要与 $(K_{dp\nu}K_{2\nu}^{2})^{2}$ 有关。谐波次数越高，损耗越小。转子槽数越多，损耗越大，按文献[1]，如欲限制此项损耗在转子基本铜(铝)耗的 10%以内，建议采用

$$\frac{Z_2}{p}\leqslant 0.75\frac{Z_1}{p} \tag{2-73}$$

2. 定子齿谐波磁势在鼠笼转子绕组里产生的附加损耗

此项损耗的计算公式为(只考虑一阶齿谐波的)

$$p_{2z}=C_m m_1 I_1^2 R'_{2z} \tag{2-74}$$

式中：R'_{2z}——折算到定子边的转子导条的交流电阻(对应于一阶齿谐波频率)；

C_m——损耗系数，与定、转子槽数比 $\dfrac{Z_2}{Z_1}$ 有关，如图 2-14 所示。

由图 2-14 可知，附加损耗 p_{2z} 的大小与定转子槽数比值 $\dfrac{Z_2}{Z_1}$ 有密切关系。当

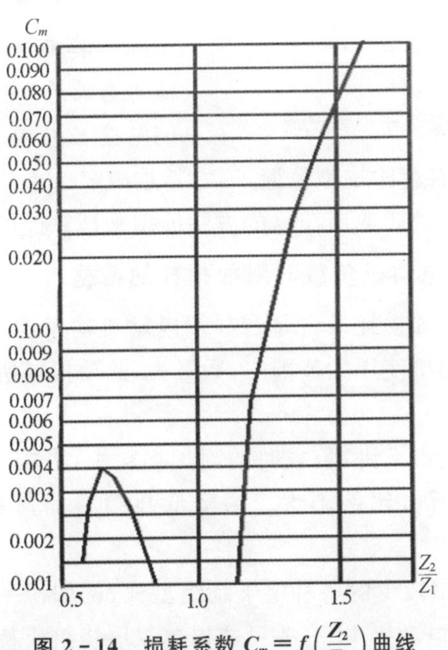

图 2-14　损耗系数 $C_m=f\left(\dfrac{Z_2}{Z_1}\right)$ 曲线

$\frac{Z_2}{Z_1}$比值接近于1，损耗最小。故在笼型转子异步电动机里，在直槽的情况下，一般宜于采用近槽配合，但不能取$\frac{Z_2}{Z_1}=1$，因为这会引起起动过程中所谓的锁住现象。

（二）在斜槽的情况下，如果导条未绝缘，由定子磁势谐波在转子鼠笼中产生的损耗

在斜槽的情况下，如果导条绝缘得比较好，则由定子相带谐波磁势在鼠笼绕组中产生的损耗，仍可近似按式(2－71)进行计算，但在式中须乘以$K_{2k\nu}^2$，这里$K_{2k\nu}$为鼠笼转子绕组对ν次谐波的斜槽系数。假设转子槽扭斜一个定子齿距，这时整个导条长度上由定子磁势齿谐波感生的合成电势接近于零。

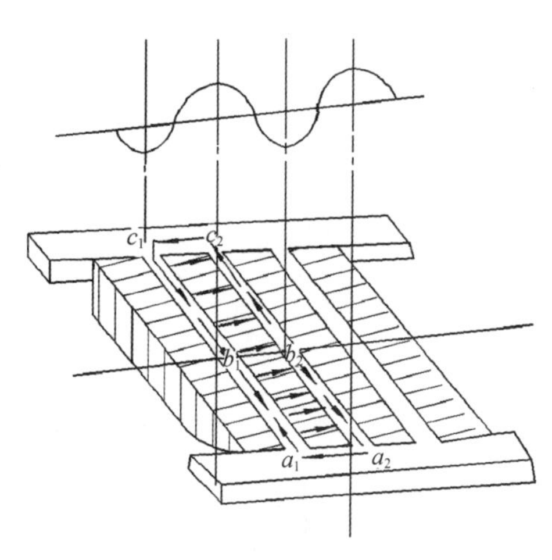

图 2－15　鼠笼转子泄漏电流

但在斜槽的情况下，如果导条与铁芯间没有良好绝缘，定子磁势各次谐波在转子鼠笼绕组里感生的电势，会通过铁芯硅钢片在相邻导条间形成“横向”电流，如图 2－15 所示。因此，就每一导条(a_1c_1，a_2c_2…)来说，虽然其齿谐波合成电势等于零，但在相邻“半根”导条间所形成的“横向”电流将产生附加损耗。该损耗的大小除与谐波磁场的频率、磁通密度幅值等有关外，主要决定于导条与铁芯间的接触电阻R_c。但影响接触电阻R_c大小的加工工艺因素比较难掌握，因之甚难确定一个计算R_c的通用公式，以致目前还没有一个比较成熟而简易的方法能用来计算此项损耗。

（三）降低异步电动机负载时附加损耗的措施

虽然负载时的附加损耗只占每台异步电动机输入功率的很小一部分，但由于笼型转子异步电动机使用的范围广，数量大，此项损耗所消耗的总电能在数量上仍是较大。

对中小型异步电机来讲，负载时的附加损耗中，占较大比例的是高频损耗，基频附加损耗一般所占比例不大。为降低高频附加损耗可以采取下列一些措施。

1. 采用谐波含量较少的各种定子绕组型式，例如：一般可采用双层短距分布绕组；在小型异步电动机中，有些可能以单双层绕组代替单层绕组；采用Δ—Y

混合接法绕组(这种绕组的相带谐波含量少)。

2. 采用近槽配合。

3. 采用斜槽,同时注意改进转子铸铝工艺或采用其他工艺(如以低压铸造代替压力铸造,但前者生产率较低),以增大导条和铁芯间的接触电阻。

三、直流电机负载时的附加损耗

直流电机负载时的附加损耗一般比较小,通常不进行详细计算。对没有补偿绕组的电机,一般取为输出(发电机)或输入(电动机)功率的 1%;对有补偿绕组的电机,一般分别为 0.5%。

2.5　机械损耗

机械损耗包括轴承摩擦损耗、电刷摩擦损耗和通风损耗。

轴承摩擦损耗与摩擦面上的压力(或压强)、摩擦系数以及摩擦表面间的相对运动速度有关。在大多数情况下,比较难于准确确定的是摩擦系数,因为它与多种因素有关,如摩擦面的质量(光滑程度)、润滑油的种类及其工作温度以及有关零件的加工质量和电机的总装质量等等。对于通风损耗,更是难于准确确定,因为它与电机的结构、风扇的型式、通风系统中的风阻等很多难于用精确算式表达的因素有关。因此,一般情况下,工厂总是根据已造电机的试验数据来近似计算或估取所设计电机的机械损耗。

但是,为便于发现这些损耗过大时或建立经验公式时进行必要的分析,或者在没有任何资料时进行初步估算,下面摘要给出一些计算公式或曲线,仅作参考。

一、轴承摩擦损耗

滑动轴承的摩擦损耗和所用润滑油的黏度、品质、轴颈的圆周速度、工作表面的加工质量以及轴颈直径和长度之比等因素有关。大型卧式高速电机中的滑动轴承摩擦损耗可用下式计算:

$$p_f = 2.3 l_j \frac{50}{\theta} \sqrt{\mu_{50} p_j d_j \left(1 + \frac{d_j}{l_j}\right)} v_j^{1.5} \times 10^{-13} \quad (\mathrm{kW}) \qquad (2-75)$$

式中: p_j——轴颈投影面上的压力或压强($\mathrm{N/m^2}$);

d_j——轴颈的直径(m);

l_j——轴颈的长度(m);

θ——工作油温(℃);

μ_{50}——50℃时油的黏度，约等于 0.015～0.02 N · s/m^2；

v_j——轴颈的圆周速度(m/s)。

滚动轴承的摩擦损耗可用下式计算：

$$p_f = 0.15\frac{F}{d}v \times 10^{-3} \quad (\text{kW}) \tag{2-76}$$

式中：F——轴承负荷(N)；

d——滚珠(或滚子)中心所处的直径(m)；

v——滚珠中心的圆周速度(m/s)。

二、通风损耗

在自通风的电机中通风损耗可用下式计算：

$$p_w = 1.75Qv^2 \times 10^{-3} \quad (\text{kW}) \tag{2-77}$$

式中：Q——通过电机的风量(m^3/s)；

v——风扇外圆的圆周速度(m/s)。

上式中由于风量和速度 v 成正比，因此 p_w 与电机转速的立方成正比。

三、轴承摩擦和通风损耗 p_{fw}

在一般电机中，常把这两种损耗综合在一起计算。

(一) 直流电机

1. 对于电枢直径 $D_a \geqslant 0.5$m、轴上没有风扇的电机，

$$p_{fw} = K\frac{v_a}{10}^{1.6}P_N \times 10^{-3} \quad (\text{kW}) \tag{2-78}$$

式中：$K = 0.9 \sim 1.3$；

v_a——电枢圆周速度(m/s)。

2. 对于电枢直径 $D_a < 0.5$m、采用滑动轴承的电机，

$$p_{fw} = \left(1.75v^2Q + 5G_a v_j\sqrt{\frac{n_N \times 10^4}{gp_j}}\right) \times 10^{-3} \quad (\text{kW}) \tag{2-79}$$

式中：G_a——电枢旋转部分种类(N)；

v——当电机无风扇时为电枢圆周速度(m/s)，当电机有风扇时为风扇外圆的圆周速度(m/s)；

Q——通过电机的风量(m^3/s)；

n_N——额定转速(r/m)；

v_j——轴颈圆周速度(m/s)；

p_j——轴颈投影面上的压力(N/m^2)；

3. 对于采用滚动轴承且轴上装有风扇的中小型直流电机，损耗 p_{fw} 可按图 2-16 的曲线确定。

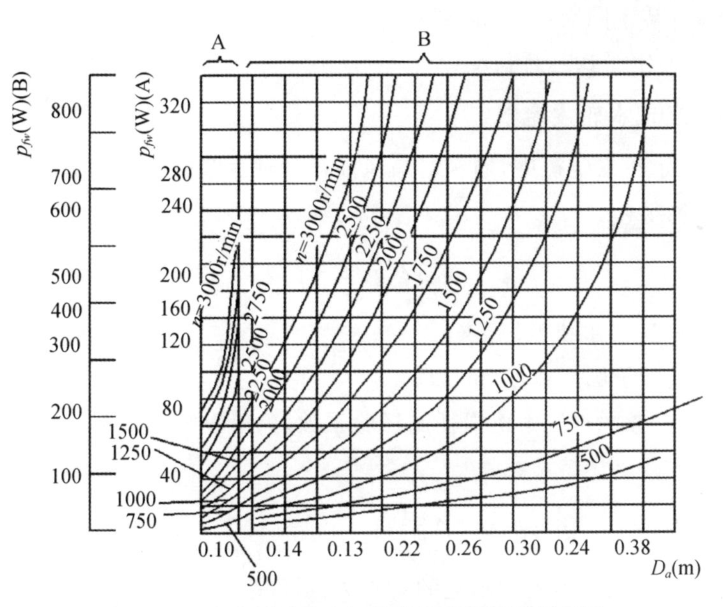

图 2-16　中小型直流电机的轴承摩擦及通风损耗

(二) 异步电机

1. 对于径向通风的大型电机，

$$p_{fw} = 2.4p\tau^3(N_V + 11) \quad (\text{kW}) \tag{2-80}$$

式中：τ——极距(m)；

N_V——通风道数；

p——极对数。

2. 对于中小型电机，

$$\left.\begin{aligned} &\text{2 极防护式} && p_{fw} = 5.5\left(\frac{3}{p}\right)^2 (D_2)^3 \quad (\text{kW}) \\ &\text{4 极及以上防护式} && p_{fw} = 6.5\left(\frac{3}{p}\right)^2 (D_2)^3 \quad (\text{kW}) \end{aligned}\right\} \tag{2-81}$$

$$\left.\begin{aligned} &\text{2 极封闭型自扇冷式} && p_{fw} = 13(1 - D_1)\left(\frac{3}{p}\right)^2 (D_1)^4 \quad (\text{kW}) \\ &\text{4 极及以上封闭型自扇冷式} && p_{fw} = \left(\frac{3}{p}\right)^2 (D_1)^4 \times 10 \quad (\text{kW}) \end{aligned}\right\} \tag{2-82}$$

(三) 凸极同步电机

径向通风的卧式同步电机的轴承摩擦和通风损耗可按下式计算：

$$p_{fw}=16p\left(\frac{v}{40}\right)^{3}\sqrt{\frac{l_{t1}}{19}}\quad(\mathrm{kW})\tag{2-83}$$

式中：v——转子圆周速度(m/s)；

l_{t1}——定子铁芯总长度(m)。

(四) 立式水轮发电机

在立式水轮发电机中，通常对通风损耗和轴承摩擦损耗分别进行计算。

1. 通风损耗

$$p_{w}\approx 0.122k_{T}\left(\frac{v}{10}\right)^{2}Q\quad(\mathrm{kW})\tag{2-84}$$

式中：Q——通过电机的风量(m^3/s)；

v——转子圆周速度(m/s)；

k_T——考虑空气摩擦损耗的经验系数，一般取等于1.4。

2. 推力轴承摩擦损耗

$$p_{fL}=0.5A\left(\frac{F}{g}\right)^{1.5}n_{N}^{1.5}\times 10^{-6}\quad(\mathrm{kW})\tag{2-85}$$

式中：F——作用在推力轴承上的总推力(kN)；

A——与发电机型式及作用在轴承表面的压力 p_1 有关的系数，见图2-17。压力一般为$(3.5\sim4.5)\times10^3\,\mathrm{kN/m^2}$。

3. 导轴承摩擦损耗

$$p_{fg}=F_{r}v\mu\quad(\mathrm{kW})\tag{2-86}$$

式中：v——导轴承工作表面的圆周速度(m/s)；

μ——当油温为40℃时的摩擦系数，见图2-18；

F_r——作用于导轴承的负荷(kN)等于

$$F_{r}\approx 0.02G_{2}+4.7l_{t1}D_{ilg}\quad(\mathrm{kN})\tag{2-87}$$

式中：G_2——转子重量(kN)；

D_{ilg}——轴承滚动体的中心圆通准(m)。

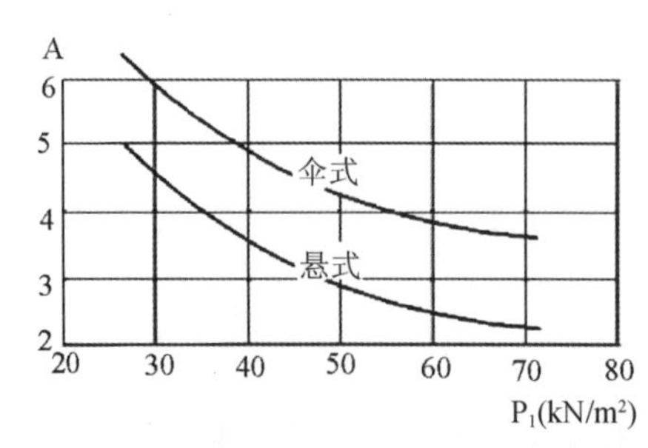

图2-17　用于计算推力轴承摩擦损耗的系数A

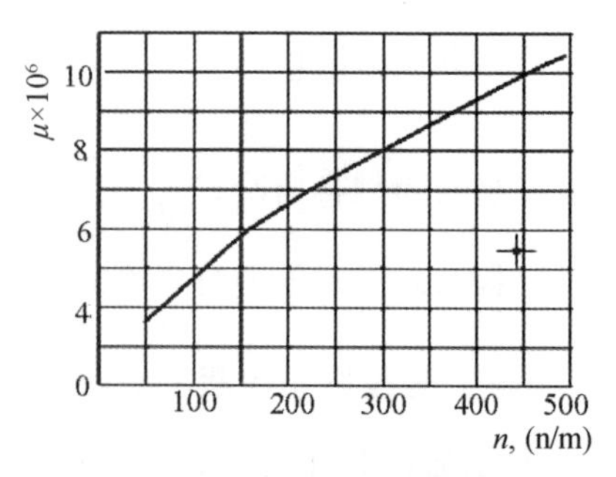

图2-18　导轴承的摩擦系数

上式中第一项为由于转子机械上不平衡产生的作用力最大允许值，第二项为由于转子偏心引起的单边磁拉力。

四、电刷(与换向器或集电环间的)摩擦损耗

电刷摩擦损耗

$$p_{fb} = \mu_b p_b S_b v \tag{2-88}$$

式中：μ_b——摩擦系数：对于换向器为0.2～0.3，对于集电环为0.15～0.20；

p_b——电刷压力，约等于$20\times10^3(N/m^2)(\approx0.2kg/cm^2)$；

S_b——电刷总工作面积(m^2)；

v——换向器或集电环的圆周速度(m/s)。

五、效率

发电机额定负载时的效率可用下式计算：

$$\eta_g = \left(1-\frac{\sum p}{p_N+\sum p}\right)\times100\% \tag{2-89}$$

式中：p_N——电机额定输出功率；

$\sum p$——电机在额定负载时所有损耗之和。

电动机的效率可用下式计算：

$$\eta_m = \left(1-\frac{\sum p}{p_{N1}}\right)\times100\% \tag{2-90}$$

式中：p_{N1}——额定负载时的输入功率。

第3章　电机发热计算

3.1　电机允许的温升限度

一、电机温升

电机运行时要产生损耗，这些损耗都转变为热能，使电机各部分的温度升高。电机某部件的温度与周围介质温度之差，就叫作该部件的温升。

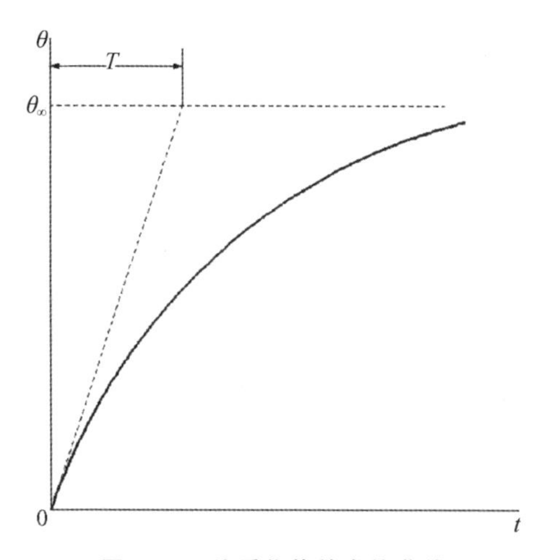

图 3-1　均质物体的发热曲线

电机不是一个均质物体，其中的发热与散热过程比较复杂，但在研究电机的这些过程时，我们往往假定它是一个均质物体，从这里得出一些主要的概念和规律。根据对均质物体发热过程的分析，得知其温升随时间的变化是指数曲线关系，如图 3-1 所示。起始时物体的温度与周围介质的相同，这时物体产生的全部损耗都将用以提高物体的温度，因此起始时物体的温度上升很快。随着物体温度的增加，它与周围介质的温差增大，散发到周围介质中去的热量也逐渐增加。理论上要到时间 $t=\infty$时，物体才达到最终稳定温升 θ_∞，这时物体所产生的全部热量都散发到周围介质中去，物体本身的温度就不再增加了。实际上当 $t=(3\sim4)T$(式中 T 为发热时间常数)后，温升就基本上稳定。

对于一台电机来说，虽然它不是一个均质物体，但上述发热过程的基本特征对电机也是大体上适用的。为了使电机的温升不超过一定的数值，一方面是减少电机中产生的损耗，另一方面是增加电机的散热能力。随着电机单机容量的日益增大，需要改善冷却系统，提高散热能力以限制电机的温升。

当电机在一定的容量下正常运行时，它的温升也是一定的。因此，只有规定了电机的温升，才使电机的容量具有确切的意义。温升计算的目的一般是核算电机中几个发热部件在额定运行时的温升是否超过允许的极限值。

二、电机温升限度

电机在额定状态下长期运行而其温度达到稳定时，电机各部件温升的允许极限值称为温升限度。电机的温升限度在国家标准《电机基本技术要求》中已作了规定，对于用空气冷却的电机，其值如表3-1所示。

就绕组而言，表中给出的温升限度基本上取决于其绝缘结构所允许的最高温度及冷却介质的温度，但也和温度的测量方法、绕组的传热和散热条件以及其中允许产生的热流强度等因素有关，现分别说明如下：

（一）电机绕组绝缘结构所采用的材料，在温度的作用下，其机械、电气、物理等性能都将逐渐变坏，而当温度升高到一定程度时，绝缘材料的特性会发生本质的变化，最后甚至失去绝缘的能力。在电工技术中，常将电机及电气中的绝缘结构或绝缘系统按极限温度分为若干耐热等级（见表3-2）。绝缘结构或系统在相应等级的温度下长期运行，一般不会产生不该有的性能变化。在某一耐热等级的绝缘结构中，不一定全部选用同一耐热等级的绝缘材料，绝缘结构的耐热等级是通过对所用结构的模型进行模拟试验而综合评定的。

（二）绝缘结构在规定的极限温度下工作，能够获得经济的使用寿命。理论推导及实践证明，绝缘结构的使用寿命与温度之间是呈指数关系，因此它对温度十分敏感。若工作温度每超过极限温度8℃（系A级绝缘，B级为10℃，F级为12℃，H级为14℃），其使用寿命就要平均缩短一半。对于某些特殊用途的电机，如其使用寿命并不要求很长，这时为了缩小电机的体积，可根据经验或试验数据来提高电机的允许极限温度。

（三）冷却介质的温度虽然随所用的冷却系统和冷却介质的不同而有所不同，但对目前采用的各种冷却系统来说，冷却介质的温度基本上取决于大气温度，并且在数值上和大气温度大体相同。但大气温度随一年内不同时间和地点而变化，根据统计，我国各地年平均温度都在22℃以下，平均最高温度不超过35℃，而绝对最高温度一般在35～40℃之间，只有极少数地区在40～45℃之间。目前世界各国一般都采用大部分地区的大气绝对最高温度作为冷却介质的温度，因此我国的国家标准中规定+40℃作为冷却介质的温度。表3-1中规定的温升限值即按此规定的。

表 3-1　电机各级检测

（单位：℃）

项号	电机部分	A 级			E 级			B 级			F 级			H 级		
		温度计法	电阻法	埋置检温计法	温度计法	电阻法	埋置检温计法	温度计法	电阻法	埋置检温计法	温度计法	电阻法	埋置检温计法	温度计法	电阻法	埋置检温计法
1	额定功率在 5000kW（或 kVA）及以上，或铁芯长度为 1m 以及以上的电机的交流绕组	—	60	60①	—	70	70①	—	80	80①	—	100	100①	—	125	125①
2	（1）额定功率小于或铁芯长度短于第一项的电机的交流绕组 （2）除第 3 项及第 4 项以外的用直流励磁的交流和直流电机的磁场绕组 （3）有换向器的电枢绕组	50①	60	60	65①	75	75	70①	80	80	85①	100	100	105①	125	125
3	用直流励磁的汽轮发电机的磁场绕组	—	—	—	—	—	—	—	90	—	—	110	—	—	—	—
4	（1）补偿绕组和多层低电阻磁场绕组 （2）表面裸露或金属表面涂漆的单层绕组②	60 65	60 65	— —	75 80	75 80	— —	80 90	80 90	— —	100 110	100 110	— —	125 135	125 135	— —
5	永久短路的绝缘绕组	60	—	—	75	—	—	80	—	—	100	—	—	125	—	—
6	永久短路的无绝缘绕组	这些部件的温升在任何情况下，不应达到足以使任何邻近的绝缘或其他材料有损坏危险的数值														
7	不与绕组接触的铁芯及其他部件															
8	与绕组接触的铁芯及其他部件	60	—	—	75	—	—	80	—	—	100	—	—	125	—	—
9	换向器或集电环④	60	—	—	70	—	—	80	—	—	90③	—	—	100③	—	—

注：①额定电压超过 11kV 的全绝缘定子绕组，温升要作修正。

②包括多层绕组，设其底部的每层绕组都与初级冷却介质接触。

③应注意选择适当材质的电刷。

④换向器或集电环的温升应不超过本身所采用的绝缘等级的允许限度。当换向器或集电环靠近绕组且温升影响到绕组的绝缘寿命时，则换向器或集电环的温升应不超过邻近绕组所采用绝缘等级的允许限度。温升值只限于用膨胀式温度计。

表3-2　常见电机及电气中绝缘结构或绝缘系统的耐热等级

耐热分级	A	E	B	F	H
极限温度(℃)	105	120	130	155	180

(四) 测量温度的方法不同,会造成测得的温度与被测部件中最热点温度之间的差别也不同,而被测部件中最热点的温度才是判断电机能否长期安全运行的关键。例如在标准中规定E级绝缘的定子绕组,用电阻法测量的温升限度为75℃,这个数值是从E级绝缘结构的最高允许工作温度120℃中,减去周围介质温度40℃及定子绕组平均温度和最热点温度的差别5℃(估计值)后得到的。在某些部件中,由于传热和散热条件较好,表面裸露的单层绕组,就不必考虑这个差别。随着耐热等级的不同,差别的数值也不相同,这是因为对于不同耐热等级的部件,所允许的热流强度是不同的。部件中温度的分布随热流强度的减小而趋于均匀,其平均温度与最热点温度之间的差别也较小。对于A级和E级绝缘,这个差别估计为5℃,B级绝缘为10℃,H级绝缘为15℃。

(五) 表3-1中的温升限度是对海拔不超过1000m,最高环境温度为40℃的地区规定的。在海拔更高的地区,空气比较稀薄,散热条件差,一台电机在这种情况下运行,其温升比海拔低的地区高。因此,在国家标准中规定,当电机使用地点的海拔高于试验地点的海拔(但前者不超过4000m)时,其温升限度(指试验值)应按两海拔之差每100m减去表3-1中规定值的1%计。反之,如果试验地点高于使用地点(但前者不超过4000m),则温升限度修正值应为加上而不是减去。在上述修正计算中,低于1000m的海拔均算作1000m。

在某些特殊情况下,电机绕组的温升限度往往不完全取决于所用绝缘结构的允许最高温度,还要考虑其它因素,要保证一定裕度,原因是:

1. 进一步提高电机绕组的温度,一般意味着电机损耗的增大和效率的下降,这在经济上不一定合算;

2. 绕组温度的提高(例如高于150℃时),可能引起轴承润滑系统工作的困难等。

电机内的各种不同绝缘材料都有相应的最高允许工作温度,在此温度下长期工作时,绝缘材料的电性能、机械性能和化学性能等都不会显著变坏;但超过此温度,绝缘材料的这些性能就会迅速变坏或引起快速老化。因此,电机的各种部件都应该因其结构材料的不同,而有一个最高工作温度的限值。

在电机各部件温度升高的同时,热量便开始从高温向低温部分转移,热流所涉及部分的温度会相应提高。当电机的各部件温度高于周围介质温度时,就会向冷却介质散发热量。电机部件某一部分的温度 t_1 与电机周围介质的温度 t_2

之差，称为电机该部分的温升，用 t 表示，即

$$t = t_1 - t_2 \quad (℃) \tag{3-1}$$

电机各部位温升的大小不仅与电机发热量的多少有关，而且还与散热方式和散热速度有关。所以，温升是电机能量损耗和散热性能的一个量度，它是评价电机性能的一个指标。

3. 温升限制(温升极限)。根据式(3-1)，电机某一部位的温度 $t_1 = t + t_2$，与具体地点的冷却介质温度 t_2 有关。为了使制造的电机在全国各地都能使用，国家标准中规定，周围空气的最高温度为 40℃。

当周围冷却介质的最高温度一定时，发电机各部位的最高允许温度便决定于它们的温升。这时，为了保证电机的安全运行和具有适当的使用寿命，电机各部位的温升不应超过一定数值，也就是说，电机各部位的允许温升有一个最大值，即温升限值或温升极限。温升限值的水平高低既影响到电机设计的经济性，也关系到电机的寿命。为此，各国标准基本相同，但也有差别，我国电机的温升限值符合 GB755—2008《旋转电机定额和性能》标准，并有以下几个特点：

(1) 对于不同冷却方式，如空冷、氢内冷、氢外冷和直接液冷的温升限值，区别对待，针对性强。

(2) 对电阻法测温赋以更广的含义，并将带电测温法列入国家标准。

(3) 对电压与温升的影响做出明确规定，以 11kV 为基准，超过该基准后每增加 1kV，温升限值下降 1～1.5℃。

(4) 对氢外冷电机在不同氢压下运行时的温升限值作出规定，以 $P_a =$ 150kPa(绝对压力)为基础，每超过 100kPa，温升限值减 5℃。

(5) 对于短时间运行的电机，规定温升限值比连续运行高 10℃。

(6) 对轴承温度给予新规定。当环境温度为 40℃时，滑动轴承的温度应小于或等于 80℃；滚动轴承的温度应小于或等于 95℃。

(7) 对于采用气体-水冷却器的电机，环境温度是指进风温度。当进水温度小于或等于 28℃时，冷空气温度小于或等于 35℃，这时，电机温升限值允许提高 5℃。

3.2 电机稳定温升的计算

一、电机中的温度分布

在电机的温升计算中，最主要的是计算绕组和铁芯的温升。这些部件既是导热介质，其中又有分布热源，它们的温度一般来说在空间上总是按一定的规律

呈曲线分布，这样就有了最高温升和平均温升之分。虽然电机各部件的发热限度应以最高温升为准，但在计算时，作为整体来看通常可以只计算发热部件的平均温升；平均温升与最高温升之间是有一定规律性联系的，因而也可用平均温升来衡量电机的发热情况。电枢绕组、励磁绕组和铁芯中集中典型的温度分配情况，具有以下几个特色：

(一) 采用对称径向通风系统的电机中定子绕组沿轴向的温度分布

采用这种通风系统时，通过各径向通风道的风量大体相同，定子绕组的温度分布如图 3-2 所示。这时绕组和铁芯的最高温度都发生在电机的中部。定子绕组中部由铜(铝)耗转换成的热量，一部分通过铁芯和通风道散到空气中去，另一部分则沿绕组向两端传导，并从绕组端部散到空气中去。在有效长度不长的一类电机中，端部的散热对绕组的冷却起着显著的作用。

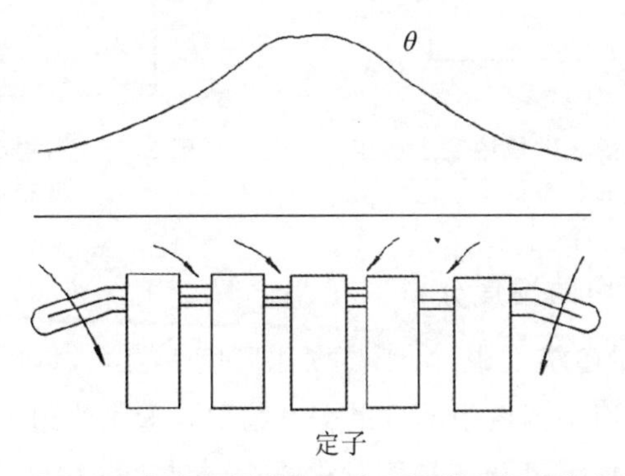

图 3-2　采用对称径向通风的电机中定子绕组温度沿轴向的分布

(二) 采用轴向通风系统或混合式通风系统电机中定子绕组沿轴向的温度分布

采用这种两端不对称的通风系统时，定子绕组和铁芯的温度分布，基本上如图 3-3 所示。这时发生最高温度的位置，由对称通风系统情况的中部向热风逸出电机的出口方向移动。

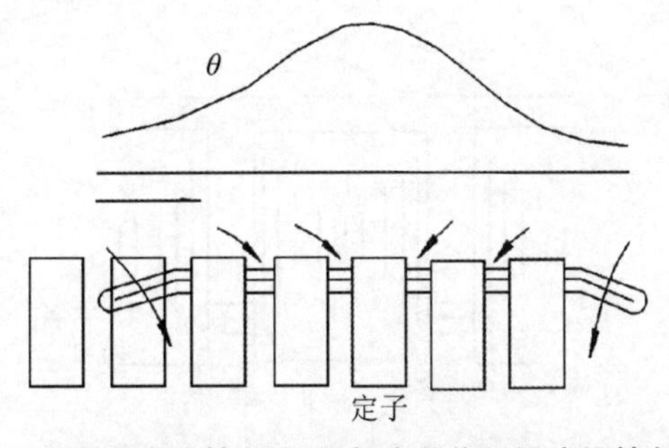

图 3-3　采用混合式轴向通风时，定子绕组温度沿轴向的分布

（三）表面冷却的封闭式（交流）电机中定子绕组温度沿轴向的分布

在这类电机中，定子绕组中的损耗主要通过铁芯、机座散出去。绕组端部的散热条件较差，因此端部损耗热量的一部分也要传经槽部而通过铁芯散出去。这样定子绕组的温度分布就形成了两端高中间低的情况，如图 3-4 所示。

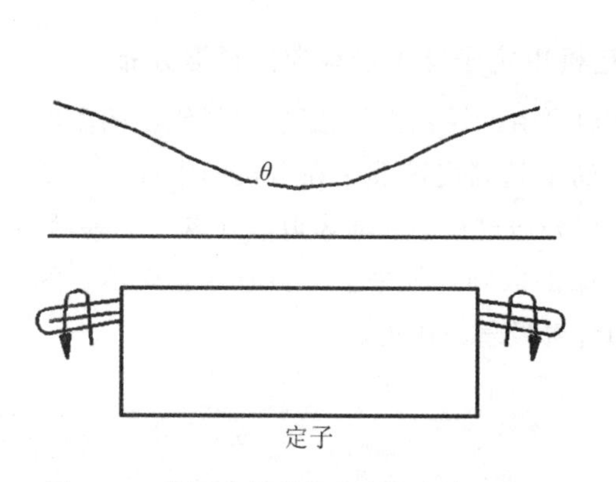

图 3-4 表面冷却封闭式电机中定子绕组温度沿轴向的分布情况

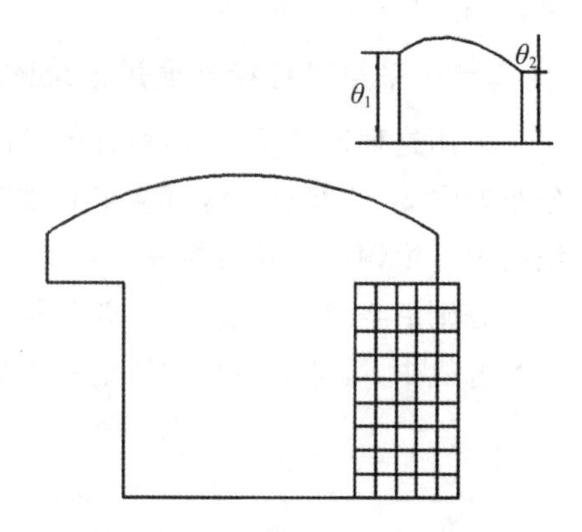

图 3-5 多层励磁绕组中的温度分布情况

（四）励磁绕组中的温度分布

在集中的多层励磁绕组中，由于高度比厚度大很多，热量主要从表面散出。图 3-5 标识这类绕组中温度沿厚度的分布情况。通常绕组内、外表面上的散热情况是不一样的，因此温度分布是不对称的。

（五）铁芯叠片组中的温度分布

由于硅钢片叠片组沿径向及沿轴向的导热系数相差很多倍（见表 3-3），可以近似地认为铁芯叠片组沿径向的温度分布是均匀的，而沿轴向的温度分布是不均匀的，如图 3-6 所示。如果通过其两侧径向通风道的风量不同，则铁芯沿轴向的温度分布也将不对称。

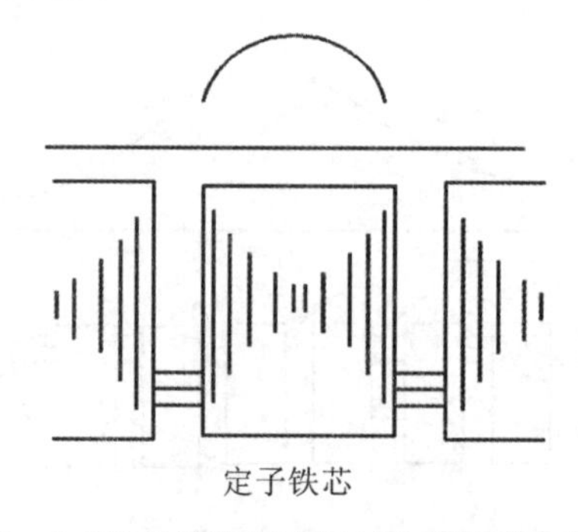

图 3-6 铁芯叠片组中的轴向温度分布情况

表 3-3　材料导热系数

材料名称	λ(W/m·℃)	材料名称	λ(W/m·℃)
紫铜	380～385	浸漆纸	0.125～0.167
黄铜	130	油	0.12～0.17
铝	202～205	水	0.57～0.628
* 成叠硅钢片：		玻璃	1.1～1.14
不涂漆(沿分层方向)	42.5	很薄的静止空气层	0.025
不涂漆(与分层方向垂直)	0.62	很薄的氢气层	0.17～0.175
涂漆(与分层方向垂直)	0.57	珐琅、瓷	1.97
纯云母	0.36	软橡皮	0.186
云母带	0.264	青壳纸	0.182～0.202
压缩云母套筒	0.12～0.15	沥青	0.7
层间有纸的云母	0.1～0.12	硅橡胶	0.3
B 级绝缘绕组	0.12～0.16	漆玻璃带	0.22
A 级绝缘绕组	0.1～0.15	玻璃丝＋云母	0.16
黄(黑)漆布	0.21～0.24	树脂鞘	0.22
石棉	0.194～0.2	人造树脂鞘	0.33
油浸电工纸板	0.25	热弹性绝缘	0.25
漆浸电工纸板	0.14		

注：* 成叠硅钢片的横向导热系数不但和硅钢片的含硅量有关，而且还和片间绝缘材料及压紧程度有关。

二、用热路法计算电机的平均温升

假定绕组铜(铝)和铁芯硅钢片的导热系数为无穷大，即“铜”和“铁”都是等温体，它们的温度等于平均温度。在这个假设下，外冷式电机中的温度降将集中在绕组绝缘和有关散热表面处作为冷却介质的流体层中。因为绝缘和冷却介质本身都没有热源，因此可以利用热路法来计算绝缘内温度降和散热表面处冷却介质层温度降或简称表面温度降，以得到绕组和铁芯的平均温升。

应先考虑定子和转子之间有无热交换存在。在大多数电机中，由于气隙较大或气隙中有轴向气流等原因，使定子和转子之间的热阻比定、转子其他散热途径的热阻大得多，因而定、转子之间的热交换可以略去不计。在这种情况下，定子和转子可以各自组成独立的二热源热路(铜和铁)或一热源热路(铜)。但在封闭式异步电机中，转子损耗的热量的一部分要通过定子铁芯及机座散出，这时定、转子间在发热方面相互影响，应当把它们组成为一个统一的热路来计算，这就构成了所谓三热源热路。在电机的温升计算中，应用得最多的是二热源热路法，对此以下将着重加以说明，至于三热源热路法只作简要介绍。

(一) 二热源热路法

现以采用空气冷却径向通风系统的交流电机定子(见图 3－7)为例来说明二热源热路法的温升计算。

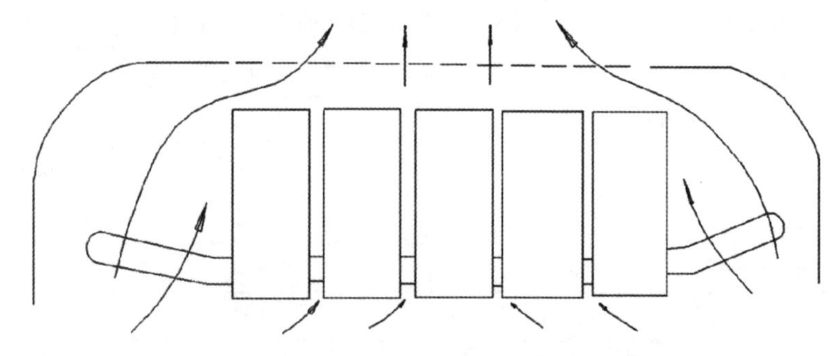

图 3－7　径向通风的交流电机定子示意图

由定子绕组中铜耗产生的热量可从三条途径散出：(1) 从绕组端部表面传给空气，其热阻为 R_{C1}；(2) 从通风道中的绕组表面传给空气，其热阻为 R_{C2}；(3) 先传给铁芯，再由铁芯传给空气，绕组铜与铁芯之间的热阻为 R_{CF}。铁芯中损耗产生的热量可从四条途径散出：(1) 从通风道表面散出，其热阻为 R_{F1}；(2) 从铁芯内圆表面散出，其热阻为 R_{F2}；(3) 从铁芯外圆表面散出，其热阻为 R_{F3}；(4) 先传给绕组铜，再由铜散出，此热阻取等于前面的 R_{CF}。

假定绕组及铁芯四周的冷却空气的温度都相同，则可画出如图 3－8 所示的二热源热路图，并照电路的概念把它简化成图 3－9 所示。这是二热源的典型热路图，由图可列出下列方程：

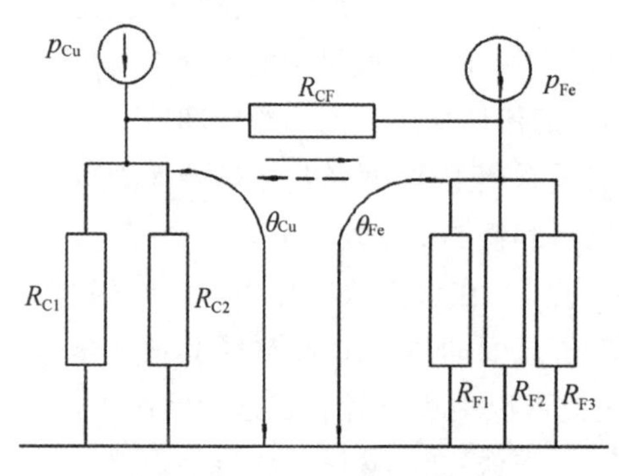

图 3－8　二热源热路图

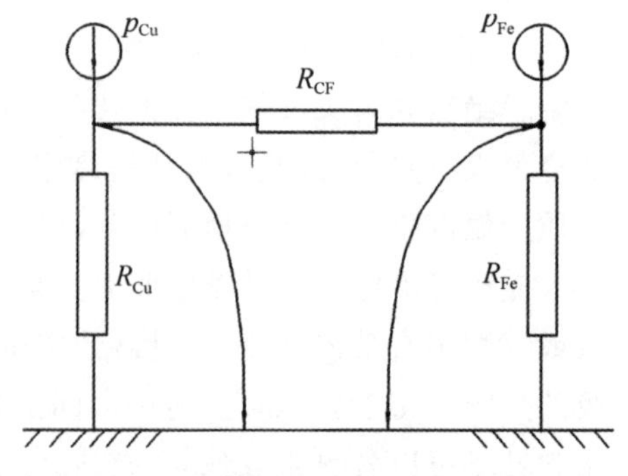

图 3－9　简化后的二热源热路图

$$\frac{\theta_{Cu}-\theta_{Fe}}{R_{CF}}+\frac{\theta_{Cu}}{R_{Cu}}=p_{Cu} \tag{3-2}$$

$$\frac{\theta_{Cu}-\theta_{Fe}}{R_{CF}}+p_{Fe}=\frac{\theta_{Fe}}{R_{Fe}} \tag{3-3}$$

式中：R_{Cu}——R_{C1}、R_{C2}的合成热阻(Ω)；R_{Fe}——R_{F1}、R_{F2}、R_{F3}的合成热阻(Ω)。

解此二式，得

$$\theta_{Cu}=\frac{p_{Cu}+p_{Fe}\left(\frac{R_{Fe}}{R_{Fe}+R_{CF}}\right)}{\frac{1}{R_{Cu}}+\frac{1}{R_{Fe}+R_{CF}}} \tag{3-4}$$

$$\theta_{Fe}=\frac{p_{Fe}+p_{Cu}\left(\frac{R_{Cu}}{R_{Cu}+R_{CF}}\right)}{\frac{1}{R_{Fe}}+\frac{1}{R_{Cu}+R_{CF}}} \tag{3-5}$$

由以上二式可见，铜和铁的温升都可视为是两部分温升的叠加，例如铜的温升可写成

$$\theta_{Cu}=\frac{p_{Cu}}{\frac{1}{R_{Cu}}+\frac{1}{R_{Fe}+R_{CF}}}+\frac{p_{Fe}\cdot\frac{R_{Fe}}{R_{Fe}+R_{CF}}}{\frac{R_{Fe}}{R_{Fe}+R_{CF}}}$$

上式为叠加法来测定绕组的平均温升，提供了理论基础。因为：当 $p_{Fe}=0$(短路试验时接近这种情况)时，将测得此时铜的温升

$$\theta_{Cu}'=\frac{p_{Cu}}{\frac{1}{R_{Cu}}+\frac{1}{R_{Fe}+R_{CF}}}$$

而当 $p_{Cu}=0$(空载试验时接近这种情况)时，将测得相应的铜的温升

$$\theta_{Cu}''=\frac{p_{Fe}\cdot\frac{R_{Fe}}{R_{Fe}+R_{CF}}}{\frac{1}{R_{Cu}}+\frac{1}{R_{Fe}+R_{CF}}}$$

因此实际负载时，铜的温升等于

$$\theta_{Cu}=\theta_{Cu}'+\theta_{Cu}''$$

实际上铜的温升只能近似地等于 $\theta_{Cu}'+\theta_{Cu}''$，这是因为做空载试验或短路试验时，都不能使 p_{Cu} 或 p_{Fe} 真正等于零(例如异步电机)。此外，也没有考虑机械损耗对温升的影响，以及两个损耗同时存在与只有一个损耗存在时的散热条件上差异等。

下面对各个热阻的计算加以说明：

1. 定子绕组铜和铁芯之间的绝缘热阻 R_{CF}

按式(3-6)计算，此热阻

$$R_{CF}=\frac{\delta_{CF}}{\lambda_{CF}S_{CF}} \tag{3-6}$$

其中：δ_{CF}为铜铁之间的绝缘(包括气隙层)的总厚度，λ_{CF}为合成导入系数，S_{CF}为绝缘和铁芯接触的总面积。有些电机的套绕组经过真空浸漆或浸胶，可以认为绝缘中部存在气隙层，这时导热系数λ可以直接采用所用绝缘的合成导热系数，或根据所使用各种材料的导热系数及厚度，按热阻串联概念照下式算出其合成导热系数：

$$\lambda=\frac{\sum_{1}^{n}\delta_n}{\sum_{1}^{n}\frac{\delta_n}{\lambda_n}}$$

2. 绕组端部铜和空气之间的热阻R_{C1}的计算

热量从绕组端部传到空气时，须先经过端部绝缘的传导热阻，然后经过端部表面的表面散热热阻。因此，如图3-8所示，R_{C1}是两个热阻之和，即

$$R_{C1}=R_{C1}'+R_{C1}''$$

$$R_{C1}'=\frac{\delta_{C1}}{\lambda_{C1}S_{C1}}$$

$$R_{C1}''=\frac{1}{\alpha_{C1}S_{C1}}$$

式中：δ_{C1}——绕组端部绝缘厚度；

λ_{C1}——端部绝缘导热系数；

α_{C1}——端部表面散热系数；

S_{C1}——散热面积。

绕组端部的散热面积或导热面积不易确切计算，一般认为端部绝缘的导热面积和端部的表面散热面积相同，因此在上二式中面积都用S_{C1}计算。在通风情况良好时，可取

$$S_{C1}=l_E uZ \tag{3-7}$$

式中：l_E——端部长；

u——导体连同绝缘的表面周长；

Z——槽数。

如果端部某些面积被紧固或被支撑部件所遮蔽，或如小型电机中其端部实际上构成不通风的圆筒时，应考虑将受遮蔽的面积减去。

3. 径向通风道中的绕组部分和空气之间的热阻R_{C2}的计算

这部分热阻与端部热阻相似，也是由传导热阻和表面散热热阻两部分组成，计算方法也相同，只是各有关量的具体数值不同。

4. 铁芯径向通风道、内圆及外圆表面对空气的表面散热热阻的计算

$$R_{F1}=\frac{1}{\alpha_{F1}S_{F1}},\quad R_{F2}=\frac{1}{\alpha_{F2}S_{F2}},\quad R_{F3}=\frac{1}{\alpha_{F3}S_{F3}}$$

式中：α_F、S_F 分别为相应部分的表面散热系统和散热表面积，在确定铁芯内圆或外圆对空气的散热系数时，空气的流速应采用轴向速度及切向速度的合成值。

(二) 三热源热路法

在表面冷却的封闭式异步电机中，定子铁芯、定子绕组铜和转子构成了有三个热源的热路。电机正常工作时，转子中主要是铜耗，而整个转子可视为一个有无穷大导热系数的等温体。由图 3－10 可知，转子所产生的热量，其中一部分从转子两端由机内循环空气直接带至机座，该循环空气的温度可看作是均匀的，并等于机座的温度；另一部分从转子圆柱表面通过气隙传到定子铁芯，再传给机座。定子方面的铜耗和铁耗，小部分通过端部循环空气传给机座，大部分通过铁芯传给机座。同时，铁芯和绕组铜之间也通过绝缘传递热量。最后，传到机座的热量绝大部分从机座表面，少量从端盖表面，由冷却空气带走。图 3－11 为该电

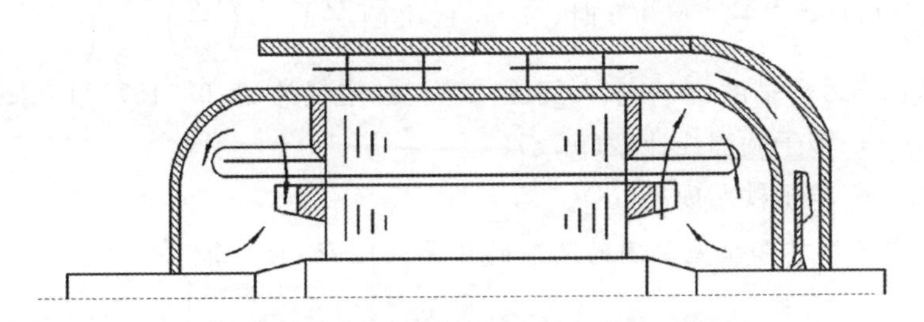

图 3－10　封闭式异步电机的通风示意图

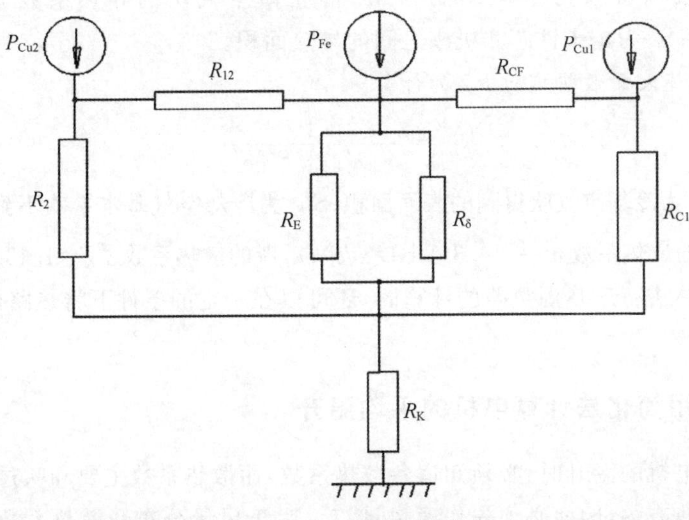

图 3－11　三热源热路图

机的热路图。图中：R_2——转子端部的表面散热热阻；R_{12}——定转子间通过空气隙的热阻；R_E——定子铁芯端面的散热热阻；R_δ——定子铁芯与机座间的装配间隙的传导热阻；R_{CF}——定子绕组、铁芯之间绝缘的传导热阻；R_{C1}——定子绕组端部的表面散热热阻；R_K——机座的表面散热热阻。

下面说明上述某些热阻的计算：

1. 定转子间气隙热阻 R_{12} 的计算

$$R_{12} = \frac{\delta}{\lambda_a N_u S_{12}} \tag{3-8}$$

式中：δ——气隙长(m)；

λ_a——空气的导热系数(W/m・℃)

S_{12}——定子铁芯内圆表面积(m^2)；

N_u——在传热学理论中称为努谢尔特准则，可由下列纯经验公式计算：

当 $400 < \frac{\nu_a\delta}{\nu} < 10000$ 时，$N_u = 0.23\left(\frac{D}{2\delta}\right)^{-0.25}\left(\frac{\nu_a\delta}{\nu}\right)^{0.5}$；

当 $10000 < \frac{\nu_a\delta}{\nu} < 50000$ 时，$N_u = 0.036\left(\frac{D}{2\delta}\right)^{-0.25}\left(\frac{\nu_a\delta}{\nu}\right)^{0.7}$

其中：ν——运动黏度，在一个大气压，20℃时，空气的 $\nu=0.0157\times10^{-3}\,m^2/s$；

ν_a——转子圆周线速度(m/s)；

D——定子铁芯内径(m)。

2. 定子铁芯和机座之间的间隙的传导热阻 R_δ 的计算

$$R_\delta = \frac{\delta_0}{\lambda_0 S_0} \tag{3-9}$$

式中：间隙 δ_0 可取为 0.075×10^{-3} m；静止薄空气层的导热系数 $\lambda_0 = 0.025$ W/m・℃；S_0 为定子铁芯和机座之间的导热面积。

3. 机座表面散热热阻 R_K 的计算

$$R_K = \frac{1}{S'_K\alpha'_K + S''_K\alpha''_K} \tag{3-10}$$

式中：S'_K 为冷却空气吹得到的表面面积；S''_K 为冷却空气基本上吹不到的表面面积。前者的散热系数 $\alpha'_K=14.3(1+1.3\sqrt{\upsilon})$；后者的散热系数 $\alpha''_K=1.43\times10^{-3}$。

在具体进行三热源热路的计算时，还可以在一定的条件下将热路简化，此处不予赘述。

三、用简化法计算电机的平均温升

计算电机的温升时，必须知道各散热系数，而散热系数主要和吹过散热表面的空气流速有关，因而必须先作通风计算。由于风量分布和散热系数等都不易精确计算，所以即使经过周密而复杂的理论考虑，温升计算结果也往往与试验数据不一致。因此，工厂中设计电机时，如果进行温升计算，也只采用简化方法。简化法的某些设定，虽然不尽合理，但是这种方法中所采用的散热系数是根据结构相同或相似的电机的温升试验结果确定的，因此计算结果反而常常比较接近于实际。

简化法主要用以计算电枢绕组铜和铁芯的平均温升。此时假定：(1) 全部铁芯损耗 P_{Fe} 及有效部分铜耗 P_{Cut} 只通过定子(或转子)圆柱形冷却表面散出；(2) 电枢绕组铜的有效部分和端接部分之间，没有热的交换。据此，铁的温升为

$$\theta_{Fe} = \frac{P_{Fe} + P_{Cut}}{\alpha S} \tag{3-11}$$

式中：S——定子(或转子)圆柱形冷却表面面积；

α——表面散热系数，根据试验确定。铜铁之间温差

$$\theta_{CF} = P_{Cut} R_{CF} \tag{3-12}$$

式中：R_{CF}——铜铁之间的传导热阻，按式(3-5)计算。因此铜的温升

$$\theta_{Cu} = \theta_{Fe} + \theta_{CF} \tag{3-13}$$

有些简化法还要计算绕组端部铜的温升，假定端部铜耗 P_{CuE} 的热量全部经端部散热热阻 R_E 向外散出，端部的温升为

$$\theta_{CuE} = P_{CuE} R_E \tag{3-14}$$

其中

$$R_E = \frac{1}{\alpha_E S_{C1}}$$

式中：S_{C1} 为绕组端部散热表面积，可按式(3-7)算出；α_E 为等效的端部散热系数，根据试验确定。

整个绕组铜的平均温升为

$$\theta_{Cu} = \frac{\theta_{Cut} l_t + \theta_{CuE} l_E}{l_t + l_E} \tag{3-15}$$

式中：l_t 及 l_E 分别是电枢绕组的有效部分长度及端部长度；θ_{Cut} 是有效部分铜的温升，即式(3-13)的 θ_{Cu}。

电枢单位表面铜(铝)耗，即热流强度与 AJ 乘积成正比[见式(3-14)]，AJ 值应加适当控制，它的许用值与电机的型式、功率、转速、绝缘等级、冷却方式以及导线材料等因素有关。一般 AJ 是需要通过对已生成的电机的情况进行分析和统计后确定的。例如目前对E级绝缘的封闭式小型异步电动机，采用铜线时，取 $AJ=(1000\sim1500)\times10^8\ \text{A}^2/\text{m}^3$；采用铝线时，取 $AJ=(600\sim1000)\times10^8\ \text{A}^2/\text{m}^3$。对B级绝缘的防护式中型异步电动机，采用铜线时，取 $AJ=(1500\sim2500)\times10^8\ \text{A}^2/\text{m}^3$；采用铝线时，取 $AJ=(1500\sim2000)\times10^8\ \text{A}^2/\text{m}^3$。

3.3 电机不稳定温升的计算

一、起动时温升

在设计电机时，有时需要计算电机作短时运行时的温升，例如计算电动机起动时的温升。对于不稳定温升，一般不要求计算其分布状况。因此，通常总是假定铜和铁都是等温发热体。根据铜和铁在发热过程中的温度相互影响程度的不同，计算时把铜、铁分别看作为一个孤立的等温发热体，或把它们看作是彼此相互影响的等温发热体。前者称为一个等温发热体的计算、而后者称为两个或几个等温发热体的不稳定温升的计算。例如计算电动机的起动温升时，显然最需要计算的是转子铜(特别是同步电机起动绕组)的温升。一般来说，由于起动时间较短，定子铁芯起动过程中的升温比绕组的慢得多，因而可以不考虑铁芯的温升对绕组的温升的影响。这样，就可以把绕组当作一个等温发热体来进行计算。但是计算牵引电动机一小时工作制或定额的温升时，就不能不考虑到铜和铁之间在温升方面的相互影响，这时宜将电机看成两个等温发热体来进行计算。

二、一个等温发热体不稳定温升的计算

以 P 表示均匀物体中所产生的损耗，或即单位时间内该物体产生的热量；以 c 表示物体的比热(J/kg·℃)；以 M 表示物体的质量；以 α 表示物体的表面散热系数；以 S 表示表面散热面积；以 θ 表示物体表面对于周围介质的温升。根据能量守恒原理：发热体在单位时间内所产生的热量(P)，应等于同一时间内从该物体散出去的热量($\alpha S\theta$)，加上被该物体吸收的热量$\left(cM\dfrac{\mathrm{d}\theta}{\mathrm{d}t}\right)$，可得

$$cM\frac{\mathrm{d}\theta}{\mathrm{d}t}+\alpha S\theta=P \tag{3-16}$$

上式可改写为

$$\frac{\mathrm{d}\theta}{\mathrm{d}t}+\frac{\Lambda}{C}\theta=\frac{P}{C}$$

式中：$\Lambda=\dfrac{1}{R}=\alpha S$——热导；$C=cM$——热容量。

若 Λ、C、P 都是时间的已知函数，则此微分方程的通解为

$$\theta=\mathrm{e}^{-\int\frac{\Lambda}{C}\mathrm{d}t}\left[\int\frac{P}{C}\mathrm{e}^{\int\frac{\Lambda}{C}\mathrm{d}t}\mathrm{d}t+K\right] \tag{3-17}$$

若$\frac{\Lambda}{C}$及$\frac{P}{C}$为常数，且有起始条件：$t=0$，$\theta=0$，则由式(3-17)可得

$$\theta = \theta_0 + (\theta_\infty - \theta_0)(1 - e^{-\frac{t}{T}}) \tag{3-18}$$

式中：θ_0为发热体初始温升；$\theta_\infty=\frac{P}{\Lambda}$为其稳态温升，即$t=\infty$时的温升；$T=\frac{C}{\Lambda}$为其发热时间常数。

若初始温升为零，我们得到一般的等温发热体的发热方程：

$$\theta = \theta_0 (1 - e^{-\frac{t}{T}}) \tag{3-19}$$

若初始温升为θ_0，而$P=0$，则得冷却方程：

$$\theta = \theta_0 e^{-\frac{t}{T}} \tag{3-20}$$

这里，T——发热体的冷却时间常数，与式(3-18)中的T是不同的，数值上冷却器时间常数约为发热时间常数的2～5倍。

上述一个等温发热体在发热和冷却时，温升和时间的指数关系是在一定的假定条件下推出的。电机的实际发热过程与指数曲线之间在电机加载的起始阶段有一定的差别，如图3-12所示，这是因为起始时绕组热量外散较难而使铜的温度升得比铁快。但忽略这种差别的近似关系为我们分析和研究电机在不同负载情况下的发热和冷却的过程，提供了一个方便的基础。

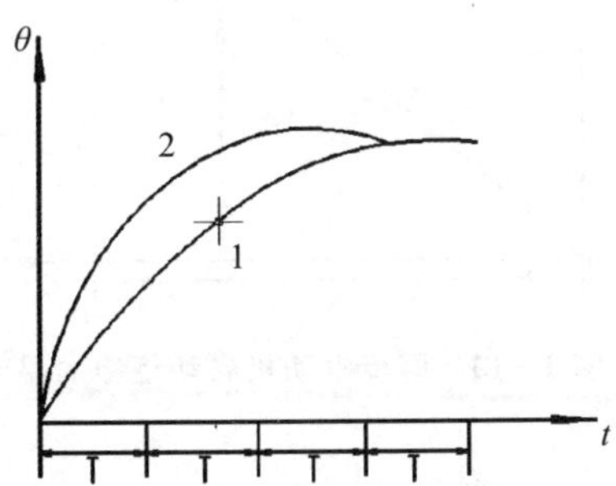

图3-12 指数曲线与电机实际温升曲线

1—指数曲线 2—电机实际的温升曲线

必须注意，时间常数T只和物体的热容量C和散热能力Λ有关，而与物体中的损耗无关。此外，大容量电机的热容量虽大，但其散热能力也相应增加，所以大电机的时间常数不一定比小电机的大，这一点已为试验所证实。电机的发热时间常数在相当大的范围内变动，一般约为10～150min。

当T为常数而P为时间的已知函数时，则式(3-17)变成：

$$\theta = e^{-\frac{t}{T}} \left[\int \frac{P}{C} e^{\int \frac{t}{T} dt} dt + K \right] \tag{3-21}$$

下面以同步电动机为例来计算其起动笼在起动过程中的温升。由于起动过程中消耗在起动笼中的能量等于转子所获得的机械能量，并根据试验结果，近似地认为这时起动笼内所消耗的功率与时间成线性关系，即

$$P = \frac{2W}{t_{st}} \left(1 - \frac{t}{t_{st}} \right) \tag{3-22}$$

式中：t_{st}——起动时间；

W——转子达到同步角速度时所获得的动能，等于 $J\frac{\Omega_s^2}{2}$（其中 J 为转子的惯性矩，Ω_s 为同步角速度）。

由于磁极一般仅有较小的附加铁耗，而其热容量又比起动绕组大得多，故可认为起动过程中转子铁的温度不变，且于周围介质的温度相等。起动绕组可看作是一个等温体，其端环的散热能力可以忽略，并认为它所产生的热量全部都传给铁。以式(3-22)代入式(3-21)求解，并认为是冷态起动，即 $t=0$，$\theta=0$。以此求出积分常数，结果得

$$\theta=\frac{2W}{\Lambda t_{st}}\left[\left(1+\frac{t}{t_{st}}\right)(1-e^{-\frac{t}{T}})-\frac{t}{t_{st}}\right] \tag{3-23}$$

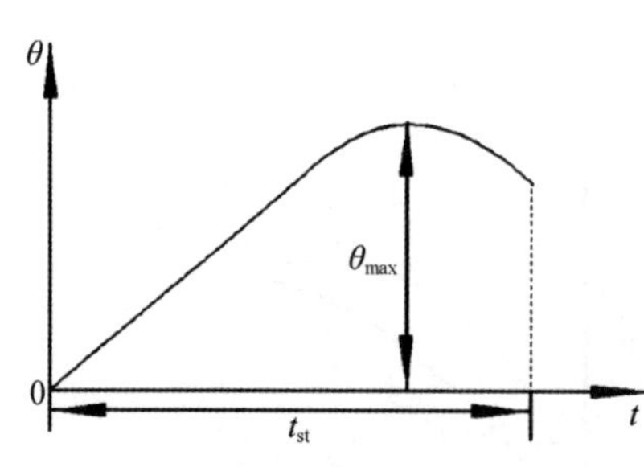

图 3-13　同步电动机启动绕组的温升

式中：时间常数 $T=\frac{C}{\Lambda}$；$\Lambda=\lambda S$；C 为起动绕组的热容量；λ 为铜和铁之间的表面导热系数($\lambda=200\text{W/m}^2\cdot℃$)；$S$ 为铜和铁之间的接触面积。将式(3-23)绘制成曲线，如图 3-13 所示。从图可见，最高温升出现在起动过程技术之前，这是因为当转子速度上升时，起动笼的损耗因电流不断减小而下降的缘故。

计算一个等温发热体的不稳定温升时，如果所考虑的是很短时间，则可以忽略从等温体表面散出的热量，即把发热体看成是绝热的话，这时式(3-16)左边第二项为零或

$$\frac{d\theta}{dt}=\frac{P}{C} \tag{3-24}$$

由此得

$$\theta=\frac{1}{C}\int_0^t P\mathrm{d}t$$

假定研究的是起动，则以 $t=t_{st}$ 代入上边右式，其中 $\int_0^{t_{st}}P\mathrm{d}t$ 便为起动时间内发热体产生的热量，对于起动绕组来说，这即为起动时间内由其铜耗转换的热量，且按能量守恒原理它应等于转子在这过程中获得的动能，所以

$$\frac{1}{C}\int_0^{t_{st}}P\mathrm{d}t=\frac{1}{2}J\Omega_s^2$$

因此，起动结束时的起动绕组温升为

$$\theta=\frac{\frac{1}{2}J\Omega_s^2}{C} \tag{3-25}$$

三、两个等温发热体不稳定温升的计算

如果计算电机铜和铁的不稳定温升时，须考虑铜、铁温升之间的相互影响，则热能平衡方程为（式中 C、Λ、P 代号意义与前面相同，下标 Cu 表示铜，Fe 表示铁，CF 表示铜铁间，α 表示表面散热）：

$$C_{Cu}\frac{d\theta_{Cu}}{dt}+\Lambda_{Cu\alpha}\theta_{Cu}+\Lambda_{CF}(\theta_{Cu}-\theta_{Fe})=P_{Cu} \tag{3-26}$$

$$C_{Fe}\frac{d\theta_{Fe}}{dt}+\Lambda_{Fe\alpha}\theta_{Fe}+\Lambda_{CF}(\theta_{Fe}-\theta_{Cu})=P_{Fe} \tag{3-27}$$

式中，已将铜线外包绝缘与铜合为一个等温体来考虑。

从式(3-26)解出 θ_{Fe}，代入式(3-27)，整理后得

$$\frac{d^2\theta_{Cu}}{dt^2}+E\frac{d\theta_{Cu}}{dt}+F\theta_{Cu}=P \tag{3-28}$$

式中

$$E=\frac{C_{Cu}(\Lambda_{CF}+\Lambda_{Fe\alpha})+C_{Fe}(\Lambda_{Cu\alpha}+\Lambda_{CF})}{C_{Cu}C_{Fe}}$$

$$F=\frac{(\Lambda_{CF}+\Lambda_{Cu\alpha})+(\Lambda_{CF}+\Lambda_{Fe\alpha})-\Lambda_{CF}^2}{C_{Cu}C_{Fe}}$$

$$P=\frac{(\Lambda_{CF}+\Lambda_{Fe\alpha})P_{Cu}+\Lambda_{CF}P_{Fe}}{C_{Cu}C_{Fe}}$$

根据方程(3-28)的特解可得

$$\theta_{Cu\infty}=\frac{P}{F}=\frac{P_{Cu}+\dfrac{\Lambda_{CF}}{\Lambda_{Fe}}P_{Fe}}{\Lambda_{Cu}-\dfrac{\Lambda_{CF}^2}{\Lambda_{Fe}}} \tag{3-29}$$

其中　$\Lambda_{Fe}=\Lambda_{Fe\alpha}+\Lambda_{CF}$；　$\Lambda_{Cu}=\Lambda_{Cu\alpha}+\Lambda_{CF}$

式(3-28)的特征方程为

$$D^2+ED+F=0$$

解此式，得两根：

$$D=\frac{-E}{2}\pm\frac{1}{2}\sqrt{E^2-4F}=-\alpha\pm\beta \tag{3-30}$$

故方程(3-28)的全解为

$$\begin{aligned}\theta_{Cu}&=-K_{Cu1}e^{-(\alpha-\beta)^t}-K_{Cu2}e^{-(\alpha+\beta)^t}+\theta_{Cu\infty}\\&=-K_{Cu1}e^{-\frac{t}{T1}}-K_{Cu2}e^{-\frac{t}{T2}}+\theta_{Cu\infty}\end{aligned} \tag{3-31}$$

式中：$\dfrac{1}{T_1}=\alpha-\beta$；$\dfrac{1}{T_2}=\alpha+\beta$；$K_{Cu1}$ 及 K_{Cu2} 为积分常数。

由于$|\alpha|>|\beta|$，且此二值相差不多，所以$T_1 \gg T_2$。从式(3-31)可以看出，当考虑铜和铁温升的相互影响时，铜(同理可证明铁)的温升曲线不再是一根指数曲线，而是由两根指数曲线之和组成的。这两根指数曲线的时间常数一大一小，相差较大。

用初始条件$t=0, \theta_{Cu}=\theta_{Fe}=0$及$\frac{d\theta_{Cu}}{dt}=\frac{P_{Cu}}{C_{Cu}}$代入式(3-31)，可得

$$K_{Cu1}=\frac{T_1\theta_{Cu\infty}-\frac{P_{Cu}}{C_{Cu}}T_1T_2}{T_1-T_2}$$

$$K_{Cu2}=\frac{\frac{P_{Cu}}{C_{Cu}}T_1T_2-T_2\theta_{Cu\infty}}{T_1-T_2}$$

$$K_{Cu1}+K_{Cu2}=\theta_{Cu\infty}$$

所以

$$\theta_{Cu}=K_{Cu1}(1-e^{-\frac{t}{T1}})+K_{Cu2}(1-e^{-\frac{t}{T2}}) \tag{3-32}$$

同理可求出：

$$\theta_{Fe}=K_{Fe1}(1-e^{-\frac{t}{T1}})+K_{Fe2}(1-e^{-\frac{t}{T2}}) \tag{3-33}$$

式中：

$$K_{Fe1}=\frac{T_1\theta_{Fe\infty}-\frac{P_{Fe}}{C_{Fe}}T_1T_2}{T_1-T_2}$$

$$K_{Fe2}=\frac{\frac{P_{Fe}}{C_{Fe}}T_1T_2-T_2\theta_{Fe\infty}}{T_1-T_2}$$

图3-14及图3-15表示铜和铁的温升曲线。

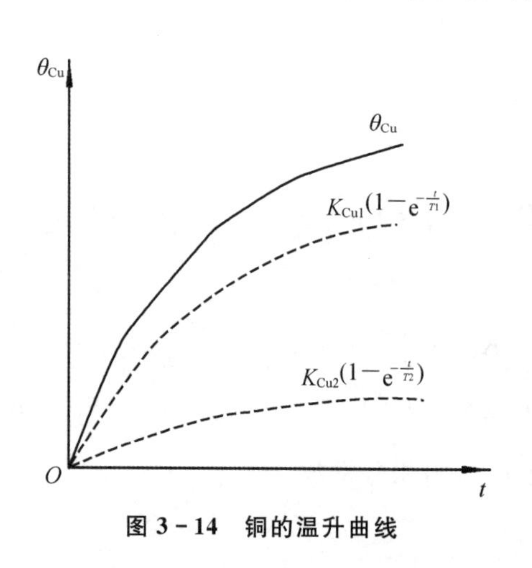

图3-14 铜的温升曲线

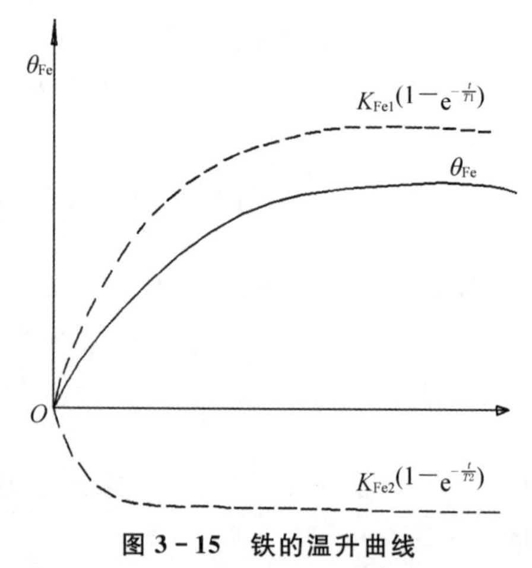

图3-15 铁的温升曲线

如果只需粗略地估计电机中某一部件的发热过程，我们可以从该部件的稳定温升出发，选择一个合适的时间常数，得到一根温升指数曲线，而用它来代替本来应由两根指数曲线组成的温升曲线。由此引起的误差只在曲线的开始一段。

例如在估计电枢绕组的发热过程时，可以先给出电枢的等值热路图（如图 3－9 所示），然后根据给定的损耗算出绕组的稳定温升 $\theta_{Cu\infty}$，等值时间常数可按下式决定：

$$T_a = \frac{C_{Cu} + C_{Fe} + C_i}{\Lambda_{Cu\alpha} + \Lambda_{Fe\alpha}} \tag{3-34}$$

式中：C_{Cu}、C_{Fe}、C_i 分别为铜、铁及绝缘的热容量；$\Lambda_{Cu\alpha} = \dfrac{1}{R_{Cu\alpha}}$；$\Lambda_{Fe\alpha} = \dfrac{1}{R_{Fe\alpha}}$。

绕组绝缘的质量可近似地取铜质量的 10%～20%；此外，为考虑到电枢铁芯与转轴之间的套筒及其他结构零件对于热容量的影响，可将有效铁的质量增加 10%～20%。

求得 $\theta_{Cu\infty}$ 及 T_a 后，由给定的起始条件 θ_0 出发，可作为电枢绕组的发热曲线：

$$\theta_{Cu} = \theta_0 + (\theta_{Cu\infty} - \theta_0)(1 - e^{-\frac{t}{Ta}}) \tag{3-35}$$

为了便于进行热计算时查用，现将电机中常用材料的物理性能列于表 3－4。

表 3－4　电机中常用材料的物理性能

材料名称	密度 γ/g (g/cm³)	比热 c (J/kg・℃)	材料名称	密度 γ/g (g/cm³)	比热 c (J/kg・℃)
紫铜	8.9	390	云母（平均值）	2.9	865
铁和钢	7.7	480	云母板	2.4	920
铝（铸的）	2.56	870	电工纸板	1.15	1760
铝（压延的）	2.6	920	A 级绝缘（平均值）	1.3	1500
磷铜	8.4	385	B 级绝缘（平均值）	2.3	1250
黄铜	8.45	380	木（作为楔子用）	0.7	2500
铸铁	7.2	500	油	0.95	1700
石棉	2.1～2.5	840～815	空气（当温度为 0℃及大气压为 1.0136×10^3 Pa）	1.23	1000

第4章　电机热能传递

4.1　传热基本定律

电机中热量传播过程的物理情况比较复杂，加上制造工艺上一些不稳定因素的影响，很难准确进行电机的发热计算。电机中由损耗产生的热量，根据热力学基本定律，总是由发热体内部传导至发热体表面，再通过对流和辐射作用散到周围介质中去。为此，对发热体温升计算只能采取近似方法。

一、热传导定律

热传导只发生在空间中温度有高低差异的温度场中。若将温度场中有相同温度的点连接起来，便得到等温面或等温线。在导热性能均匀的各向同性介质中，由于对称的缘故，各点热量传导的方向总是和该点温度的空间变化率最大的方向一致，即通过该点的等温线的法线方向一致，如图4-1所示。热量总是从高温向低温方向传导。至于热流强度，即单位时间内通过单位等温面的热量，则与各点在等温面的法线方向上的空间温度变化率，即各点的温度梯度成正比：

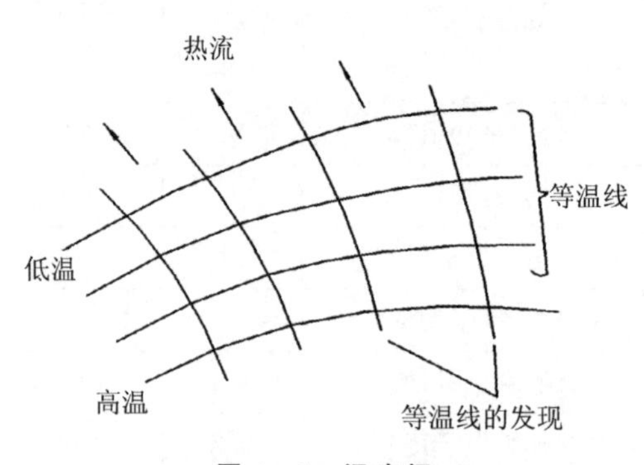

图4-1　温度场

$$\vec{q} = -\lambda \mathrm{grad}\theta \tag{4-1}$$

式中：$\vec{q}$——热流强度（W/m^2）；

λ——比例常数，即导热系数（W/m·℃），电机中常用材料的导热系数见表4-1。

由于温度梯度（$\mathrm{grad}\theta$）的正方向应为温度上升的方向，而热量的传播方向——热流的方向为温度下降的方向，故在等式右边加一负号。

式(4-1)是热传导的基本定律。当热流只有一个方向，并把这个方向取为 x 轴时，式(4-1)可写为

$$q = -\lambda \frac{d\theta}{dx} \tag{4-2}$$

根据定义，$q=\frac{Q}{S}$，Q 为单位时间内通过等温面的总热量，即热流；S 为等温面的面积(即与热流方向垂直的面积)，所以热流

$$Q = -\lambda S \frac{d\theta}{dx} \quad (W) \tag{4-3}$$

表 4-1　常见材料的导热系数

材料名称	λ(W/m·℃)	材料名称	λ(W/m·℃)
紫铜	380～385	浸漆纸	0.125～0.167
黄铜	130	油	0.12～0.17
铝	202～205	水	0.57～0.628
不涂漆(沿分层方向)	42.5	玻璃	1.1～1.14
不涂漆(与分层方向垂直)	0.62	很薄的静止空气层	0.025
涂漆(与封层方面垂直)	0.57	很薄的氢气层	0.17～0.175
纯云母	0.36	珐琅、瓷	1.97
云母带	0.264	软橡皮	0.186
压缩云母套筒	0.12～0.15	青壳纸	0.182～0.202
层间有纸的云母	0.1～0.12	沥青	0.7
B级绝缘绕组	0.12～0.16	硅橡胶	0.3
A级绝缘绕组	0.1～0.15	漆玻璃带	0.22
黄(黑)漆布	0.21～0.24	玻璃丝+云母	0.16
石棉	0.194～0.2	树脂鞘	0.22
油浸电工纸板	0.25	人造树脂鞘	0.33
漆浸电工纸板	0.14	热弹性绝缘	0.25

注：成叠硅钢片的横向导热系数不但和硅钢片的含硅量有关，而且还和片间绝缘材料及压紧程度有关。

如果研究的是 S 为一个常数的热传导过程，则可将上式积分而得

$$Qx = -\lambda S\theta + C$$

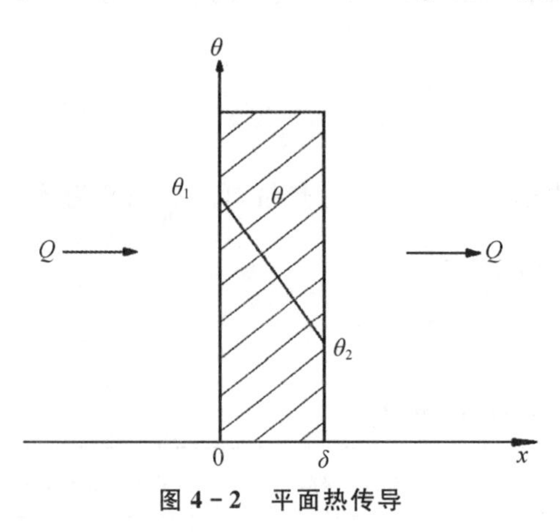

图 4-2　平面热传导

假设为如图 4-2 所示的单方向的平面热传导，且当 $x=0$ 时，$\theta=\theta_1$，则有 $C=\lambda S\theta_1$，代入上式得

$$\theta = \theta_1 - \frac{Q}{\lambda S}x$$

在平面热传导中，温度的分布是一直线。如当 $x=\delta$ 时，$\theta=\theta_2$，则

$$\theta_2 = \theta_1 - \frac{Q}{\lambda S}\delta$$

温差 $\Delta\theta$ 为

$$\Delta\theta = \theta_1 - \theta_2 = Q\frac{\delta}{\lambda S} \quad (4-4)$$

可得

$$\Delta\theta = QR_\lambda \quad (4-5)$$

式中：$R_\lambda = \dfrac{\delta}{\lambda S}$ 称为热阻。(δ 为传热平壁壁厚)

如果将温差、热流及热阻之间的关系与电路中的电压降、电流和电阻之间的关系互相比较，就可看到：温差 $\Delta\theta$ 相当于电路中的电压降 U，热流 Q 相当于电路中的电流 I，热阻 R_λ 相当于电路中的电阻 R。因此我们也可以将温度分布的"场"问题看作"路"问题，而采用与电路相似的热路概念，如图 4-3 所示，但是电流构成的回路与热流构成的"回路"当然有概念性差别。

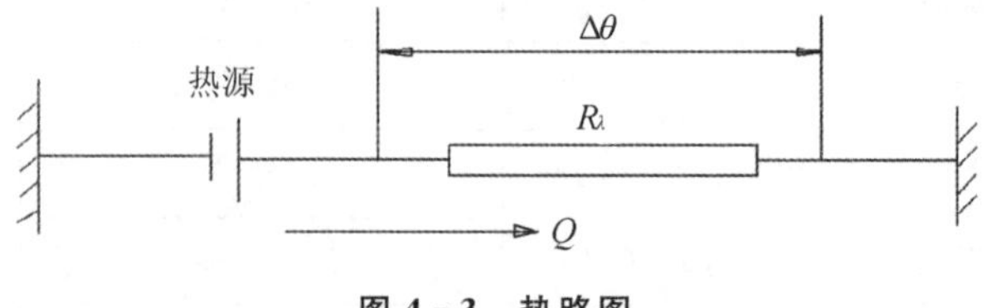

图 4-3　热路图

在热路中求合成热阻的方法也与电路中求合成电阻的方法相同。

串联时合成热阻为

$$R_\lambda = \sum_{1}^{n} R_{\lambda n} \quad (4-6)$$

并联时的合成热阻的倒数为

$$\frac{1}{R_\lambda} = \sum_{1}^{n} \frac{1}{R_{\lambda n}} \quad (4-7)$$

二、热传导方程

计算较为复杂的热传导问题，如对绕组导体或铁芯沿轴向的温度分布时，需要场方程，要建立温度场与热源之间的关系式。这样的关系式称为热传导方程，它建立在热传导定律和能量守恒定理基础上。

如从有热源温度场的介质中分离出一个体积元 $\mathrm{d}v$，则根据能量守恒定理：在一定时间内，这个体积元内所产生的热量 Q_1 应等于与留在体积元内的热量 Q_2 与同一时间内从这个体积元表面传导出去的热量 Q_3 之和，即

$$Q_1 = Q_2 + Q_3 \tag{4-8}$$

如介质在单位时间内，单位体积中所产生的热量为 p，p 可以是空间及时间的函数，则在 $\mathrm{d}t$ 时间内，体积元 $\mathrm{d}v$ 中所产生的热量为

$$Q_1 = \mathrm{d}t\iiint_v p\,\mathrm{d}v \tag{4-9}$$

式中："$\iiint$"表示应对体积元的全部体积进行积分。

在同一时间内，被此体积元所吸收的热量为

$$Q_2 = \mathrm{d}t\iiint_v c\,\frac{\gamma}{g}\cdot\frac{\partial\theta}{\partial t}\mathrm{d}v \tag{4-10}$$

式中：c 为比热(J/kg·℃)。

在同一时间内，从体积元 $\mathrm{d}v$ 的全表面传导出去的热量为(假定各向导热系数相等)

$$Q_3 = -\,\mathrm{d}v\oint\!\!\oint_s \lambda\,\mathrm{grad}_n\,\theta\,\mathrm{d}s = -\,\mathrm{d}t\iiint_v \mathrm{div}(\mathrm{grad}_n\,\theta)\mathrm{d}v \tag{4-11}$$

式中使用了奥式定理，又因为热量是从高温流向低温，在此情况下 $\mathrm{grad}_n\theta$ 为负值，为使从体积元 $\mathrm{d}v$ 的全表面传导出去的热量为正值，故在等式右边加一负号。

将 Q_1、Q_2 及 Q_3 的表达式代入式(4-8)，整理后得

$$\iiint_v\left[p + \mathrm{div}(\mathrm{grad}_n\theta) - c\,\frac{\gamma}{g}\cdot\frac{\partial\theta}{\partial t}\right]\mathrm{d}v = 0 \tag{4-12}$$

于是

$$p + \mathrm{div}(\mathrm{grad}_n\theta) - c\,\frac{\gamma}{g}\cdot\frac{\partial\theta}{\partial t} = 0$$

或

$$p + \lambda\,\nabla^2\theta = c\,\frac{\gamma}{g}\cdot\frac{\partial\theta}{\partial t} \tag{4-13}$$

式中：$\nabla^2\theta = \dfrac{\partial^2\theta}{\partial x^2} + \dfrac{\partial^2\theta}{\partial y^2} + \dfrac{\partial^2\theta}{\partial z^2}$。

式(4-13)即为热传导方程,它是用微分方程的形式来表达的各物理量在相邻空间和相邻时间的数值间的关系。此方程必须在给出空间的边界条件和时间的起始条件时,才有定解。

应用热传导方程可以计算导热物体的三度空间的暂态温度分布情况,但在绝大多数情况下,只要求计算电机运行的稳态温度分布或其平均温度的暂态过程,并且一般只需要研究沿一个方向的温度分布。仅在个别情况下才需要计算二度温度分布。现将举例说明热传导方程的应用。

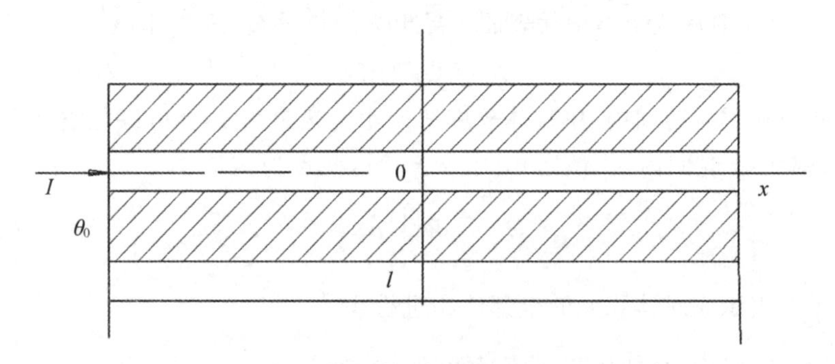

图 4-4 绝缘铜棒

如图 4-4 表示一根载流铜棒,长为 l,截面为 S,通过铜棒的电流为 I。假定铜棒上包的绝缘层较厚,因此通过绝缘散出去的热量可以忽略不计。铜棒两端的温度维持为 θ_0 不变,求铜棒中稳定最高温度和平均温度。铜棒的发热是由于铜中通过电流产生的损耗所造成,热源沿铜棒均匀地分布。由于对称的缘故,显然最高温度将发生在铜棒的中央,热量将向两端流去。这是一个有热源的稳态单向热传导问题。由于只求稳态,故 $\frac{\partial\theta}{\partial t}=0$。取铜棒的轴线为 x 坐标轴,则式(4-12)可简化为

$$p+\lambda\frac{d^2\theta}{dx^2}=0 \tag{4-14}$$

取铜棒的中央为坐标原点,则边界条件为:当 $x=\pm\frac{1}{2}$ 时,$\theta=\theta_0$,将式(4-14)积分两次后,得

$$\lambda\theta+\frac{1}{2}px^2+C_1x+C_2=0 \tag{4-15}$$

将边界条件代入上式,解得 $C_1=0, C_2=-\left(\lambda\theta_0+\frac{1}{8}pl^2\right)$,以 C_1,C_2 代入式(4-15),整理后得

$$\theta=\theta_0+\frac{p}{2\lambda}\left[\left(\frac{l}{2}\right)^2-x^2\right] \tag{4-16}$$

以 $x=0$ 代入上式即得铜棒的最高温度

$$\theta_{max}=\theta_0+\frac{1}{8}\frac{p}{\lambda}l^2 \tag{4-17}$$

和平均温度

$$\theta_{av}=\frac{1}{\frac{l}{2}}\int_0^{l/2}\theta \mathrm{d}x=\theta_0+\frac{1}{12}\frac{p}{\lambda}l^2 \tag{4-18}$$

温差最大值

$$\theta_{max}-\theta_0=\frac{1}{8}\frac{p}{\lambda}l^2 \tag{4-19}$$

温差平均值

$$\theta_{av}-\theta_0=\frac{1}{12}\frac{p}{\lambda}l^2 \tag{4-20}$$

铜棒中的温度分布如图 4－5 所示。

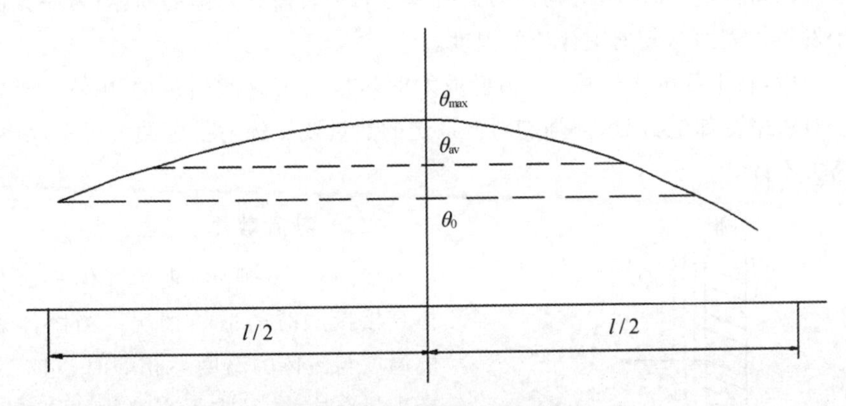

图 4－5　铜棒中的温度分布

由式(4－16)可见，此时温度的分布为一抛物线。当单位体积损耗 p 一定时，铜棒长度 l 越长，导热系数 λ 越小，则温差值越大。

电机的不同发热部件，例如电枢绕组沿铜线的轴向温度分布、铁芯叠片每叠沿轴向的温度分布及多层励磁绕组(以及变压器中绕组)沿厚度方向的温度分布等，都具有与上述性质相同或类似的温度分布情况。只是，在计算这些部件中的温度分布时，须考虑的因素较多，计算的方法较复杂一些，且有时边界条件也不尽相同。

三、对流和辐射散热

通常情况下，热量从发热体表面散发到介质中去主要通过两个方式：辐射；借助于空气或其他冷却介质的传热。在电机中，通常后者占主要地位。

(一) 辐射散热

根据辐射定律,每秒从每平方米发热体表面辐射出去的热量为

$$q = 5.7 \times 10^{-8} v (T^4 - T_0^4) \quad \left(\frac{\mathrm{W}}{\mathrm{m}^2}\right) \tag{4-21}$$

式中:T 为发热体表面的温度(K);T_0 为周围介质的温度(K);5.7×10^{-8} 为从实验得出的纯黑物体的辐射常数;v 为一因数,其值随发热体表面情况的不同而异,可从表 4-2 中查得。

表 4-2 有色金属辐射常数

表面	纯黑物体	粗铸铁	毛面锻铁	磨光锻铁	毛面黄铜	磨光紫铜
v	1	0.97	0.95	0.29	0.2	0.17

根据式(4-21)及表 4-2,可以看出由辐射散走的热量,一方面决定于发热体表面的特性,表面晦暗的物体的辐射能力大于表面有光泽的物体;另一方面决定于发热体表面与其周围介质的温度。

一般,在平静的大气中,由辐射散发的热量约占总散热量的 40%。当采用强制对流来冷却电机时,由强制对流散走的热量要比辐射带走的大得多,故后者常略去不计。

(二) 对流散热

如图 4-6 所示,表示固体表面和流体直接接触时的散热情况。当固体表面的温度与流体的温度不相等时,它们之间产生热交换,热量将由高温物体传向低温物体,这种交换热实际上是传导和对流两种作用,但总称为对流交换。在电机中,铁芯、绕组或其他发热部件中产生的热量便是由流过这些部件的某一或某些表面的冷却流体(空气、氢气、水、油等)所带走,因此对流散热形式在电机冷却系统中广泛存在。这种散热形式的散热能力,主要取决于流体在固体表面上的运动状态。当流体做层流运动时,流体仅有平行于固体表面的流动。若将流体分成许多平行于固体表面的流动层,各层之间没有流体的交换,这时在与固体表面垂直的方

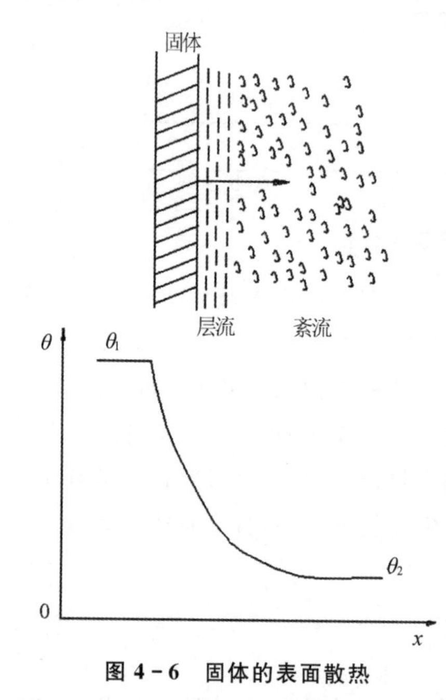

图 4-6 固体的表面散热

向，热量的传递主要依靠传导的作用。由于流体的导热系数较小，所以层流时的固体表面的散热情况很差。当流体做紊流运动时，流体各部分不再保持平行于固体表面的运动，而以平均流速向个方向做无规则的漩涡运动，这时热量的传递主要依靠对流作用。由于对流传热时的热阻比较小，因此流体做紊流运动时的固体表面的散热能力显著提高。在紊流情况下，靠近固体表面仍旧存在着一个层流薄层，但如流体的流速越大，则这个层流层就越薄，表面散热能力就越高。对流散热时，表面散热能力还与冷却介质的物理性能（如导热系数 λ、比热 c_a、重度 γ 等）以及固体表面的几何形状、尺寸以及它处在流体中的位置等因素有关。

4.2　牛顿散热定律和散热系数

在工程设计计算中，对流作用带走热量时，都采用牛顿散热定律：

$$q = \alpha(\theta_1 - \theta_2) = \alpha\theta \tag{4-22}$$

式中：q 为热流强度（W/m^2）；α 为散热系数（$W/m^2 \cdot ℃$），即当表面与周围介质的温差为1℃时，在单位时间内由单位表面散发到周围介质的热量；θ_1 和 θ_2 分别为固体和流体的温度。

利用式（4－22），在 α 为已知的情况下，只要知道 q，就可求出温差 θ，反之亦然。这种计算方法之所以简单，是因为采用了散热系数 α 而把许多计算上的困难回避了。

但是决定表面散热能力的因素很多、很复杂，要十分精确地确定散热系数 α 也是很困难的。一般情况下，α 值只能用实验来确定，且所得的 α 值，只能用于条件相同或类似的情况，否则计算结果的可靠性或准确性将大大降低。

用空气作为冷却介质时，其物理性能比较稳定。若忽略散热表面几何尺寸等因素的影响，则可近似地认为电机各部件的散热系数仅与空气的流速有关。根据实验，当空气流速在5～25m/s的范围内时，α 与 v 之间的关系可表示如下：

$$\alpha = \alpha_0(1 + k_0 v) \tag{4-23}$$

或较准确地表示为

$$\alpha = \alpha_0(1 + k\sqrt{v}) \tag{4-24}$$

式中：α_0——发热表面在平静空气中的散热系数（见表4－3）；

v——空气吹拂表面的速度；

k_0、k——考虑气流吹拂效率的系数。

表 4-3 发热表面在平静空气中的散热系数

表面的特性	α_0 (W/m² · ℃)
涂以油灰和漆的生铁或钢的表面(如电机的机座和轴承外壳)	14.2
未涂油灰但已涂漆的生铁或钢的表面	16.7
涂以无光漆或光漆的铜的部件表面	13.3

如果速度 v 的单位用米每秒表示,则电机旋转时,转子外表面的 $k_0=0.1$,电机定子绕组端部的 $k_0\approx0.05\sim0.07$。系数 k 可按表 4-4 选用。

表 4-4 气流吹拂效率系数

表面名称	k	表面名称	k
最完善吹风表面	1.3	励磁线圈表面	0.8
电枢端部的表面	1.0	换向器表面	0.6
电枢有效长度的表面	0.8	机座外表面(牵引电动机)	0.5

把式(4-22)写成

$$\theta=\frac{q}{\alpha}=\frac{Q}{\alpha S}=QR_\alpha \tag{4-25}$$

$$R_\alpha=\frac{1}{\alpha S} \tag{4-26}$$

式中:R_α 称为散热表面到流体的热阻。

与电路的欧姆定律对比时,温差 θ 相当于电压降 U;热量 Q 相当于电流 I;热阻 R_α 相当于电阻 R。所以,假如热量从电机绕组端部传给冷却空气时,要经过两个热阻,即端部绝缘中的传导热阻 R_λ 和绕组表面的散热热阻 R_α。总热阻 $R_\theta=R_\lambda+R_\alpha$,其等值热路图如图 4-7 所示。

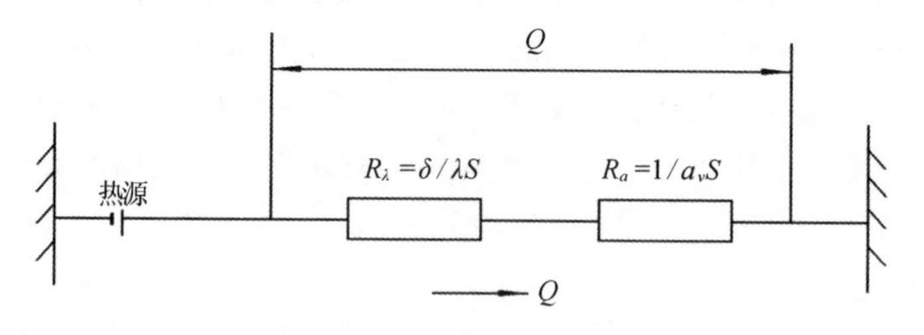

图 4-7 等值热路图

4.3 热量传递的确定

在电机的研究、开发和制造过程中，自从人们用冷却性能好的氢气和水(纯水)代替了空气和绝缘油，用先进的直接冷却技术代替了表面冷却技术之后，电机的单机容量才有了显著发展，目前单机容量从300～600MW向1000～1500MW发展的关键是冷却技术的提高。

(一) 热传导

根据传热学定律所述，热传导主要同介质有关。它依靠分子、原子及自由电子等微观粒子的热运动进行热量传递，而物体各部分之间不发生相对位移，所以导热是发生在固体内部或固体之间的一种热量传递形式。

法国数理学家傅立叶总结固体导热的实践经验，提出了平壁中的导热公式

$$q = \lambda A \frac{\Delta T}{\delta} \tag{4-27}$$

式中：q——热流量，单位时间内的导热量(W)；

A——垂直于导热方向的截面积(m^2)；

δ——平壁厚度(m)；

λ——材料的热导率或称导热系数[W/(m·K)]；

ΔT——平壁两边的温度差(K)。

由式(4-27)可知，单位时间内的导热量(热流量)与热导率、截面积和温度差成正比。热导率是表征材料导热性能优劣的参数，它是指当温度梯度为1时，单位时间内通过单位长度的导热量。导热率的大小不仅与材料的性质有关，即使同一材料的热导率也随温度、压力、湿度、多孔性和均匀性等因素而变化，通常温度是决定性因素。对于绝大多数物质而言，当材料温度尚未达到熔化或汽化以前，热导率与温度t之间的关系可以近似地认为呈线性规律变化，即

$$\lambda = \lambda_0(1 + bt) \tag{4-28}$$

式中：λ_0——当温度为0℃时的导热系数；

b——由实验确定的常数，应该指出的是b值可能为正值，也可能为负值。

气体、液体和固体的热导率相差非常悬殊。一般地，固体中金属的热导率最大，可达2～400W/(m·K)；液体的热导率次之，大约在0.09～0.7W/(m·K)；气体的热导率只有0.006～0.6W/(m·K)。习惯上把热导率小于0.23W/(m·K)的材料叫作绝缘热材料，像石棉、云母、玻璃丝(棉)、陶瓷等。

气体的热导率取决于分子移动和分子碰撞而产生的能量转移，温度高低反

映了分子运动动能的大小，实际上也反映了热导率的大小。所以，气体的热导率随温度的升高而增加。

液体的热导率与气体相反，绝大多数随温度的升高而下降，只有水和甘油等极少数液体例外。当 $t=120$℃时，水的饱和 λ 数值达到最大值，约 0.7W/(m·K)，超过 120℃又有减小的趋势。矿物油类的热导率随温度的升高而明显下降。

金属固体的热导率与分子结构有关，因为金属的分子结构特点是晶格间存在大量的自由电子，而自由电子的碰撞对导热起决定性作用。当然，晶体震波对金属导热也起一定作用。金属的热导率随温度的升高而下降，是由于温度升高晶体振动加剧，干扰了自由电子运动的结果。

钝金属的热导率有两个特点：一是随温度升高而下降；二是钝金属的热导率最大，达到 2～400W/(m·K)，银的热导率为 415～418W/(m·K)，几乎是空气的 2000 倍。如果钝金属中含有微量杂质，热导率明显下降，因为这时金属中的自由电子传播大为削弱。

表 4－5 中所列数据是达到金属熔点之前常温时的热导率，可见纯铜的导热性最好。

表 4－5　常用金属在 50℃ 时的热导率

名称	λ[W/(m·K)]	名称	λ[W/(m·K)]
钢	40～46	电解铜	约 390
耐热钢	16	易切削铜	380
不锈钢	25～30	黄铜	110
合金钢	33～40	青铜	100
非磁性刚	14～16	锌	110

(二) 热对流

热对流发生在流体中，即液体和气体中。工程中常遇到的往往不是单纯的热对流方式，而是流体流过另一物体表面时，热对流和导热现象同时发生，称为对流传热。

对流传热的基本方程是牛顿冷却定律

$$q = hA(T_w - T_f) \tag{4-29}$$

式中：q——热流量，单位时间内的对流传热量(W)；

A——与流体接触的壁面面积(m^2)；

h——表面对流传热系数[W/(m^2·K)]；

T_w——壁面温度(K)；

T_f——流体平均温度(K)。

如果把温差(亦称温压)记为ΔT,并约定取正值,则牛顿冷却定律公式可表示为

$$q = hA\Delta T \tag{4-30}$$

表面对流传热系数简称为表面传热系数。表面传热系数不仅取决于流体的物理性质,以及传热表面的形状与布置,而且还与流速有密切的关系。

如果流体的对流传热是由于流体冷、热各部分的密度不同而引起的,称为自然对流传热。如果流体冷、热各部分的流动是水泵、风机或其他压差作用引起的,则称为强制对流传热。

(三) 热辐射

物体的温度越高,热辐射的能力就越强,另外还与物体的性质、表面状态及周围环境有关。

理想的辐射体,或称黑体,在单位时间内所发射的辐射能通量(或热流量)为

$$q = \sigma A T^4 \tag{4-31}$$

式中：q——热流量,单位时间内的对流传热量(W)；

A——物体的辐射表面积(m^2)；

T——黑体的热力学温度(K)；

σ——斯忒潘－玻尔兹曼常数,其值为5.67×10^{-8} W/(m^2·K)。

(四) 表面冷却对温升的影响

对发电机的表面冷却来讲,发电机的发热体是铜导体,它所产生的热量应首先靠导热的方式传递给铜导体的绝缘材料,然后又以对流传热的方式传递给冷却气流,这个散热过程可表示为：

发热体(铜导体)$\xrightarrow{\text{导热}}$绝缘材料$\xrightarrow{\text{导热}}$绝缘材料外表面$\xrightarrow{\text{对流传热}}$冷却气流

根据散热方式的不同,可分为三个温差段：

① ΔT_1

根据式(4－27),在绝缘材料上的温差为

$$\Delta T_1 = \frac{q\delta}{A\lambda} \tag{4-32}$$

② ΔT_2

根据式(4－30),冷却介质的平均温度相对绝缘表面温差为

$$\Delta T_2 = \frac{q}{Ah} \tag{4-33}$$

③ ΔT_3

从入口到出口的整个风道上，冷却介质要吸热。冷却介质吸收热量 q 后，它能升高的温度是

$$\Delta T_3 = \frac{q}{c\rho q_v} \tag{4-34}$$

式中：c——流体的比热容[J/(kg·K)]；

ρ——流体的密度(kg/m^3)；

q_v——流体的体积流量(m^3/s)。

在表面冷却方式下，出口处的发热体相对入口冷却介质的温差 ΔT 为上述三段温差之和，即

$$\Delta T = \Delta T_1 + \Delta T_2 + \Delta T_3 \tag{4-35}$$

通常而言，$\Delta T_1=30\text{K}$，$\Delta T_2=15\text{K}$，$\Delta T_3=20\text{K}$。由上述数据可知，绝缘材料上的温差 ΔT_1 是最大的。随着单机容量和电压等级的提高，热损耗 q 和绝缘层的厚度 δ 都要增大，而机组的尺寸，也就是散热的表面积 A 增加得很少，故该项温差将会明显上升，其值可能达到总温差的 60%～70%，这就给大容量机组的制造带来了困难。为此，产生了先进的直接冷却方式。

(五) 直接冷却对温升的影响

在直接冷却中，冷却介质是在发热体内部与发热体直接接触的，发热体的热损耗基本上不再通过绕组的绝缘层消失，而是通过对流表面散掉，再由冷却介质带走。这样，占比例很大的绝缘温差就消失了。在式(4-33)中，只剩下 ΔT_2 和 ΔT_3 两项。

在氢内冷的情况下，冷却介质进入冷却沟时的温度与一般测量的发电机入口风温(即经过冷却器后的冷风温度)有一定温差。如果把这部分温差用$\Delta T'_3$表示，则发热体终端处于冷却介质的入口风温之间的温升为

$$\Delta T = \Delta T'_3 + \Delta T_2 + \Delta T_3 \tag{4-36}$$

对于水内冷发电机，$\Delta T'_3=0\text{K}$；对于气隙取气的氢内冷发电机，$\Delta T'_3$ 为气隙中冷风区的气体的温升，$\Delta T'_3=8\sim15\text{K}$；对于端部取气的氢内冷发电机，$\Delta T'_3$ 为护环下的气体温升，$\Delta T'_3=5\sim10\text{K}$。

4.4 热流传递计算

电机在运行过程中所产生的热量，除轴承中的热量由轴承的外表面直接导散，或由通入轴承内部的循环润滑油导散外，其他损耗全部依靠流体(空气、氢或

水等)带走。所需冷却介质的总流量可按能量守恒关系由下式计算

$$Q=\frac{\sum p_h\times10^3}{c_a\theta_a}\quad(m^3/s)\qquad(4-37)$$

式中：$\sum p_h$ ——须由冷却介质带走的损耗(kW)；

c_a——冷却介质的比热(J/m³·K)，对于空气，按一般情况，c_a 可取为 1.1J/m³·K；

θ_a——冷却介质通过电机后的温升(K)，一般可取 20～30K。

必须注意，由式(4-37)计算所得总流量，必须使之在数量上按适当比例沿定转子的冷却通道分别流动，才能保证冷却介质和定转子中各发热部件的合适的温升。因此，在设计电机时，除了计算总的流量外，还必须初步估计流量在电机各分部的分配和流速。

为了能理解并计算流体在电机中的流动情况，下面将针对流体运动的若干基本概念，做一简要介绍。

一、流体运动中常用概念

(一) 流体

流体是由相互间联系比较松弛的分子所组成，分子之间没有刚体所具有的那种刚性联系，因此研究流体的运动比研究刚体的运动要复杂得多。

在研究流体运动时，一般都采用欧拉氏提出的连续性，即流体是一种连续介质的假设，认为流体的分子之间没有空隙。由于连续，才有可能使用数学工具。当然，这种宏观模型只能得到流体的平均力学特性，而且不能用来解决有限空间内的过程。

(二) 流体的压缩性

根据流体在压力的作用下其体积改变的程度不同，流体可分为可压缩和不可压缩的两种。例如当压力从 1 个大气压增至 100 个大气压时，水的体积只改变 0.5%，而空气的体积却几乎只有原来的 1%。因此相对来说，空气是可压缩的流体，而水是不可压缩的流体。但是在用空气作为冷却介质的电机中，空气的流速不大，压力的变化也不大，体积的变化约为 5%，在这种条件下，也可把空气当作不可压缩的流体来处理。

(三) 流体的黏滞性

所有的流体都不可避免具有一定的黏滞性，它表现为一种抗拒流体流动的内部摩擦力或黏滞阻力。流体的层与层间的这种摩擦力的大小，根据大量试验

表明，正比于流体层滑动时的速度梯度，即

$$\tau = \mu \frac{\mathrm{d}v}{\mathrm{d}n} \tag{4-38}$$

式中：τ 是单位面积上的摩擦力($\mathrm{N/m^2}$)；$\frac{\mathrm{d}v}{\mathrm{d}n}$是速度梯度或者可以简单地说是垂直流动方向上每隔单位长度时的流体流速的变化($\mathrm{s^{-1}}$)；μ 是比例常数($\mathrm{N \cdot s/m^2}$)，称为动黏度或黏滞系数，它表示流体的黏滞特性，其值取决于流体的性质及温度。一般来说，水和空气是两种黏滞性十分小的流体。

(四) 理想流体和真实流体

真实流体都是可压缩的，而且是有黏滞性的。既不考虑其可压缩性，也不考虑其黏滞性的流体，称为理想流体。在研究流体运动时，往往先从理想流体出发，得出运动的一般规律，然后按真实流体的情况加以补充和修正。

(五) 层流及紊流

流体在管道内运动的状态可分为层流及紊流两种。做层流运动时，流体仅有平行于管道表面的流动。若将流体分为许多平行于管道壁的薄层，则各层做平行运动，它们之前没有流体的交换。做紊流运动时，流体中的大部分质点不再保持平行于壁的运动，而以平均流速向各方向做无规则扰动。通常用一个无量纲的量雷诺数来判断流体流动的状况：

$$Re = \frac{dv\rho}{\nu} \tag{4-39}$$

式中：Re——雷诺数；

d——决定于管道的几何形状及尺寸，一般指管道的直径(圆形管道)或等效直径(非圆形管道)(m)；

v——流速(m/s)；

ν——运动黏度($\mathrm{m^2/s}$)；

ρ——流体密度($\mathrm{kg/cm^3}$)。

$$\nu = \frac{\mu g}{\gamma} \tag{4-40}$$

式中：μ——动力黏度($\mathrm{N \cdot s/m^2}$)；

g——9.81$\mathrm{m/s^2}$；

γ——重度($\mathrm{N/m^3}$)。

试验结果表明，流体运动时，当 $Re<2300$ 时为层流，$Re>2300$ 时为紊流；但 Re 达到 2300 以前，即已开始有部分紊流存在。

雷诺数除决定于流体的流速及管道的几何形状和尺寸外，还与流体本身的性质(密度和黏滞性)有关。密度大即惯性大,故雷诺数在一定程度上反映了流体本身的惯性与黏滞性的对比关系。在同样条件下,黏滞性小,密度大的流体比较容易产生紊流。

(六) 流体的压力——静压力和动压力

静压力反映出流体受压缩的程度,其单位符号用 N/m^2 来表示。静压力也可看作是单位体积内被压缩流体所储存的位能($N \cdot m/m^3$)。动压力则表示运动着的流体,其单位体积中所包含的动能。动压力可表示为

$$p_g = \frac{\gamma}{g}\frac{v^2}{2} \tag{4-41}$$

式中:v ——流速(m/s);

动压力的单位符号和静压力的一样,也是 N/m^2;

静压力与动压力之和称为全压力,亦即单位体积的流体中所包含的总机械能。

二、理想流体的运动方程(伯努利方程)

流体力学理论中,证明了理想流体的稳态运动方程为

$$\gamma h + p + \frac{1}{2}\frac{\gamma}{g}v^2 = C \tag{4-42}$$

式中:C—常数。

该方程称为伯努利方程,它表示理想流体在稳态运动过程中,单位体积内所包含的总能量保持不变。式中 γh 是对应于重力的位能;p 为流体内部包含的静压能(也是一种位能);$\frac{1}{2}\frac{\gamma}{g}v^2$ 是流体的动能。将式(4-42)除以重度 γ 得

$$\sum h = h + \frac{p}{\gamma} + \frac{1}{2}\frac{v^2}{g} = \frac{C}{\gamma} \tag{4-43}$$

式(4-42)中的各项所代表的是流体单位体积内所包含的能量,写成以压力表示的形式,而式(4-43)中的各项所代表的是流体单位重量内所包含的能量,但写成所谓压头的形式。压头的量纲是长度,它的单位是米。压头与压力之间的关系可以这样来理解:即某一流体所具有的压力,可用产生同样压力的流体柱的高度来表示。在式(4-43)中,h 为高程,$\frac{p}{\gamma}$ 为静压头,$\frac{1}{2}\frac{v^2}{g}$ 为动压头,$\sum h$ 为全压头。在电机冷却系统中流体在运功过程中其高度位置变化不大,即式(4-43)中与重力相应的位能或高程 h 可以略去不计,或该式可简化为

$$\sum h = \frac{p}{\gamma} + \frac{1}{2}\frac{v^2}{g} = \frac{C}{\gamma} \tag{4-44}$$

式(4－44)表示在运动过程中理想流体的全压头维持不变，但静压头与动压头之间是可以互相转化的。例如，高压静止的流体可以转化为低压高速的流体，反之亦然。

三、毕托管测量流速的原理

毕托管是根据伯努利方程的原理制成的一种测量流速的仪器，如图4－8所示。测量流体的流速时，将管口对准流体流动的方向。因管口1和管口2距离很近，可认为这两处的压力和流速相同。当流体流入管口1后，流速下降到零，流体的动压力也全部转化为静压力(压力损耗不计)，故管口1的管子内液体的高度对应于流体的全压力。而管口2的管子内的液体高度是流体的静压力，因为管口2与流线平行，没有动压力作用于管口2的管道。既然流体在管口1与管口2处的压力和流速相同，则与管口1和管口2分别相连的U形管上读出的高度(压力)差Δh就是流体的全压力和静压力之差，即流体的动压力。用压头来表示时，

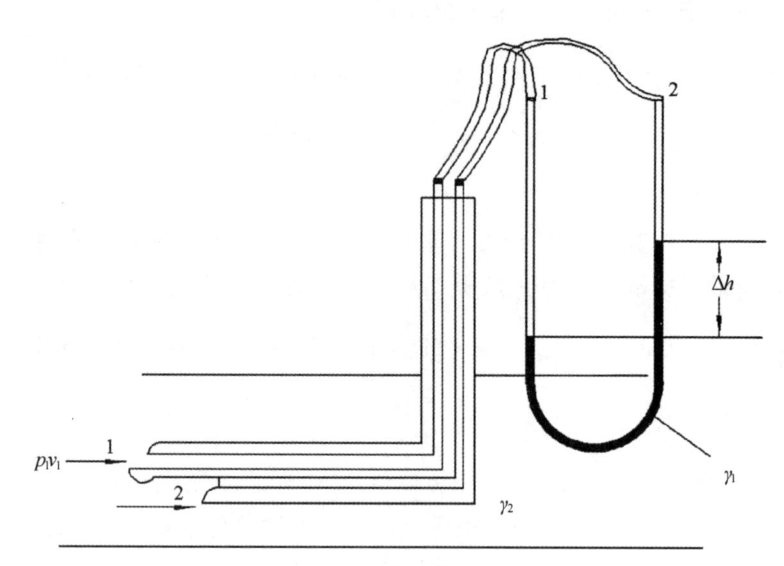

图4－8　毕托管的工作原理

$$\Delta h \frac{\gamma_1}{\gamma_2} = \frac{1}{2}\frac{v_1^2}{g} \tag{4-45}$$

式中：γ_1为U形管中流体的重度，γ_2为受试流体的重度，由式(4－45)得

$$v_1 = \sqrt{2g\Delta h \frac{\gamma_1}{\gamma_2}} \tag{4-46}$$

若受试流体是空气($\gamma_2 = 12\text{N/m}^3$)，U形管中液体用酒精($\gamma_1 = 7850\text{N/m}^3$)，

Δh 以 mm 计，则流体的流速

$$v_1 = \sqrt{2 \times 9.81 \times \Delta h \times 10^{-3} \times \frac{7850}{12}}\,(\text{m/s}) = 3.58\sqrt{\Delta h} \quad (\text{m/s})$$

四、实际流体在管道中运动时的损耗

伯努利方程是对理想流体推导出来的，实际的流体总是存在着黏滞性，管道对于流体也存在着各种形式的阻力，因此当流体在管道中流动时，不可避免地要引起能量的损耗。根据产生的部位和原因不同，损耗一般可分为两类：一类称为摩擦损耗，另一类称为局部损耗。前者是由于在接近管道表面的流体边界层中，有较大的速度梯度$\frac{dv}{dn}$，所以由于黏滞性引起的摩擦力$\tau = \mu\frac{dv}{dn}$较大，摩擦把机械能转化为热能，向四周散发；后者发生在管道形状有突变的地方，例如当管道截面突然扩大或缩小、流道的转弯等，会引起流体质点间的互相碰撞，产生涡流，导致额外的内部摩擦损耗。当然，涡流的形成也和该处边界层中的流体摩擦力有关，所以严格说是不能把这两类损耗截然分开的。

在用气体冷却的电机中，一般管道都不长而且形状较为复杂多变，故在冷却系统中流体能量的损耗主要是局部损耗。

考虑到流体运动过程中能量的损耗，伯努利方程应写成

$$p_1 + \frac{1}{2}\frac{\gamma}{g}v_1^2 = p_2 + \frac{1}{2}\frac{\gamma}{g}v_1^2 + \Delta p \tag{4-47}$$

即当流体从位置1运动到位置2时，由于总的能量中有一部分变成了损耗，所以压力减少了Δp。

五、摩擦损耗和局部损耗的计算方法

(一) 摩擦损耗

如果流体在截面不变的直管内流动时，则液体在管道两端的速度v_1和v_2相等，即$v_1 = v_2$，于是式(4-47)化为

$$p_1 - p_2 = \Delta p \tag{4-48}$$

Δp就是流体从位置1(管道始端)运动到位置2(管道终端)时，由于与管道摩擦所引起的压力损耗，所损耗的压力为流体的部分静压力。

无论在层流或紊流的情况下，对于圆形管道，由于摩损引起的压力降Δp可表达为

$$\Delta p = \lambda\frac{l}{d}\frac{\gamma}{g}\frac{v^2}{2} = \xi\frac{1}{2}\frac{\gamma}{g}v^2 \tag{4-49}$$

式中：$\xi = \lambda \dfrac{l}{d}$ 为摩擦损耗系数；

λ——摩擦系数；

l——管道长度；

d——管道直径或其等效直径。

即 Δp 是以流动的动压力的形式表示的，且若 $\xi=0.5$，就表示静压力的损耗为动压力的一半。但不要因式(4-49)中有 v^2 而误认为摩擦损耗与流速的平方成正比，因为式中摩擦系数 λ 并非常数，它也是速度的函数。在层流及紊流的初期，λ 随速度的增高而减小，并和管壁的光滑程度有关。而在达到完全紊流后，λ 与流速无关，而只与管壁的光滑程度有关。在电机中，由于有旋转的部件，因此可认为其中的空气或其他流体总是处在紊流状态中，此时 $\lambda=0.02\sim0.065$。

对于管壁光滑的金属管道取下限；对于粗糙的管道，例如由叠片形成的管道取上限。当管道截面为矩形时，其等效直径系按圆形管道中直径等于截面积与周边长之比的概念计算：

$$d = \frac{2ab}{a+b} \tag{4-50}$$

式中：a，b 为矩形两条边的尺寸。

(二) 局部损耗

电机冷却系统内，局部损耗占很大比重。和摩擦损耗相似，局部损耗也以流体的动压力为基值来表示：

$$\Delta p = \xi \frac{1}{2} \frac{\gamma}{g} v^2 \tag{4-51}$$

这里 ξ 为局部损耗系数，在几何相似的管道中，ξ 是一个常数。实验证明，局部损耗 Δp 确实与 v^2 成正比，并且也表现为流体静压力的减小。以下是常遇到的几种局部损耗及其计算方法。

1. 管道截面突然扩大

在管道截面突然扩大的地方所形成的涡流如图 4-9 所示，这时

$$\xi = \left(1 - \frac{S_1}{S_2}\right)^2 \tag{4-52}$$

式中：S_1 及 S_2 为Ⅰ及Ⅱ处的管道截面积。公式中的 ξ 是对小截面处流速而言，即式(4-51)中的 v 应用 v_1 代入。

管道截面突然缩小时，局部损耗系数一般用实验求得，也可近似用下式计算：

$$\xi \approx \frac{1}{2}\left(1 - \frac{S_2}{S_1}\right)^2 \tag{4-53}$$

式中：S_1 及 S_2 为Ⅰ及Ⅱ处的管道截面积(图 4-10)，ξ 值也是对应于小截面处的流速 v_2。

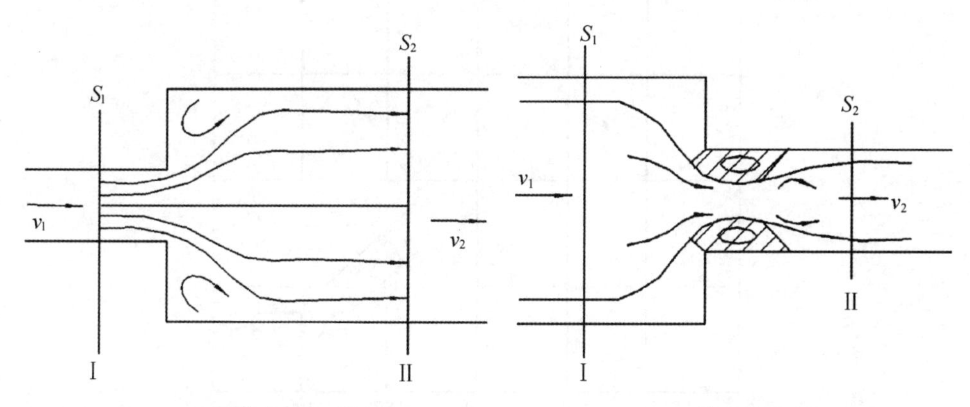

图 4-9　管道截面突然扩大　　　　图 4-10　管道截面突然缩小

2. 出口和入口

出口是截面突然扩大的特例，这时 $S_2=\infty$，所以 $\xi=1$。这表示在出口处，流体将带走它包含的全部动能。为了减少出口损耗，可以采用扩散器以减小出口处流体的流速。

在入口处的局部损耗随入口的结构情况而不同。入口的情况大体可分为三类：一为有凸缘的入口，二为无凸缘的直角入口，三为带圆角的入口。各类入口的 ξ 值如表 4-6 所示。

表 4-6　各类入口的 ξ 值

入口种类	ξ
	0.7～1
	0.5
	0.2～0

3. 管道改变方向

管道的方向改变时，在弯曲处所引起的局部损耗取决于弯曲的角度、管道的形状及尺寸等因素。在电机中由于气流方向的改变而引起的局部损耗，可用下式计算：

$$\Delta p = \xi_\alpha v^2 \tag{4-54}$$

式中：v——管道中空气的速度；

ξ_α——当转角为 α 时，空气的动阻力系数，可从图 4-11 查得。

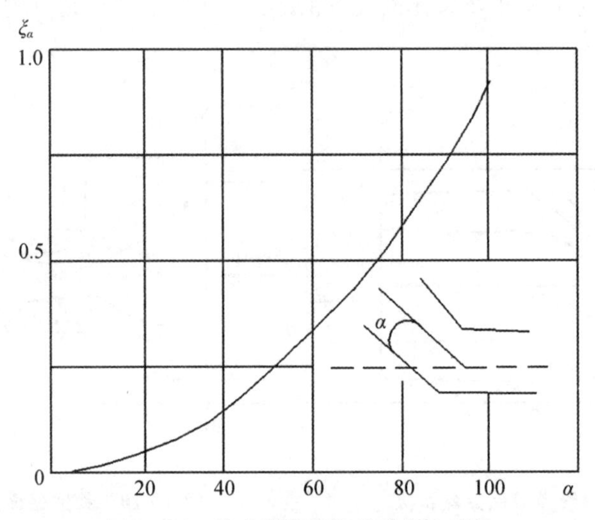

图 4-11　弯曲管道的气体动阻力系数

六、管道的流阻和风阻

流体通过管道时，无论是摩擦损耗或局部损耗，所对应的压力降落可表示为

$$\Delta p = \xi \frac{1}{2} \frac{\gamma}{g} v^2$$

为了计算方便，将上式写成：

$$\Delta p = \xi \frac{1}{2} \frac{\gamma}{g} v^2 = \xi \frac{\gamma}{2gS^2} (Sv)^2 = \frac{\xi\gamma}{2gS^2} Q^2 = ZQ^2 \tag{4-55}$$

式中：$Z = \frac{\xi\gamma}{2gS^2}$ 称为管道的流阻。若流体为气体时，称为风阻。对应于不同类别的损耗而分别简称摩擦风阻、扩大风阻、缩小风阻、转弯风阻、入口风阻和出口风阻等。

S——管道的截面积；

Q——流量。

当通过管道的流体为空气时，将一个大气压、50℃时的空气重度代入，得

$$Z = \frac{12}{2 \times 9.81} \frac{\xi}{S^2} = \frac{\zeta}{S^2} \tag{4-56}$$

式中：$\zeta = \xi \times 611.6 \times 10^{-3}$

在计算因截面突然扩大或缩小的相应风阻时，局部损耗系数对应于小截面处的流速，所以式(4-56)中的 S 要用小截面代入。当采用其他流体计算流阻时，只需将相应的 γ 值代入即可。例如采用氢气时，考虑到氢气中不可避免地混有少量空气，其重度约为空气的十分之一，故上式中的 611.6×10^{-3} 应改为 61.16×10^{-3}。

七、流阻或风阻的串联和并联

气体通过管道时，一般要产生不止一种损耗，即经过几个风阻，它们可能互相串联、并联或串并联。在计算和研究通风问题时，往往用风阻联结图来代替实在的管道，这种联结图称为风路图。例如图 4-12(a)中的管道可用风路图(b)来代替，其中 Z_1 为入口风阻，Z_2 为扩大风阻，Z_3 为转弯风阻，Z_4 为缩小风阻，Z_5 为出口风阻。如果管道较长，还需要考虑与管壁的摩擦，即加上摩擦风阻 Z_6(图中未画出)。流过上述风阻的流量相同，它们在风路中是串联的。气体通过整个管道或风路所需的全部压力等于各部分压力损耗的总和，所以

$$Z_dQ^2 = Z_1Q^2 + Z_2Q^2 + Z_3Q^2 + Z_4Q^2 + Z_5Q^2$$

$$Z_d = Z_1 + Z_2 + Z_3 + Z_4 + Z_5 \tag{4-57}$$

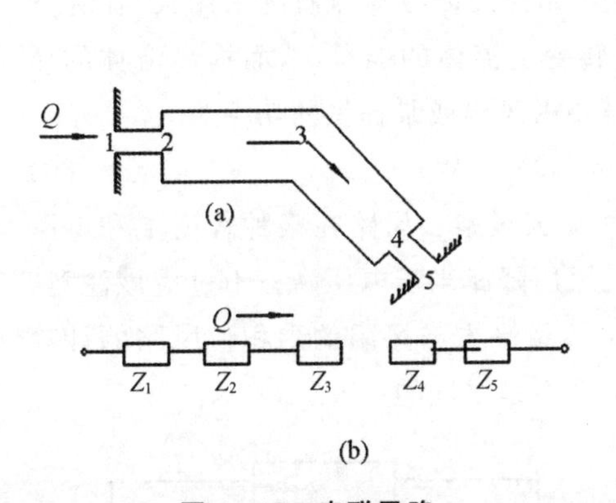

图 4-12　串联风路

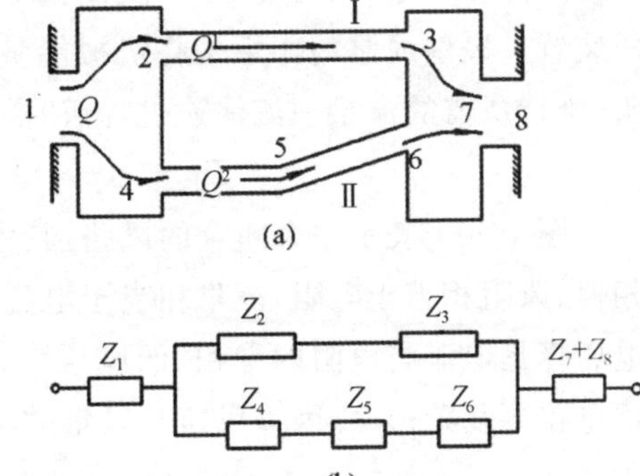

图 4-13　串并联风路

或者一般来说，

$$Z_d = \sum_{1}^{n} Z_n \tag{4-58}$$

所以，风阻串联时的合成风阻为各部分风阻之和。

图 4-13 表示有串并联的管道及其风路图，此时支路Ⅰ中的压降为

$$\Delta p_{\mathrm{I}} = Z_{\mathrm{I}} Q_{\mathrm{I}}^2$$

式中：$Z_{\mathrm{I}} = Z_2 + Z_3$；

支路Ⅱ中的压降为

$$\Delta p_{\mathrm{II}} = Z_{\mathrm{II}} Q_{\mathrm{II}}^2$$

式中：$Z_{\mathrm{II}} = Z_4 + Z_5 + Z_6$。

由于支路Ⅰ及Ⅱ具有公共的入口及出口，因此两支路的压降应该相等，即

$$\Delta p_{\mathrm{I}} = \Delta p_{\mathrm{II}} = \Delta p = Z_dQ^2$$

$$Z_d = \frac{\Delta p}{Q^2} = \frac{Z_{\mathrm{I}} Q_{\mathrm{I}}^2}{(Q_{\mathrm{I}} + Q_{\mathrm{II}})^2} = \frac{Z_{\mathrm{I}}}{\left(1 + \frac{Q_{\mathrm{II}}}{Q_{\mathrm{I}}}\right)^2} = \frac{Z_{\mathrm{I}}}{\left(1 + \sqrt{\frac{Z_{\mathrm{I}}}{Z_{\mathrm{II}}}}\right)^2} = \frac{1}{\left(\frac{1}{\sqrt{Z_{\mathrm{I}}}} + \frac{1}{\sqrt{Z_{\mathrm{II}}}}\right)^2}$$

如果有 n 个风阻并联，其等值风阻为

$$Z_d = \frac{1}{\left(\sum_1^n \frac{1}{\sqrt{Z_n}}\right)^2} \tag{4-59}$$

于是图 4－13 中风路的合成风阻 $Z = Z_1 + Z_d + Z_7 + Z_8$。

八、流体通过管道所需的功率

由于管道具有风阻 Z，当一定流量的气体 Q 通过管道时，将引起压降 $\Delta p = ZQ^2$。因此，为了保证一定流量的气体 Q 能连续不断地通过风阻 Z，就必须有能维持压降 Δp 的升压装置。一般采用风扇（如为液体冷却介质则采用泵）作为升压装置。风扇或泵的作用是将机械能量转变为流体的能量，从而提高流体的压头，维持所需的流量。流体通过管道时需要由风扇或泵提供的功率为

$$P_v = \Delta p \cdot Q = ZQ^3 \quad (\mathrm{W}) \tag{4-60}$$

图 4－14 表示一个闭合的风路，其中 A 为风扇。风路在某种程度上和电路相似，风阻相当于电阻，流量相当于电流，风压降相当于电压降。不过应该注意，电压降是电流与电阻的乘积，而风压降是风量平方与风阻的乘积。风路的计算比电路要复杂得多，因为风压与风量的关系不是线性的。

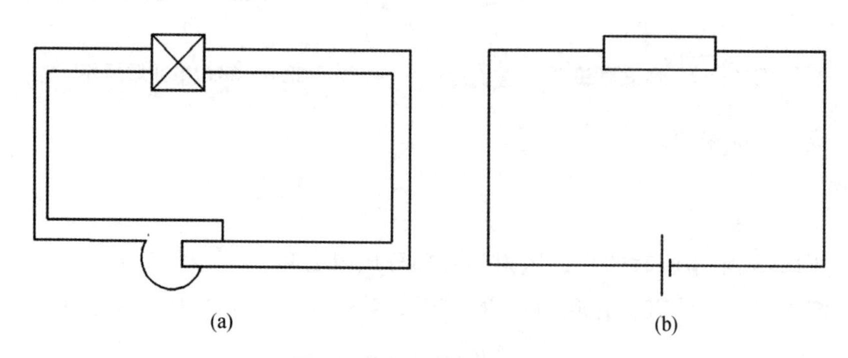

图 4－14　风路与电路比较

(a) 风路　(b) 电路

第5章 电机冷却系统

5.1 电机冷却方式

采用空气冷却的电机结构简单，成本较低，其缺点是空气的冷却效果较差，在高速电机中引起的摩擦损耗较大。采用空气冷却的通风系统的结构类型非常繁多，现就其基本特点从下列五方面予以论述。

(一) 开路冷却(或自由循环)或闭路冷却(或封闭循环)

如图 5-1、图 5-2 所示，开路冷却的电机，其冷却空气从电机周围抽取，通过电机后，再回到周围环境中去，闭路冷却的电机如图 5-3 所示，空气通过电机，沿着闭合线路进行循环；空气冷却介质中的热量经结构件或冷却器传递给第二冷却介质水中。

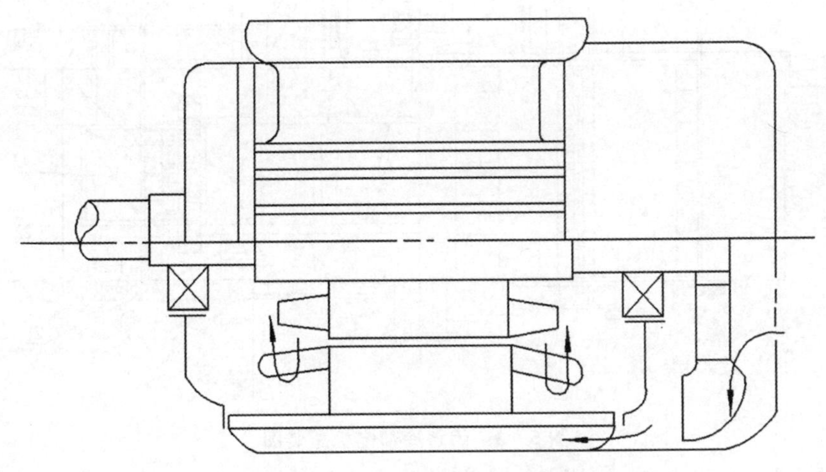

图 5-1 开路冷却的异步电机

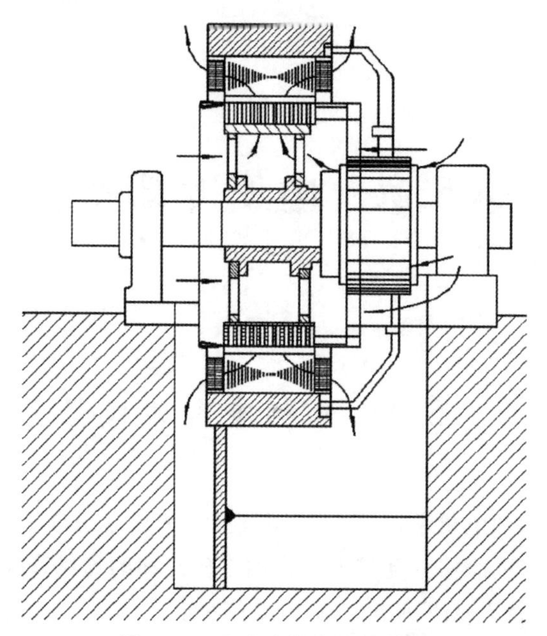

图 5－2　开启冷却电机总装图

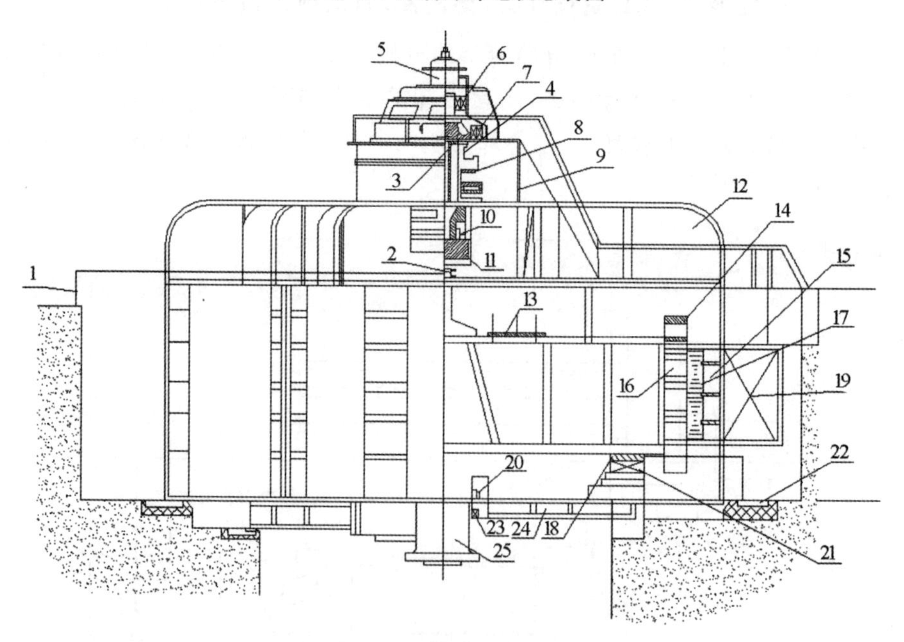

图 5－3　闭路冷却电机总装图

1—外壳　2—集电环　3—镜板　4—推力头　5—永磁发电机　6—副励磁机　7—励磁机　8—推力瓦　9—推力轴承油槽　10—上导轴承　11—上导轴承油槽　12—上机架　13—转子支架　14—风扇叶片　15—机座　16—转子　17—定子　18—制动块　19—空气冷却器　20—下导轴承　21—制动器　22—底板　23—轴承润滑油冷却器　24—下支架　25—转轴

(二) 径向、轴向和混合式通风系统

按照电机内冷却空气流动的方向，空气冷却系统可以分为径向、轴向和混合(径、轴向)式三种。

由于径向通风系统(图 5-4 所示)便于利用转子上能够产生风压的零部件(如风道片、磁极等)的鼓风作用，因而得到广泛的应用。

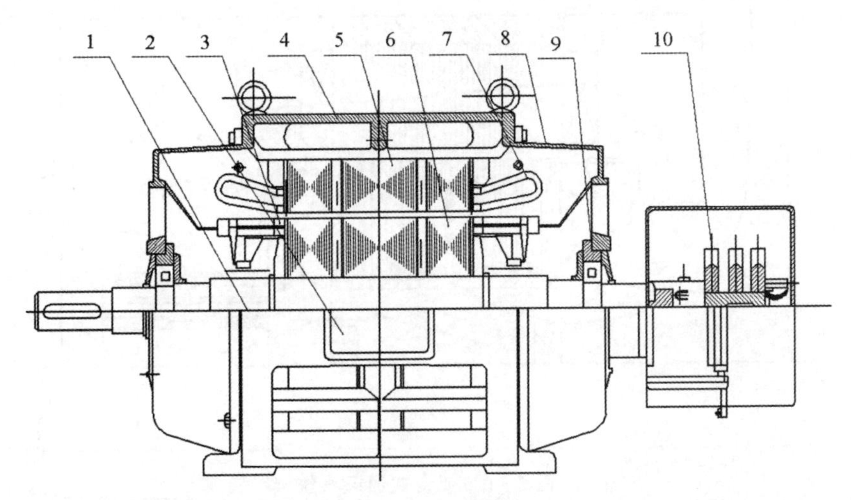

图 5-4　中型自扇冷防护式绕线转子异步电机总装图

1—转轴　2—转子绕组　3—出线盒　4—机座　5—定子铁芯　6—转子铁芯　7—定子绕组　8—端盖　9—转承　10—集电环

轴向通风系统便于安装直径较大的风扇，以加大通风量。主要缺点是沿轴向的方向上冷却不均匀，且不便于利用转子上部件的鼓风作用。轴向通风系列在国内一般仅用于中小型直流电机中，如图 5-5 所示。

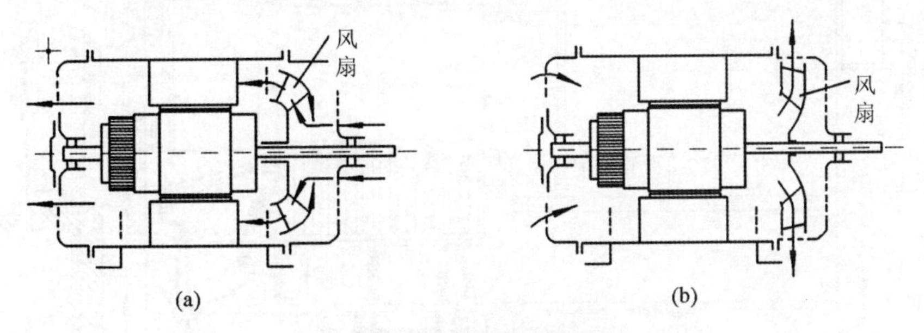

图 5-5　空气冷却器系统

(a) 压入式　(b) 吸入式

径向或轴向通风系统只是就冷却介质在电机内所起冷却作用的主要方面而言，纯粹的径向或轴向通风系统是较为少见的。

混合式通风系统兼有轴向和径向两种通道，但往往还是偏重一种，如图 5－6 所示的大型直流电机即是以轴向为主的混合式系统，而图 5－7 则是汽轮发电机中广泛应用的以径向为主的混合式系统。图 5－7 中转子每端装有一只轴流式风扇，将空气鼓入扩散器 2，圆环形的喇叭口 3 使空气进入风扇时较为平静和冲

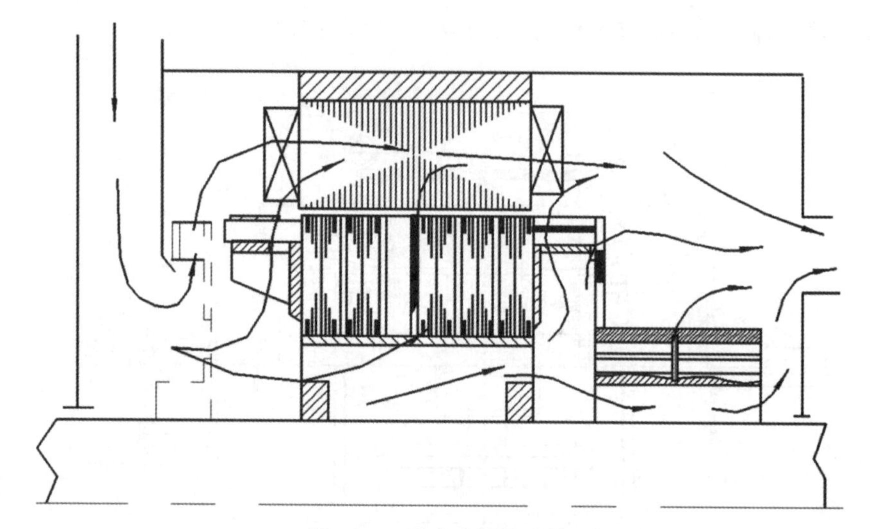

图 5－6　混合式通风系统

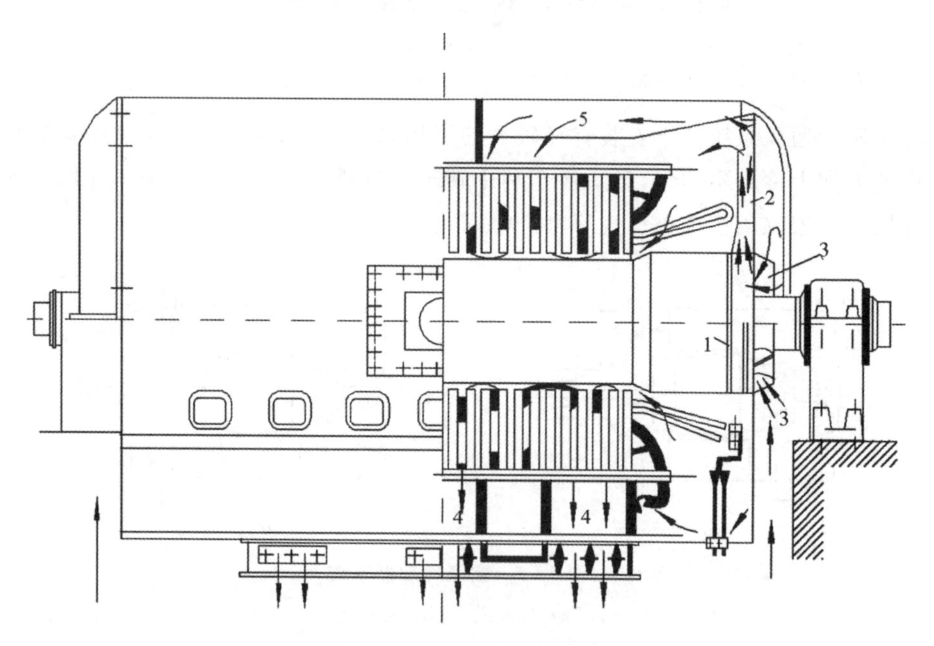

图 5－7　汽轮发电机多流式通风系统

1—挡风环　2—扩散器　3—喇叭口　4—出口风口　5—经沟道

击损耗较小。气流由扩散器出来，其中一股吹拂过定子绕组端部后，进入电机的气隙，然后经过铁芯端头一部分径向通风道，进入热空气的出风口4，另一股经沟道5和定子铁芯的径向通风道后，分左、右两股进入空气隙，又回经铁芯径向风道，进入出风口4。这种通风系统的特点是将气流分为多股，使冷空气尽可能地与电机的所有发热部分相接触，因此电机各部分都能均匀地得到冷却。这种冷却系统对轴向长度较长的汽轮发电机来说特别适宜。

(三) 吸入式和压入式

根据冷却空气是首先通过电机的发热部分，再通过风扇，或是相反，采用空气冷却的系统可分为吸入式及压入式两种(图5-5)。由于吸入式的冷空气首先和电机的发热部分接触，且能采用直径较大的风扇，而压入式的冷却空气却先通过风扇，被风扇的损耗加热后，再和电机的发热部分接触(高速电机中，风扇损耗引起的空气温升可达5K左右)，因此吸入式的冷却能力较强。

直流电机中，风扇多装在非换向器端，如采用压入式冷却系统可避免电刷磨损的碳粉进入电机，但这时大部分风量经由定子极间空间吹过，而吹拂转子的风量较少，致使损耗较多的转子散热困难，这时要采取适当措施，图5-2即是充分依靠电枢铁芯的风道片和绕组端部的鼓风作用来散热。

(四) 外冷式汽轮发电机

外冷式汽轮发电机又称表面冷却式汽轮发电机，其冷却介质为气体(空气或氢气)，气体在绕组导线和铁芯的表面流过，与发热体接触，吸收发热体表面的热量后随流动的气流带走。所以，表面冷却只有发热体产生的热量全部传导至物体表面时才能被气体冷却。为提高冷却效果，应尽量增大接触面积。

外冷式发电机是由安装在转子轴上的风扇压入(称压入式)或抽出(称抽出式)后，通过各部位的冷通道，对发电机进行冷却。被加热了的热气流又经过热通道进入水冷却器，热量由水带出，冷却后的气体再经过冷通道被风扇压入或抽出，在发电机内部形成一个密闭式的循环通风系统。其中，抽出式冷却系统常用于定子、转子绕组均采用水内冷，而铁芯采用氢外冷的发电机组。

目前，氢外冷常用于单机容量为100MW以下的发电机组，氢气压力一般为0.15～0.20MPa，其冷却效率比空气冷却高0.6%～1.0%，所以，100MW以上的发电机组多采用氢内冷或水内冷。

(五) 内冷式汽轮发电机

内冷式汽轮发电机又称直接冷却式汽轮发电机，其冷却介质为气体(氢气)或液体(水或油)。它是将定子和转子的绕组导线做成中空式，让氢气或水通入导线内部直接将热量带出。而定子和转子的铁芯内冷则是利用开孔或开沟槽，将冷却气体用风扇压入各个被冷却部位，以提高冷却效果。单机容量提高以后，随着电压等级的提高和绝缘层厚度的增加，绝缘层上的温降上升，绕组温升增大，会影响机组长期安全运转。

内冷式不仅能提高冷却效果，而且扩大了冷却介质的种类，如氢气、油和纯水，也可两者同时应用。

由于生产及设计的继承性和经验积累等原因，氢内冷（氢气直接冷却）方式首先得到发展，尤其在转子氢内冷方面，各制造厂做了大量的研究工作，出现了多种转子氢内冷通风系统。定子的内冷方式一般限于轴向通风，这是因为定子是静止部件，无法采取自通风的方式。定子内冷风道需要靠外加高压，强迫冷却介质通过。其次，当水作为冷却介质的优点被发现后，水冷方式比较容易在定子上实现。因此，采用定子氢内冷包括铁芯氢内冷的结构的厂家不如转子氢内冷多。

5.2 电机定子、转子内冷结构

（一）定子氢内冷及通风结构

1. 全轴向通风系统

定子氢内冷最普通的通风系统工作流程：冷却气体在高压风扇（高压离心风扇或多级风扇）的作用下，从定子绕组的一端进入轴向风道，流经定子线棒全长后从另一端排出，这是全轴向通风系统。图 5-8 所示为全轴向通风系统的简图，冷却气体由冷却器出来后，一部分进入定子绕组轴向风道，另一部分进入铁芯轴向风道以冷却铁芯，第三部分从护环下面进入转子绕组的轴向风道。冷却气体被高压风扇从定子、转子的另一端抽出后进入冷却器被冷却。

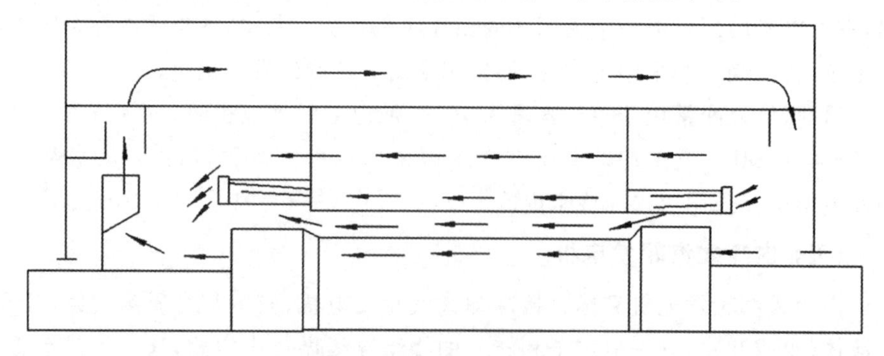

图 5-8　全轴向通风系统

2. 半轴向通风(1/2轴向通风)系统

除了全轴向通风系统以外,还有一种半轴向通风系统(如图5-9所示)。冷却气体在两端风扇的作用下,从轴向通风孔的两端进入定子绕组和铁芯,从铁芯中部的径向风沟排到冷却器。

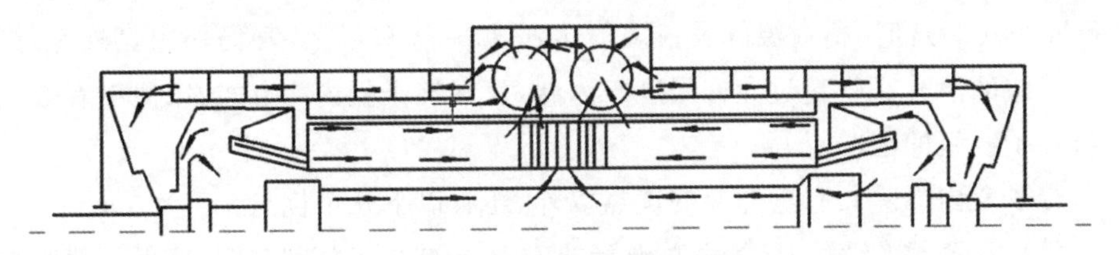

图5-9　半轴向氢内冷通风系统

3. 径向-轴向通风系统(如图5-10所示)

冷却气体在高压风扇的作用下被压入冷却器,然后分成两路:一路由护环下进入转子的轴向风道,另一路进入定子铁芯背部。后者又分为三部分:第一部分进入径向风沟冷却铁芯后由气隙排出;第二部分进入定子轴向风道冷却定子绕组;第三部分从转轴另一端的护环下进入轴向风道,在转子中部由径向风沟排至气隙。

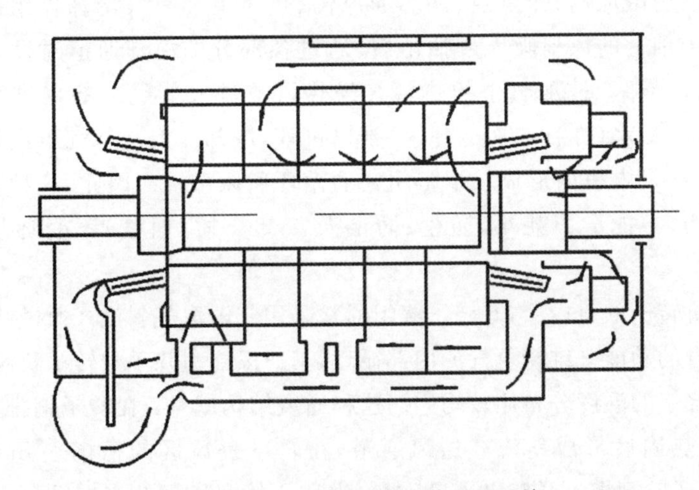

图5-10　径向-轴向氢内冷通风系统

由于不能破坏定子绕组槽绝缘的完整性,定子绕组的氢内冷方式只能采用轴向通风结构。定子铁芯上设有径向风沟,这实际上是采用氢外冷方式冷却铁芯。因此,所谓径向-轴向通风系统,只不过是定子、转子采用氢内冷,而铁芯采用氢外冷的冷却方式。

定子氢内冷的轴向通风系统大多与转子氢内冷的轴向通风系统配套使用,这时,两者的散热性是相适应的。

（二）转子氢内冷及通风系统

随着发电机容量的增加，转子绕组的电流密度也越来越大，以便在有限的空间里产生足够的励磁安匝值，因而转子绕组的损耗密度随之急剧上升。100MW发电机的转子绕组损耗密度已达 1.5 W/cm^2，据估计，1000MW 可达 3～3.5 W/cm^2。这时，槽衬温降及齿温降达到 30～50℃以上，若仍采用氢外冷，则转子绕组的温升必将超过允许限度。因此，发展转子氢内冷方式，以便更有效地降低转子绕组的温升。

转子氢内冷除具有氢外冷的优点以外，还有以下几个优点：

（1）消除了绝缘温降（约占总温降的 40%），减少了传热热阻，降低了绕组的温升。

（2）提高氢气压力后，散热系数增加，使绕组的表面温升降低。

（3）提高氢气压力的结果是，氢气的体积热容量成正比地增加（氢气的密度与氢压成正比），故氢气本身的温升也降低了。

转子绕组的氢内冷通风系统分为两部分：一是转子体槽内部通风冷却系统，二是转子端部通风冷却系统，统称为发电机内气体（风路）系统。转子端部通风冷却系统由风扇、冷风道、铁芯通风沟、热风道和氢气冷却器组成。氢气由装在转子轴上的风扇吸入或抽出后，通过各部分的冷却通道对发电机的发热部位进行冷却。被加热了的热氢气经热风道进入氢气冷却器进行热量交换，热量由冷却水（亦称二次冷却水）带出机外，冷却后的冷氢气再次被风扇吸入或抽出，在发电机内形成一个密闭式的循环通风系统。因此，这种通风系统具有结构简单，能量消耗小，防尘、防潮及冷却介质（氢气）不受环境影响等优点。

发电机转子的氢内冷，其转子绕组通常采用气隙取气斜流式通风结构，即利用转子本身的动能来维持氢气的内部循环，其通风能力几乎与转子长度无关，从而使转子绕组的温度分布比较均匀。这种通风结构就是：在转子铜排上开有通风孔，组装热固后形成斜流式通风通道，在转子进风区的槽楔上开有进风口（斗），出风区的槽楔上开有出风口（斗），进风斗的迎风面钻有进风孔，出风斗的背面钻有出风孔。氢气沿转子表面通过一组斜槽吸入斜流式通道进入槽底，在槽底径向转弯后，通过另一组斜流式通道返回气隙。氢气的流动动力是布置在转子轴两端的风扇而获得的压力（一般为 0.38～0.40MPa）和转子转动的动能而产生的吸力（或轴力），如图 5-11 和图 5-12 所示。

为了防止发电机内的冷热气体相互混合，降低冷却效果，发电机的定子和转子通常采用耦合式通风系统，即定子、转子的进风口（冷风区）与出风口（热风区）

分别相对应。定子和转子沿轴向分成了若干个冷风区和热风区，从而将冷、热氢气分开，可称为冷热气流各行其道，进风区和出风区相间隔布置。进风区数一般为奇数，出风区比进风区多一个。

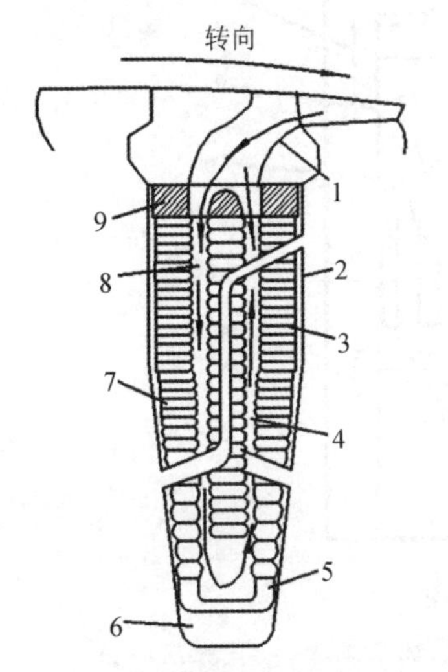

图 5-11　沿气流中心线取气的斜流通风转子横截面图

1—光滑进风斗　2—匝间绝缘
3—铜线　4—出风口　5—锻成的铜风口　6—绝缘垫　7—槽衬
8—进风口　9—槽口垫条

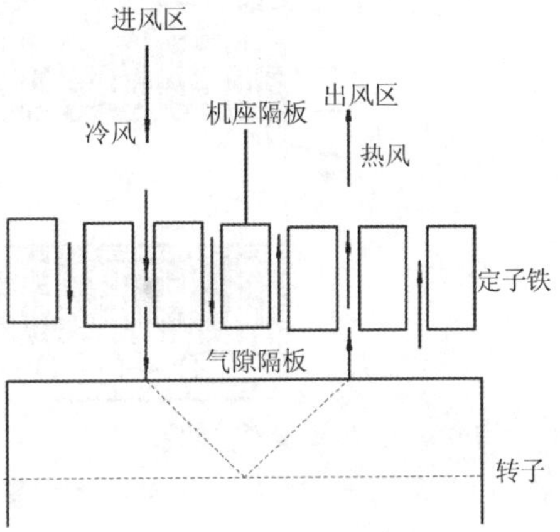

图 5-12　气体的斜流通风示意图

有的机组设计 11 个风区，其中 5 个进风区，6 个出风区，相间布置。也有的机组设计成 9 个风区，其中 4 个进风区，5 个出风区。为防止风路短路，在定子、转子之间气隙中的冷、热风区间以及定子铁芯上加装隔风环，这样使气体温度沿转子轴向分布比较均匀。图 5-13 所示为某电厂发电机的整机通风系统，它包括定子铁芯风路和转子绕组风路。

（三）氢气冷却器的结构

如图 5-14 所示，氢气冷却器的结构与凝汽器有些相似，它由许多平行的黄铜管组成，铜管内走冷却水，氢气以垂直于水流的方向走管间，进行表面换热。由于气流对铜管表面的传热系数远远小于铜管对水的传热系数，所以必须增加冷却水管与气流的接触面积。为此，常采用绕簧式氢气冷却器（早期多在铜管外缠绕铜丝）。铜管为含砷黄铜管，簧线为紫铜裸铜线，铜管与簧线之间用锡焊焊接，绕簧管沿长度上设有几处支撑板。多孔板与铜管之间采用胀管密封连接，多孔板与端盖之间形成水室（箱）。

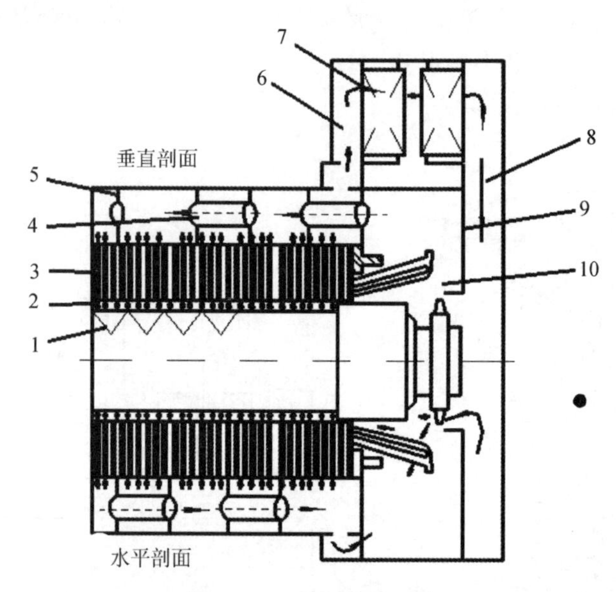

图 5-13　整机通风系统

1—转子绕组风道　2—气隙　3—铁芯风道　4—机座风管　5—机座隔板
6—冷却器包　7—冷却器　8—端罩端盖　9—内端盖、风扇罩　10—轴流风扇

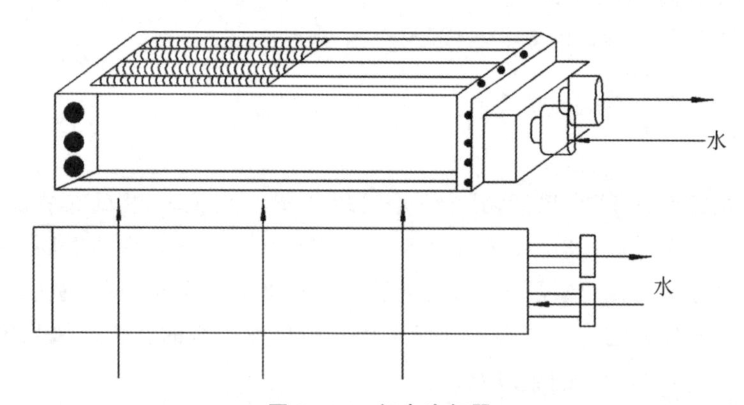

图 5-14　氢内冷却器

氢气冷却器在汽轮发电机内的安装方式有两种：一种是与发电机的转子平行放置，如图 5-14 所示，一般对称设置四个。另一种是与发电机的转子垂直放置，也是设置四个。在励磁端设置两个，在汽轮机端设置两个。在氢气冷却器的进口水管上安装有气动调节阀，能够通过调节冷却水的流量保持氢气温度恒定。

图 5-15 所示为垂直型氢气冷却器安装图。这种氢气冷却器的结构与上述卧式布置的冷却器有些不同，它是由一束带散热片的铜合金管和夹住管束上下

两头的上下管板及上下水接头三部分组成的，铜合金管是热交换部分。这种冷却器也是氢气在发电机内循环，将发电机中损耗产生的热量带出，被加热的氢气从冷却水排出侧进入冷却器中，利用氢气冷却器特殊的结构，实现冷却水与氢气之间的热量交换，从而将加热了的氢气冷却。冷却后的氢气从冷却水进入侧离开冷却器，冷却水将热量吸收后，通过循环流动带出机外。

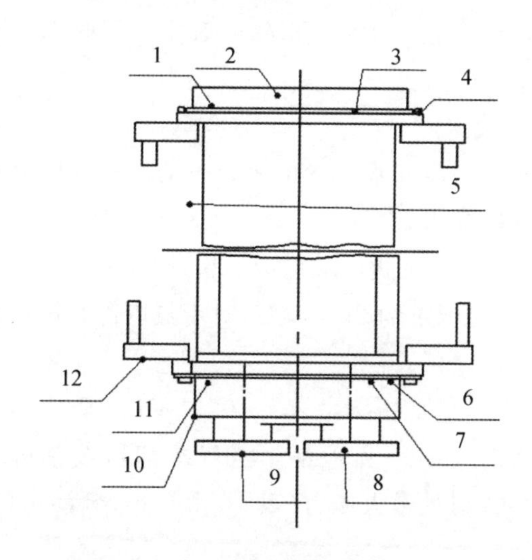

图5-15 垂直型氢气冷却器安装图

1—上部管板 2—上部水室 3—上部水室密封垫圈 4—冷却器紧固螺栓 5—氢气流 6—下部管板 7—下部水室密封垫圈 8—冷却水入口 9—冷却水出口 10—下部水室 11—管板密封垫圈 12—定子机座

为防止氢气从发电机内泄漏，通过定子机壳的氢气冷却器的部分是全密封的。氢气冷却器与机壳之间有一个密封垫结构，既可以密封氢气，避免氢气从发电机泄漏，又可以在氢气冷却器内因温度变化而膨胀时起到补偿作用，从而始终具有良好的密封效果。

(四) 氢气冷却器性能

1. 氢气的设计参数

(1) 当发电机机内氢气纯度不低于95%时，能在额定条件下发出额定功率，但计算和测定效率时的基准氢气的纯度为98%，即机壳内氢气纯度最小为95%，额定值为98%。发电机补氢纯度大于99%，发电机补氢湿度(露点)小于或等于-25℃。

(2) 最大氢气压力(发电机壳内)为0.5MPa，额定氢压允许变化范围为0.39～0.44MPa。

(3) 由于氢气的黏度比空气的大，氢气比空气更难以形成涡流，所以要使氢气在管间间隙中形成涡流运动来提高传热能力，就必须提高氢气的流速，但提高氢气流速又会导致风扇损耗增加，故在一般情况下控制氢气流速在 3～5m/s。

(4) 发电机机壳和管路的容积因机组容量大小而异，6000MW 机组大约为 117m³，氢气总补充量(在 0.414MPa 额定氢压时)保证值小于或等于 8m³/24h。

(5) 机壳和端盖能承受压力为 0.8MPa(表压)、历时 15min 的水压试验，保证运行时内部氢爆不危及人身安全。

2. 冷却水的设计参数

为了将氢气冷却器的冷却水与发电机定子的内冷水区分开，有时称氢气冷却器的冷却水为二次冷却水。

(1) 氢气冷却器冷却水的进口温度应不超过 33～38℃。对于氢外冷发电机组，应保证冷却后的氢气温度为 20～40℃，对于氢内冷发电机组，应保证冷却后的氢气温度为 30～46℃。

(2) 氢气冷却器工作水压为 0.25～0.35MPa(表压)，试验水压不低于工作水压的两倍，历时 15min 无泄漏。氢气冷却器按单边承受 0.8MPa(表压)压力进行设计。入口处最大压力(表压)为 0.67MPa，出口处压力(表压)为 0.209～0.309MPa。

(3) 一个冷却器的流阻为 41kPa，一个冷却器的流量为 310m³/h。

以上设计参数因机组参数不同及生产厂家不同而有一定区别。

(五) 氢气冷却器的冷却水系统

氢气冷却器的冷却水系统分为直流式冷却水系统和循环式冷却水系统两种。

在直流式冷却水系统中，一般设置两台冷却水泵，一台运行，另一台备用。备用水泵是在水的压力降低或故障时自动投入运行。冷却水的水源一般为厂用工业水，借助水泵的压力打入冷却器，进行热交换后的热水送入排水管排放。因冷却水只是将热量带走，水质变化不大，故一般不进行处理。但它在铜管内容易形成微生物黏泥，影响传热，所以也应进行定期清理或化学清洗。

在循环式冷却水系统中，有的电厂以化学除盐水或软化水作为水箱的补充水源，这种冷却水在水泵的压力下，通过氢气冷却器将热量带出，热的冷却水又被两种冷却水进行冷却降温：一是用汽轮机的凝结水通过凝结水冷却器进行降温，同时也提高了凝结水的温度，热量得以充分利用；二是当凝结水冷却器发生故障时，用厂内循环水通过循环水冷却器进行冷却降温。降温后的冷却水又回到补给水箱，完成一个循环冷却过程，如图 5－16 所示。由于这种循环冷却水的补充水是除盐水或软化水，所以管路系统不易结垢或堵塞，但存在腐蚀现象。

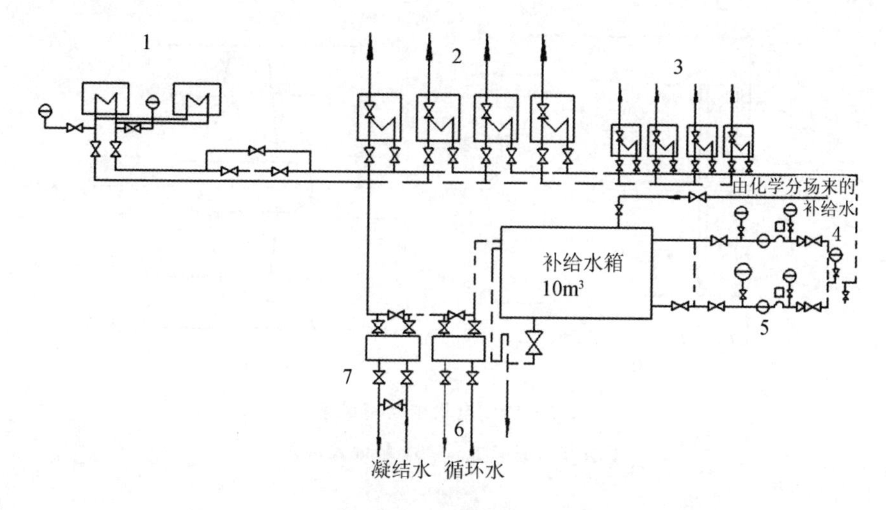

图 5 - 16　发电机气体冷却器的闭式冷却器水系统图

1—整流柜的冷却器　2—发电机的气体冷却器($600m^3/h$)　3—励磁机的气体冷却器($100m^3/h$)　4—记录式接点压力表　5—冷却水泵　6—循环水冷却器　7—凝结水冷却器

5.3　电机冷却器风扇

一、风扇类型

风扇的作用在于产生足够的压力，以驱动气体通过电机。风扇的结构型式虽然多种多样，但就其原理来讲，不外乎离心式和轴流式两种（如图 5 - 17 所示）。离心式风扇转动时，处于其叶片间的气体受离心力的作用向外飞逸，因而在风扇叶轮外缘出口处形成压力。气流进出离心式风扇时，一般要发生运动方向的改变。轴流式风扇转动时，气体受其叶片鼓动沿轴向运动，在风扇出口处形成压力。气流进出轴流式风扇时一般不改变运动方向。至于既有离心式风扇作用，又有轴流式风扇作用的复合式风扇（如某些同步机中使用的斗式风扇），其工作原理是建筑在上述两种基本型式的工作原理之上的。

电机中最常采用离心式风扇，因为它产生的较高压力最适宜于一般电机特别是中小型电机通风系统的需要。离心式风扇的主要缺点是效率较低，目前径向叶片的离心式风扇的最高效率仅为 0.6 左右。轴流式风扇的优点是效率较高(可达 0.8),缺点是风压较低,仅适宜于低压下供给大量气体,一般用在高速电机中。

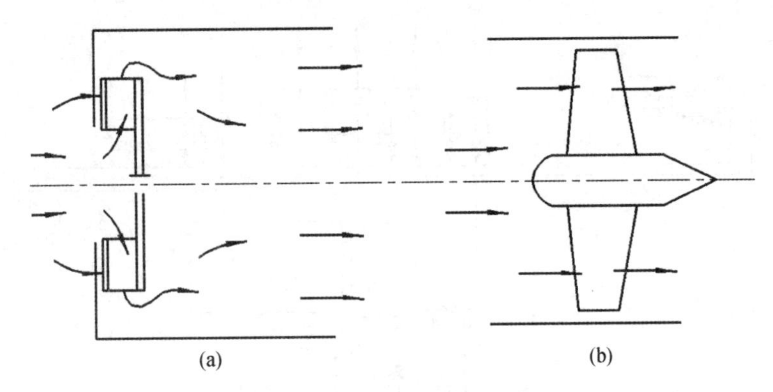

图 5-17 电机中常用风扇

(a) 离心式风扇 (b) 轴流式风扇

二、离心式风扇所产生的压力

图 5-18 是离心式风扇的一种结构型式的示意图。当叶轮旋转时,叶片间的空气被所产生的离心力向叶轮外缘的方向甩出去,使得内外边缘产生压差,新的气体又不断地从叶轮内径处补充进来,形成气体的不断流动,其结果是获得了气体压力以使其顺利通过风路。

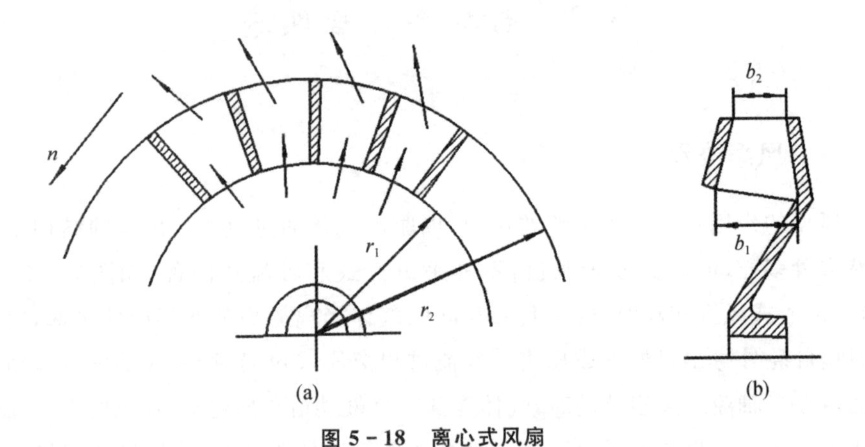

图 5-18 离心式风扇

分析风扇的工作性能时,首先要知道的是一定转速下、一定尺寸的风扇能产生的压力是多少,它取决于哪些因素。

假定所讨论的离心式风扇是理想的。也就是说,假定风扇工作时没有任何损耗,流过叶片的气流方向与叶片的外形平行(或者说假定叶片数无穷多而叶片的厚度无穷小）。

设风扇工作时所产生的压力为 H，通过的流量为 Q。由于风扇没有损耗，则外界对风扇叶轮所做的有用机械功率应等于气体所获得的功率，即

$$T\Omega = HQ \tag{5-1}$$

式中：Ω 为叶轮旋转的角速度；T 为作用在叶轮上的转矩，也就是叶片作用在通过的气体上的转矩。根据动量矩定理，该转矩等于单位时间内通过的气体对转轴轴向的动量矩的变化，即

$$T = Q\frac{\gamma}{g}(v_2 t\, r_2 - v_1 t\, r_1) \tag{5-2}$$

式中：γ——气体的重度；

g——$9.81\mathrm{m/s^2}$；

r_1, r_2——叶轮的内半径及外半径，见图 5-13；

$v_1 t, v_2 t$——风扇叶轮内径及外径处气体绝对风速的切向风量。

将式(5-2)代入式(5-1)，得

$$H = \frac{\gamma}{g}(v_2 t\, u_2 - v_1 t\, u_1) \quad (\mathrm{N/m^2}) \tag{5-3}$$

式中：u_1 及 u_2 是叶轮内径及外径处的线速度。只要叶轮的转速和尺寸已知，u_1 及 u_2 就能确定，而 $v_1 t, v_2 t$ 的确定则需要利用速度三角形。

气体的各速度分量之间的关系做一分析(图 5-19)。当给定叶轮尺寸、转速和叶片形状后，则在任意半径 r 处，叶片的线速度 u 为已定。如气体没有其他速度分量，则气体与叶片之间没有相对运动，在同一半径上的气体，也将以同一线速度运动。当通过叶轮的流量为 Q 时，叶片间的气体一定有一个径向速度分量 w_r，其值等于流量 Q 除以叶轮在 r 处的相应圆柱形面积 S，即

$$w_r = \frac{Q}{S} \tag{5-4}$$

根据风扇的假定，叶片间的气体只能沿着与叶片外形平行的方向流动，所以当叶片在 r 处的夹角(叶片切线与圆外切线间的夹角)为 β 时，气体沿叶片的速度 w 和 w_r 之间的关系为

$$w = \frac{w_r}{\sin\beta} \tag{5-5}$$

式中的 w 就是气体对于叶片的相对速度。显然，相对速度 w 只取决于流量 Q、叶轮面积和叶片的形状，而与叶轮的转速无关。如果通过叶轮的流量为 Q，叶轮又以给定的转速旋转，则叶片间的气体对空间的绝对速度 v，将等于气体对叶片的相对速度 w 和气体随叶片一起在空间旋转的线速度 u 的矢量和，即

$$\vec{v} = \vec{w} + \vec{u} \tag{5-6}$$

因此 $\vec{v}$、$\vec{w}$ 及 $\vec{u}$ 组成了速度三角形(图 5－19)。

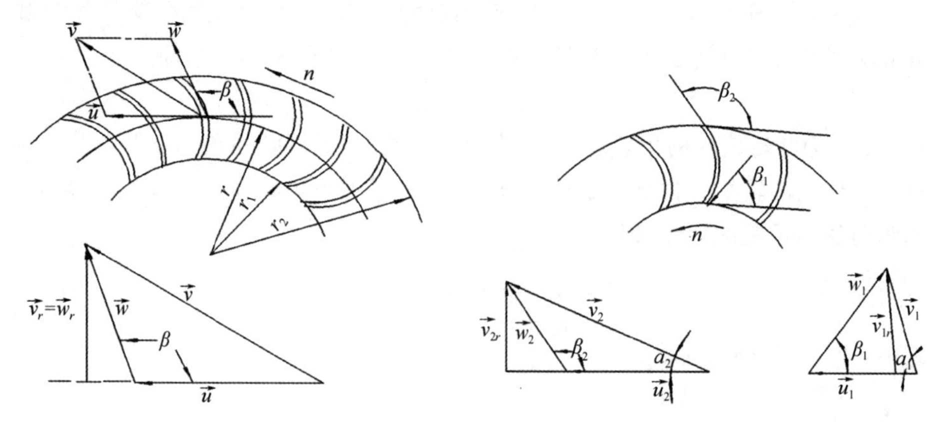

图 5－19　在风扇叶片内的速度三角形　　　**图 5－20　在入口及出口处的速度三角形**

若在叶轮的内径及外径处,叶片与内外圆切线的夹角各为 β_1 及 β_2,则在入口处及出口处的速度三角形如图 5－20 所示,由图可得

$$v_1 t = u_1 - w_1 \cos\beta_1$$

$$v_2 t = u_2 - w_2 \cos\beta_2$$

由速度三角形,可得

$$w_1^2 = u_1^2 + v_1^2 - 2u_1 v_1 \cos\alpha_1 = u_1^2 + v_1^2 - 2u_1 v_1$$

$$w_2^2 = u_2^2 + v_2^2 - 2u_2 v_2 \cos\alpha_2 = u_2^2 + v_2^2 - 2u_2 v_2$$

可将上式写成:

$$u_1 v_{1t} = \frac{1}{2}(u_1^2 + v_1^2 + w_1^2)$$

$$u_2 v_{2t} = \frac{1}{2}(u_2^2 + v_2^2 + w_2^2)$$

代入式(5－3)后,得

$$H = \frac{1}{2}\frac{\gamma}{g}(u_2^2 - u_1^2) + \frac{1}{2}\frac{\gamma}{g}(w_1^2 - w_2^2) + \frac{1}{2}\frac{\gamma}{g}(v_2^2 - v_1^2) \qquad (5-7)$$

式中:右边第一项是叶片间的气体柱在旋转时,由于离心力的作用而产生的静压力,第二项是由于气体在出口处比在入口处的相对速度减少而转化得的静压力,第三项为气体获得的动压力。

风扇的空载运行点是指当风扇没有风量($Q=0$)时,所产生的静压力。如果将叶轮外径的所有孔口都加以封闭,便可得到这种运行状态。

因空载运行时,$Q=0$,$w=0$,$v=u$,故空载运行时产生的压力

$$H_0 = \frac{1}{2}\frac{\gamma}{g}(u_2^2 - u_1^2) + \frac{1}{2}\frac{\gamma}{g}(u_2^2 - u_1^2) = \frac{\gamma}{g}(u_2^2 - u_1^2) \qquad (5-8)$$

即空载运行时，叶轮外径处气体的压力比其内径处气体的压力要高$\frac{\gamma}{g}(u_2^2-u_1^2)$。由式(5-8)可知，空载运行时风扇所产生的压力与叶片的形状无关，不同风扇只要其叶轮的内外径相同，产生的压力就相同。

三、离心式风扇的外特性

当$Q\neq 0$，即风扇负载运行时，风扇所产生的压力H_L和流量Q之间的关系就是风量的外特性。

由图5-20，可得速度v_2的切向分量

$$v_{2t}=u_2-\frac{v_{1r}}{\text{tg}\beta_2}$$

但

$$v_{2r}=\frac{Q}{2\pi r_2 b_2}$$

式中b_2见图5-18。由上可得

$$v_{2t}=u_2-\frac{Q}{2\pi r_2 b_2\,\text{tg}\beta_2}$$

同理可得

$$v_{1t}=u_1-\frac{Q}{2\pi r_1 b_1\,\text{tg}\beta_1}$$

将v_{1t}及v_{2t}的值代入式(5-3)，得

$$H_L=\frac{\gamma}{g}(u_2^2-u_1^2)-\frac{\gamma}{2\pi g}\left(\frac{u_2}{r_2 b_2\,\text{tg}\beta_2}-\frac{u_2 Q}{r_1 b_1\,\text{tg}\beta_1}\right)Q \tag{5-9}$$

由上式可见，对于任一确定的理想的离心式风扇，只要转速不变，其外特性是一直线。在一般情况下，叶片的宽度是不变的，即$b_1=b_2=b$，且因$u_2=\Omega r_2$及$u_1=\Omega r_1$，代入式(5-9)得

$$H_L=\frac{\gamma}{g}(u_2^2-u_1^2)-\frac{\gamma}{g}\frac{\Omega}{2\pi b}\left(\frac{1}{\text{tg}\beta_2}-\frac{1}{\text{tg}\beta_1}\right)Q \tag{5-10}$$

从式(5-10)可以分析入口角β_1和出口角β_2对风扇外特性的影响。入口角β_1一般总是小于或等于90，因为这样可以减少气体进入风扇时的损耗，但出口角β_2则可以等于、大于或小于β_1，按β_1和β_2之间的关系，离心式风扇可以分为三类：

1. $\beta_2=\beta_1$，这时外特性是一条平行于横轴的直线，即压力与流量无关。$\beta_1=\beta_2=90$是一特例，称为径向式叶片，它的优点是可以逆转，但效率较低。

2. $\beta_2>\beta_1$，$\beta_2>90$称为前倾式叶片，它的外特性是向上倾斜的直线，用于低速单方向旋转的电机，效率较高。

3. $\beta_2<\beta_1$，$\beta_2<90$ 称为后倾式叶片，它的外特性是向下倾斜的直线，用于高速单方向旋转的电机，效率居于二者之间。

图 5－21 所示为各类风扇的外特性曲线。

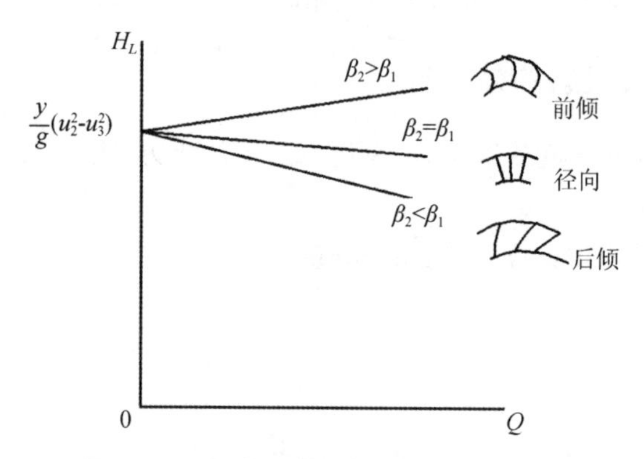

图 5－21 各类理想离心式风扇的外特性

风扇叶片的倾角不但对外特性有影响，而且对全压力中静压力和动压力的分配也有影响。在电机的冷却系统中，动压力往往要先转化为静压力才能被充分利用，而这种转化总要引起损失。尤其是对于没有装设使出口处风速逐渐降低以便得到动压力转化的和改善转化效率的扩散器的电机中，从风扇出来的动能大部分都损失掉了。因此，我们希望风扇所产生的全部压力中，静压力占较大的比例。前倾式风扇虽然能产生较高的压力，但其压力中动压力所占比例较大，因此一般除极少数低速情况以外，很少在电机中采用。

四、实际离心式风扇的外特性和功率

实际的离心式风扇，其叶片不会是像理想离心式风扇那样无限多，而且风扇运行时，气体不可能是平稳地、无冲击地进入叶片，并与叶片平行流动，最后与叶片相切地脱离，因此实际的离心式风扇具有下列一些损耗：

1. 气体进入叶片时，由于冲击损耗而失去一部分压力。这种损耗的大小取决于气体在进入叶片时，对叶片相对速度的方向与叶片入口角的吻合程度。如果互相吻合，则气体进入叶片时的损耗为最小，这时入口角称为无冲击入口角，其估算方法如下：

假定风扇的额定流量为 Q，则在入口处的径向流速应为

$$v_{1r}=u_1-\frac{Q}{K\,2\pi r_1\,b_1} \tag{5-11}$$

式中的 K 为考虑叶片厚度所占空间，一般可取为 0.92。叶片在入口处的线速度为 u_1，气体在进入叶片前，假定以 $0.5u_1$ 的线速度旋转，则气体在入口前一瞬间

对叶片的相对切线速度为$-0.5u_1$，所以气体在入口前的速度方向与切线方向的夹角的正切为

$$\mathrm{tg}\alpha = \frac{2v_{1r}}{u_1} \tag{5-12}$$

若叶片的入口角β_1做得正好等于α（图 5－22），则达到额定流量Q时，气体将无冲击地进入叶片，此时入口损耗为最小。显然，若流量大于或小于额定值时，都将引起入口冲击损耗的增大。

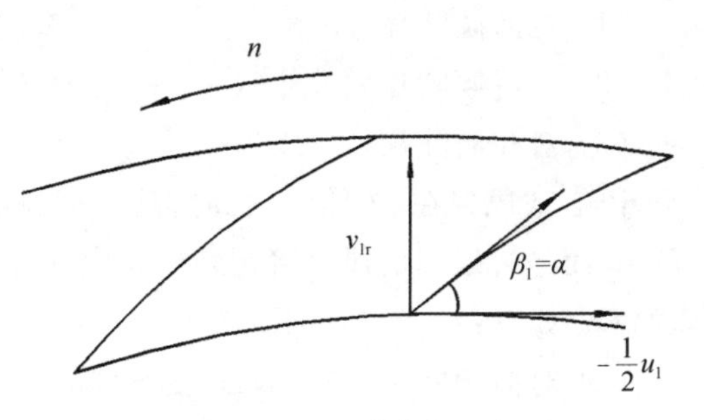

图 5－22　无冲击入口角

2. 气体在叶片间流动时，由于摩擦损耗与局部损耗而失去一部分压力，这种损耗与气体在管道中运动时产生的损耗相似。它与流量Q的平方成正比。

3. 由于实际风扇的叶片数不是无限多，因此叶片间的气体不可能与叶片做平行流动，气体在入口及出口处的速度与理想风扇的不一样，所以实际风扇产生的压力往往小于由计算所得的压力，其差别决定于叶片的数目和形状。但是，这种压力下降并不是由于能量的损耗引起的，而只是风扇转换能量能力的降低的表现，所以它并不影响到风扇的能量效率。

由于实际的离心式风扇存在着以上三种压力损耗，所以实际外特性并不是一直线，而是如图 5－23 所示的曲线。

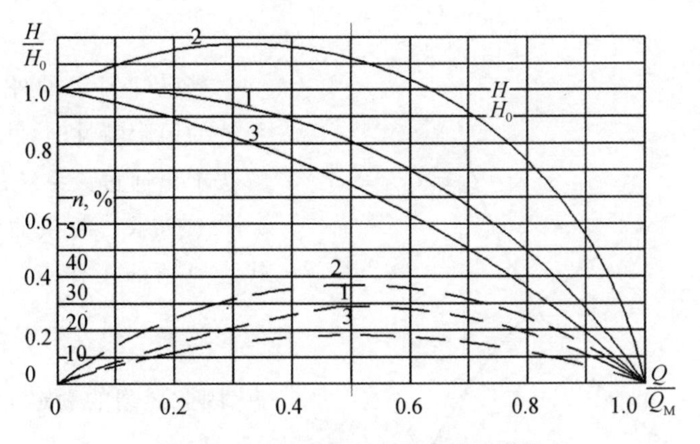

图 5－23　实际离心式风扇的外特性

1—对向后倾斜的叶片（$\beta_1=\beta_2=25°$）　2—对向前倾斜的叶片（$\beta_1=25°$，$\beta_2=155°$）　3—对径向叶片（可逆转风扇）

离心式风扇在空载运行时所产生的静压力 H_0，可按下式计算：

$$H_0 = \eta_0 \frac{\gamma}{g}(u_2^2 - u_1^2) \tag{5-13}$$

式中：η_0 为风扇空载时的气体动效率。实践证明，η_0 可取下列数值：

(1) 对前倾叶片 $\eta_0 = 0.6$ (5-14a)

(2) 对后倾叶片 $\eta_0 = 0.75$ (5-14b)

(3) 对径向叶片 $\eta_0 = 0.6$ (5-14c)

离心式风扇在“短路”运行时，其外部风阻为零。此时风扇所产生的外压力 $H=0$，而经过风扇的风量将达到最大值(Q_M)。根据试验，不同叶片的离心式风扇的 Q_M 如下：

(1) 对前倾叶片，当 $\beta_1 \approx 25$，$\beta_2 \approx 155$ 时，

$$Q_M \approx 0.5 u_2 S_2 \tag{5-15a}$$

(2) 对后倾叶片，当 $\beta_1 = \beta_2 \approx 25$ 时，

$$Q_M \approx 0.35 u_2 S_2 \tag{5-15b}$$

(3) 对径向叶片，当 $\beta_1 = \beta_2 \approx 90$ 时，

$$Q_M \approx 0.42 u_2 S_2 \tag{5-15c}$$

式中：S_2——叶轮外径处通过气体的圆柱形表面积(有效值)，

$$S_2 \approx 0.92 \pi D_2 b \tag{5-16}$$

式中：D_2 是叶轮外径，b 是叶片的轴向宽度，系数 0.92 即前面式(5-14)中的 K。

对于径向叶片的离心式风扇，特性曲线 $H=f(Q)$ 用标么值表示时，可用下列简化形式表达：

$$\frac{H}{H_0} = 1 - \left(\frac{Q}{Q_M}\right)^2 \tag{5-17}$$

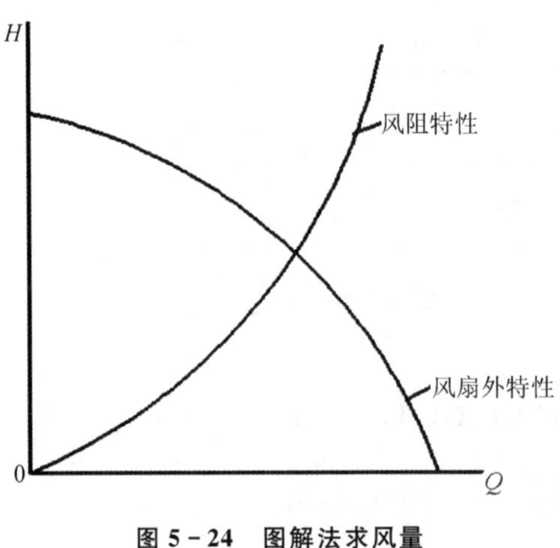

图 5-24 图解法求风量

当已知风扇的外特性和通风系统的风阻特性时，我们就可用图解法求出通过该系统的流量，如图 5-24 所示。两条曲线的交点就代表风扇的工作点。由于风扇的最高效率一般发生在 $Q=\frac{1}{2}Q_M$ 附近，因此风扇的额定工作点最好在 $Q=\frac{1}{2}Q_M$ 附近。

当风扇工作时的压力和流过的风量确定之后，风扇所消耗的功

率或其输入功率可用下式计算：

$$P_v = \frac{HQ}{\eta} \quad (\mathrm{W}) \tag{5-18}$$

式中：η——风扇的能量效率。对于后倾叶片，$\eta=0.3\sim0.4$；对于前倾叶片，$\eta=0.15\sim0.2$。

五、离心式风扇的计算

一般电机中的风扇都是与转子同轴旋转，因此，设计计算风扇时，应依据预定的通风方式以及风扇的具体安装位置和整个结构综合考虑。设计风扇时还必须注意降低风扇引起的噪声。

离心式风扇的计算主要是确定其外径 D_1 和 D_2、叶片的宽度 b 和倾角 β。具有倾斜叶片的风扇在制造时较为复杂，且不适用于可逆转的情况，故在普通电机中，主要采用径向叶片的风扇，下面即介绍此种风扇的计算要点。

风扇叶轮的外径（D_2）根据通风系统或方式和电机的结构选定。对于轴向通风系统，D_2 应尽量采用最大可能的数值，以便产生较高的风压。

按选定的外径 D_2，确定线速度：

$$u_2 = \frac{\pi D_2 n}{60} \quad (\mathrm{m/s}) \tag{5-19}$$

式中：n——风扇转速，和电机的相同。

按最大效率的条件，假定

$$Q_M = 2Q \quad (\mathrm{m^3/s}) \tag{5-20}$$

从式(5-15c)，可得风扇叶轮外径处的圆柱形表面积：

$$S_2 = \frac{Q_M}{0.42u_2} \quad (\mathrm{m^2}) \tag{5-21}$$

于是从式(5-16)可确定风扇叶片的宽度：

$$b = \frac{S_2 \times 1000}{0.92\pi D_2} \quad (\mathrm{mm}) \tag{5-22}$$

式中：D_2 的单位是 m。

将最高效率的运行条件代入式(5-17)，得 $H=0.75H_0$。H 是已知的风扇额定工作时的压力，它等于风路计算时所得的总压降 Δp，因而

$$H_0 = \frac{H}{0.75} \quad (\mathrm{N/m^2}) \tag{5-23}$$

根据式(5-13)及式(5-14c)得

$$H_0 = 0.6\frac{\gamma}{g}(u_2^2 - u_1^2) = 0.6 \times \frac{12}{9.81}(u_2^2 - u_1^2) = 0.734(u_2^2 - u_1^2)$$

由上式得

$$u_1 = \sqrt{u_2^2 - \frac{H_0}{0.734}} \tag{5-24}$$

故叶轮的内径为

$$D_1 = \frac{60u_1}{\pi n} \tag{5-25}$$

离心式风扇叶片数目的选择可以有相当大的自由度。选择时一般考虑使叶片构成的管道长度和宽度有适当的比例,以减少损耗。为了保证叶轮有足够的刚度,在平均直径处叶片之间的距离应小于或等于叶片的高度,即叶片数

$$N \geqslant \frac{\pi(D_1 + D_2)}{D_2 - D_1} \tag{5-26}$$

六、轴流式风扇的工作原理

轴流式风扇产生的压力,并不是依靠离心力,而是由于叶片截面的形状以及叶片在气流中所处的位置,使流过叶片的气流速度发生变化而引起的。轴流式风扇通常依据飞机机翼的原理来进行分析和计算。

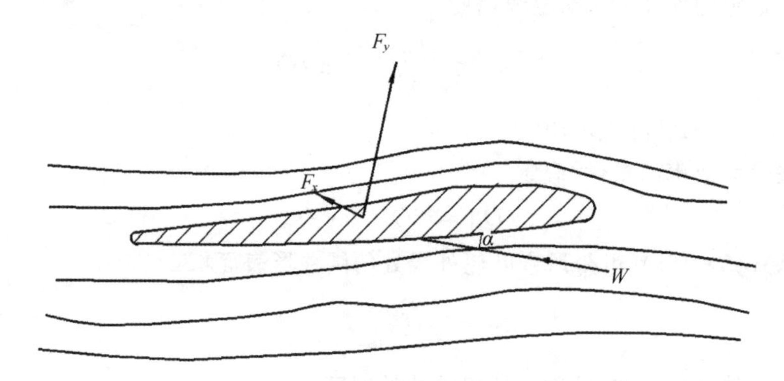

图 5－25　机翼在气流中所受到的力

图 5－25 所示一放在气流之中的机翼,它与风扇叶片在气体中旋转的情况相似。由于机翼(或叶片)的特殊形状及其相对于气流的位置,使机翼周围气体的流速发生了变化,机翼上面的气体流速增高,而下面的减少。根据伯努利定理,机翼下面的气流的压力就会比上面的大,由于上下压力之差就产生了机翼的浮力(F_y);若气流与机翼之间构成一定角度(如图 5－25 中的 α),则机翼除了受到垂直于气流的浮力 F_y 外,还受到与气流同一方向的冲撞力 F_x。F_y 是使机翼上升的力,F_x 是对机翼前进的阻力,它们可分别表示如下:

$$\left.\begin{aligned}F_y &= \frac{\gamma}{g}c_y S w^2 \\ F_x &= \frac{\gamma}{g}c_x S w^2\end{aligned}\right\} \tag{5-27}$$

式中：c_y 及 c_x——升力及阻力系数；

S——机翼表面积；

w——气流对于机翼的相对速度。

$$\frac{\gamma}{g} = \frac{12}{9.81} = 1.225 \quad \mathrm{N \cdot s^2/m^4}$$

两力之比$\frac{F_y}{F_x}$表征了机翼的特性，按式(5-27)，

$$\frac{F_y}{F_x} = \frac{c_y}{c_x} \tag{5-28}$$

比值$\frac{c_y}{c_x}$称为机翼的品质系数。对于近代机翼，比值$\frac{c_y}{c_x}=10\sim15$，最大可达20。系数 c_y，c_x 及比值$\frac{c_y}{c_x}$与机翼截面的形状有关，但主要还是取决于攻角 α(见图 5-26)。攻角 α 是气流速度的方向与机翼截面间所构成的角度。当截面形状一定时，这些系数与 α 之间的关系由试验求得。图 5-26 表示在某一机翼截面形状下求得的试验曲线。

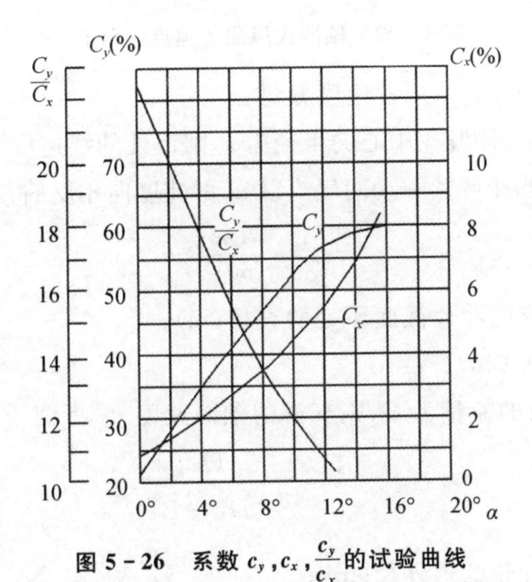

图 5-26　系数 c_y，c_x，$\frac{c_y}{c_x}$的试验曲线

用机翼原理来说明轴流式风扇的工作原理时，叶轮上的叶片是各自独立工作且相互间没有影响的。这样，叶片在气体中旋转就相当于机翼处在气流之中。机翼在气流中产生的浮力，也就是轴流式风扇旋转时所产生的压力。为了使轴

流式风扇产生的压力高、阻力小，应该注意叶片工作时的攻角 α，和使叶片截面的形状与有良好性能的机翼截面形状相似。这样的叶片截面形状复杂，制造比较困难，因此常用做成一侧呈圆弧的叶片来代替，这虽稍为有损风扇的性能，但便于制造。

七、轴流式风扇的外特性

当轴流式风扇叶轮尺寸及叶片形状确定之后，在一定的转速时，它所产生的压力主要取决于攻角。但攻角是随流量而变化的。为了了解攻角如何随流量变化，必须画出轴流式风扇的速度多角形，才能求出气流对叶片的相对速度(图 5-27)。

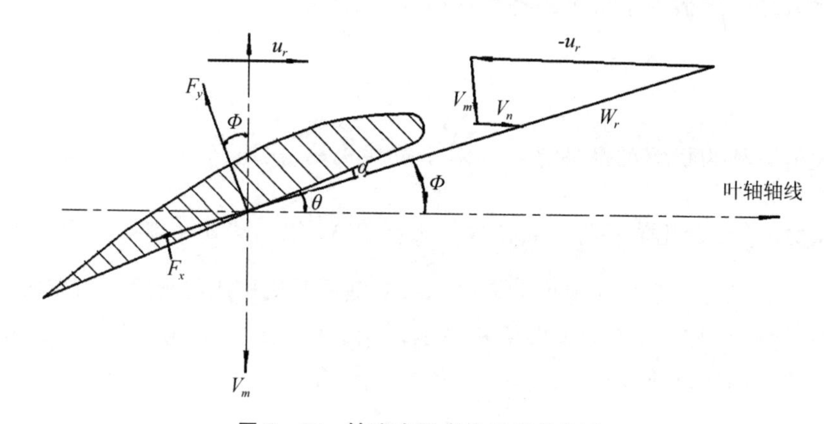

图 5-27 轴流式风扇的速度多角形

在速度多角形中，有下列各速度分量：

1. 设叶片上某处距叶轮中心的半径为 r，则该处的线速度为 $u_r=\Omega r$，(Ω 为叶轮的角速度)，这相当于叶片不动而气流以 u_r 的速度向相反的方向相对叶片运动。

$$u_r=\frac{\pi Dn}{60} \tag{5-29}$$

式中：D——所研究的叶片截面所处的直径(m)；

n——风扇的转速(r/min)。

2. 设通过风扇的流量为 Q，则气流的轴向速度 v_m 近似为

$$v_m\approx 1.2\frac{Q}{\frac{\pi}{4}(D_2^2-D_1^2)} \tag{5-30}$$

式中：D_1，D_2——叶轮的内外径(m)；

1.2 是考虑叶片占有的空间而引入的经验系数。

3. 气流在通过叶片时所获得的随叶片旋转的线速度 v_n 一般近似等于 $(0.1\sim0.2)u_r$。

将上述各速度分量相加，即可获得气流在半径 r 处对于叶片的相对速度 w_r，w_r 与叶片之间的夹角 α 就叫作攻角，叶片与叶轮间的倾斜角是叶片安装角 θ。显然，升力 F_y 与风扇的旋转轴线之间的夹角为

$$\varphi = \theta - \alpha \tag{5-31}$$

而 F_y 与 F_x 在轴线上的投影值的代数和，即为风扇所产生的轴向压力：

$$F = F_y \cos\varphi - F_x \sin\varphi \tag{5-32}$$

电机中所使用的轴流式风扇，其安装角 θ 是不变的。当流量变化时，v_m 随之变化，如果流量增大，则用图 5-27 所示的作图可知攻角 α 就要减小，甚至变成负值。反之，流量减少时，攻角会增大，当流量为零时，攻角 α 即等于安装角 θ。当攻角离开其合适值一定范围时，升力系数 c_y 及品质系数 $\frac{c_y}{c_x}$ 将迅速变坏。

在轴流式风扇中也不可避免地产生摩擦损耗和局部损耗，由这些损耗所引起的压力下降一般与流量的平方成正比。轴流式风扇的工作特性一般如图 5-28 所示。

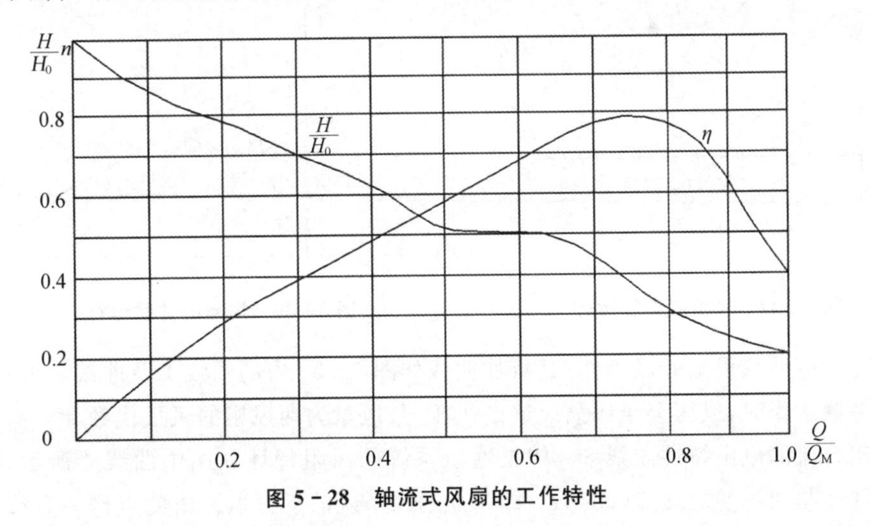

图 5-28 轴流式风扇的工作特性

在大中型电机中，为了改善轴流式风扇的性能，应该使叶片沿着半径方向逐步扭曲，以便在不同半径处均获得较合适的攻角 α。

八、风扇的联合运行

假定通风系统内只有一只风扇在运行，通风系统的风阻特性曲线与风扇特性曲线的交点，即为风扇的运行点，如图 5-24 所示，风扇的运行点在第一象限内。实际上常会遇到风扇的串联、并联运行。例如异步机转子两端的风扇与转子径向风道片的并联运行，以及可能出现所装风扇与电机转子本身的风扇作用形成风扇的串联运行。在这些情况中，如果设计不当，风扇的运行点会在第二或

第四象限内。

如有两只风扇串联工作，其特性如图 5－29 中的曲线 1 及曲线 2 所示。在串联工作时，两只风扇中通过的风量是相同的，两风扇所产生的合成风压应为两者代数和。由此得出曲线 1 及曲线 2 的合成曲线 3。假如通风系统的风阻特性如图中曲线 4 所示，则曲线 3 与曲线 4 的交点(Q_3，H_3)即为此通风系统的运行点。由此点作一直线与纵轴平行，与曲线 1 相交于点(Q_1，H_1)，与曲线 2 相交于点(Q_2，H_2)。前者为风扇 1 的运行点，在第四象限内；后者为风扇 2 的运行点，在第一象限内。由图可见，这时风扇 1 产生的风压为负值，即是说如果通风系统的风阻较小，风量较大，且大于第一只风扇可能产生的最大风量，则第一只风扇将在负风压下工作，风量单独由第二只风扇供应，第一只风扇的存在反而增加了通风系统的风阻。

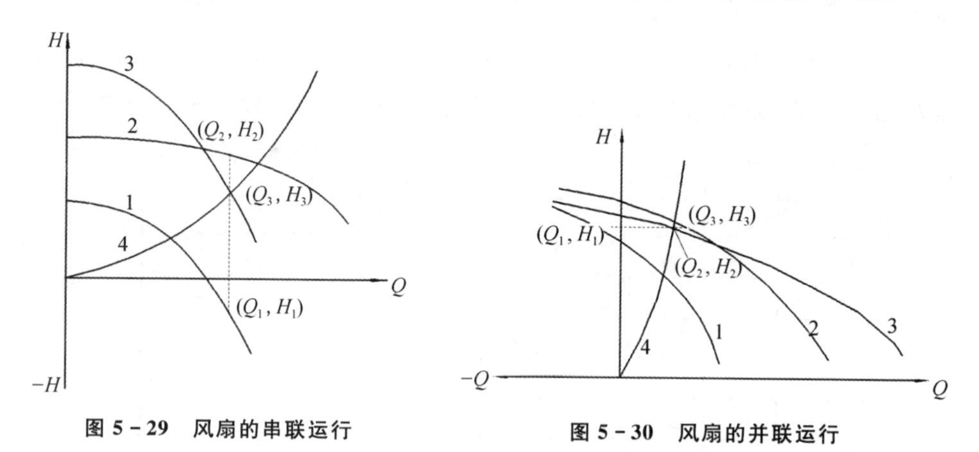

图 5－29　风扇的串联运行　　　　**图 5－30　风扇的并联运行**

如有两只风扇并联工作，其特性曲线如图 5－30 中的曲线 1 及曲线 2 所示。在并联工作时，风压等于每只风扇的风压，总风量为两风扇的风量代数和。由此得出合成的风扇特性曲线 3。如果通风系统的风阻特性如图中曲线 4 所示，则曲线 3 与曲线 4 之交点(Q_3，H_3)即为此通风系统的运行点。由此点作一直线与纵轴平行，与曲线 1 相交于点(Q_1，H_1)，与曲线 2 相交于点(Q_2，H_2)。前者为风扇 1 的运行点，后者为风扇 2 的运行点。由图可见，风扇 1 的运行点在第二象限内，这时风扇 1 所供应的风量为负值。即如果通风系统的风阻较大，由并联运行的两只风扇所组成的回路内将会形成回流，以致通风系统的风量只由一只风扇供应，另一只风扇不但不参与供应风量，反而增了前一只风扇的负担，因而增加了通风损耗。

因此，在设计通风系统时，如须采用风扇的联合运行，则应注意：如果电机风道的风阻较大，则宜用风扇的串联运行；如果风阻较小，则宜用风扇的并联运行。否则，不仅不能增强通风效果，反而会增加通风损耗。

第6章　电机的冷却介质特性

6.1　电机的冷却介质

电机的冷却介质主要有液体和气体两种类型。液体有绝缘油(变压器油)和水(超纯水或二级除盐水);气体有空气、氢气、二氧化碳和氮气等。

一、液体

1. 绝缘油

低黏度的绝缘油(变压器油)具有较高的导热性能和绝缘性能,因此,它曾作为冷却介质对发电机中的发热体进行直接冷却。表6-1列出了变压器油和其他冷却介质导热性能的(以相对值表示)比较。表中所取的氢气和空气的流量是相同的,变压器油的流量为气体流量的1/85,而水的流量是气体流量的1/30。

表6-1　变压器油和其他冷却介质导热性的比较

冷却介质	相对比热容	相对密度	相对实际流量(按体积计)	相对导热能力	单位表面的相对表面传热系数
空气(0.1MPa)	1.0	1.0	1.0	1.0	1.0
氢气(0.1MPa)	14.35	0.07	1.0	1.0	1.5
氢气(0.3MPa)	14.35	0.21	1.0	3.0	3.6
变压器油	1.65	848	0.0118	16.5	2.0
水	3.75	1000	0.0333	125.0	60.0

绝缘油相对于水来讲,仍有很大的黏度,如在20℃时,绝缘油的运动黏度约为30mm^2/s,50℃时约为9.6mm^2/s。所以在实际采用的流速下,油的运动速度为层流,而不是紊流。表面传热比较缓慢,使发热体(铜导体)与油之间产生较高的温度降。为此必须投加一定量的降黏剂,以降低油的黏度。除此之外,还必须

提高冷却系统的油压，因为在压力一定的条件下，黏度大会使油的流速降低，影响冷却效果，目前国内外在大型发电机中已很少采用油冷却。

2. 水

水和油相比，纯水不仅有较高的绝缘性，而且有较大的热容量。此外，在实际允许的流速下，水的黏度小，其流量是紊流，这使表面易于传热，从而保证发电机绕组与水之间的温度降很小。

二、气体

1. 空气

空气主要是氮气(约占 78%以上)和氧气(约占 21%)的混合物，在标准状态下，空气的密度为 1.293kg/m^3。过去设计的 25MW 及以下的电机大都采用空冷，使空气在电机内部通过，将电机内发热体的热量带出。由于这种冷却方式冷却能力很小，但通风损耗和摩擦损耗很大，所以当单机容量增大时，需要的冷却空气流量相应增大，这就要求设计的空冷电机的尺寸增大，给电机的制造、运输、安装及运行管理带来很多不便，而且经济性大大降低。

在电机的机械损耗中，旋转体(转子)的表面摩擦损耗和通风损耗都与冷却介质的性质有关。因为气体的表面摩擦损耗 P_M 为

$$P_M = kAv^3 \quad (\mathrm{kW}) \tag{6-1}$$

$$A = \pi DL$$

式中：k——系数，与转子表面粗糙度有关，通常取$(3\sim4.7)\times10^{-6}$ kW·s^3/m^5；

A——旋转体(转子)本体的表面积(m^2)；

v——转子表面线速度(m/s)；

D——转子直径(m)；

L——转子长度(m)。

发电机的通风损耗 P_T 为

$$P_T = \frac{Hq_V}{102\eta}\times10^{-3}(\mathrm{kW}) \tag{6-2}$$

式中：H——通风全压力(Pa)；

q_V——冷却气体流量(m^3/s)；

η——通风效率。

因为当冷却气体(介质)流量相同时，转子的表面摩擦损耗和通风损耗均与冷却介质的密度成正比，纯氢的密度仅为空气密度的 1/14，所以在空冷电机中，上述两项损耗大约为氢气冷却的 10 倍，从而使大幅度提高空冷发电机单机容量受到限制。

表6-2 空冷汽轮发电机的各种损耗(占额定功率百分比) 单位:%

损耗项目	功率(MW)				
	12.5	25	50	75	100
通风损耗和风的摩擦损耗	0.92	0.86	0.97	1.00	1.05
定子铁耗	0.80	0.73	0.64	0.60	0.60
转子铜耗	0.43	0.33	0.24	0.20	0.20
定子铜耗	0.32	0.27	0.20	0.18	0.15
轴承损耗	0.25	0.20	0.20	0.18	0.18
转子铁耗	0.20	0.12	0.08	0.07	0.07

表6-2中数据表明:二极空冷汽轮发电机的通风损耗和风的摩擦损耗占总损耗的$\frac{1}{3}$以上,有的甚至达到45%。定子铜耗相对说来并不大,而铁耗则大大超过铜耗,可见空冷发电机的冷却关键在于改善发电机通风系统。对于空冷发电机来说,降低定子温升显得特别重要。为了达到这个要求,可采取如提高轴向通风沟中的流速、采用切向分区通风等措施。虽然强化散热可以产生较好效果,但会使通风损耗增大。

空气通风冷却的显著优点是结构简单,费用低廉,维护方便。正因为如此,空气通风冷却在功率为25MW及以下的发电机中使用最广泛。

2. 其他气体

除空气外,氢、氦、氨、氮、二氧化碳、甲烷等也有相当好的散热特性,见表6-3。但用于发电机冷却时,还需考虑一些其他因素。例如,氨与水反应生成氨水,对金属和绝缘材料有腐蚀作用;甲烷易燃;二氧化碳密度太大(为1.977kg/m^3),是空气的1.52倍,是氢气的21.8倍,使风的摩擦损耗增大而影响发电机效率。

表6-3 几种气体冷却介质热性能对比

	空气	氢	氦	氨	二氧化碳	氮	甲烷
相对比热容(按质量)	1	14.35	5.25	2.185	0.848	1.046	2.49
相对比热容(按体积)	1	1	0.72	1.282	1.29	1.02	1.38
相对热导率	1	6.96	6.4	0.868	0.638	1.08	1.29
相对密度	1	0.0697	0.138	0.588	1.52	0.966	0.554
相对传热系数	1	1.5	1.18	1.228	1.132	1.03	1.43

氮的传热性能、热导率和表面散热能力与空气接近,但价格昂贵。因为氮气

比空气轻(氮气的密度为 1.25kg/m³),比氢气重,是氢气的 13.8 倍,不助燃,可防止电晕,避免氧化绝缘材料,所以有时用它充入全水冷电机机座内,作为一种特殊用途的中间气体。但要求氮的含量大于 96%,氧的含量小于 4%。

虽然氦的密度小,传热性能优于空气,且氦无爆炸危险,但氦的来源稀少,且价格昂贵,故在发电机中很少使用。

如上所述,氢在各种气体中密度最小,在标准状态下只有 0.0898kg/m³,传热最好,通风损耗和摩擦损耗最小,而且危险性小、清洁及噪声小,所以最适宜用作发电机冷却介质。其他各种气体均不适宜作发电机的冷却介质。

三、冷却介质的特点

作为电机的冷却介质,根据上述所言,应具有以下几个特点:

1. 比热容(或汽化热)大。比热容大则单位介质在同一温升下带出的热量就多,即带走同样的热量所需要的介质量小。

2. 黏度小。当速度不变时,黏度小则传热能力大,且流动摩擦阻力较小。

3. 导热率大。当速度不变时,导热率越大,热交换能力越大,内部降温越小。

4. 密度小。对于气体介质而言,密度小则通风损耗也小。对于液体介质来说,消耗在泵上的功率很小。为了考虑传热能力,液体介质并不一定要求密度小。

5. 介电强度高。这可减少电晕,有利于安全。

6. 无毒、无腐蚀性,化学稳定。

7. 价廉易得。

因此,通常适宜用作大型发电机冷却介质的只有水和氢气。

6.2 氢气的基本特性

一、氢原子和氢分子

氢在元素周期表中居第一位,其相对原子质量最轻,为 1.008。在地壳中按质量计,氢约占 1.0%,而按原子个数计能占 17%。氢在自然中绝大多数都是以化合物的状态存在的,其中在水中的含量最多,约占 11%,其次是存在于泥土、石油、煤炭和动植物中,空气中只有微量的氢。

绝大多数氢原子的原子核中只有一个质子,外围有一个电子绕核旋转,但另外还有两种结构形式不同而性质相同的氢原子:一种是原子核中还有一个中子，这种氢又叫氘(deuterium)。由于原子中多了一个质子，所以相对原子质量为氢的两倍，故又称重氢。另一种是原子核中有两个中子，这种氢又称氚(tritium)，其相对原子质量为氢的三倍，故又称超重氢。氘的存在极微，氚则更少。这些都是氢的同位素，其中以氘为最重要，氘与氧化合而成“重水”，每立方米比普通水重 105.6kg，重水的性质与普通水完全不同。鱼在重水中很快死去，用重水浸过的种子不会发芽，重水的沸点为 101.42℃。大自然中重水很少，每 50t 普通水中约含重水 1kg。

重水是重要的中子减速剂，是制造氢弹的原料，也是核热反应的燃料。重水不会被电解，普通水电解后重水就留下来了，再用蒸馏的方法分离就得到纯净的“重水”。

氢的原子不能在自然界中存在，当两个氢原子相互接近时，很容易结合成氢分子(H_2)，所以自然界中的氢气都是以分子状态或化合物状态存在的。两个氢原子的电子公用，围绕两个原子核周围运动，填充了两个氢原子的 1S 轨道，这样，每个氢原子都具有了相当氦原子的稳定结构，形成了“共价键”，如图 6-1 所示。

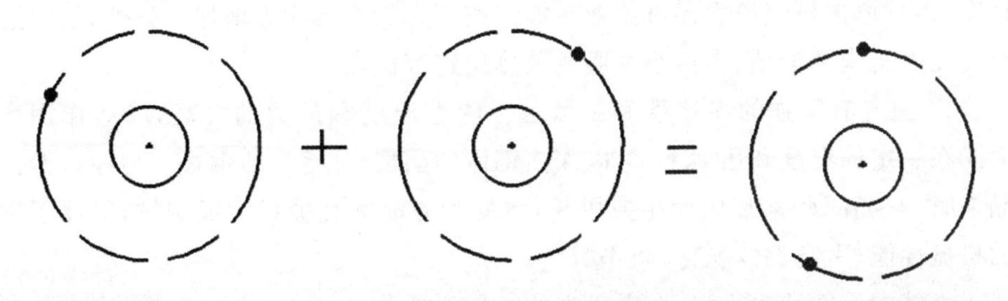

图 6-1　氢分子结构图

每个氢分子中由于共价键的结果有了两个质子，质子自己是旋转着的，两个质子都带有正电荷。两个自转而又不能完全接近的质子有两种情况：一种是旋转方向一致，叫“正氢”；另一种是旋转方向相反，叫“仲氢”，如图 6-2 所示。

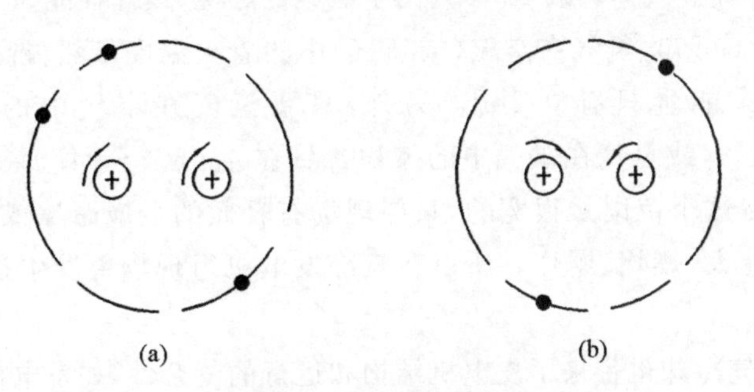

图 6-2　正氢与仲氢

(a) 正氢　(b) 仲氢

二、氢气的物理性质

1. 氢气是一种无色、无味、无毒的气体，在标准状态下，其密度为 0.0697g/L，仅相当于同体积空气的 1/14.3（或 6.96%），是各种气体中最轻的一种，沸点为 −253℃，熔点为 −259℃，所以，用氢气作发电机的冷却介质时，其通风损耗可减少到空气冷却时通风损耗的 6.46%，从而可使温升减少，发电效率提高。

2. 氢气微溶于水，在 0℃时，每 100 体积的水只能溶解 2 体积的氢，而且随着温度的升高，溶解度减小。氢气是窒息性气体，可使人肺缺氧，当空气中含量达 50%时人就有明显的症状，当浓度为 75%即可使人致死。

3. 在气体中，氢气的导热能力最好，其热导率是空气的 6.69 倍，因此用氢气代替空气作为发电机的冷却介质时，一方面可提高绝缘材料本身的导热能力，另一方面也能提高绝缘层间隙中的导热能力，从而提高发电机的冷却效果。另外，氢气的表面散热系数很大，是空气的 1.35～1.5 倍。表面散热系数越大，在相同温差下所散发的热量就越多。因此，能使发电机的进出口风温差降低 10～15℃，而且增加氢气压力还可使散热能力按压力的 0.8 次方增加。另外，氢气还有使发电机内部清洁、噪声小及通风散热稳定等优点。

4. 氢气有很强的渗透性和扩散性。随着温度和压力的升高，渗透作用增大。在一定的温度和压力下，可以深入钢体的晶格，甚至穿透钢板。当渗入钢体晶格时，与晶间碳素反应而生成甲烷，致使钢体晶间孔隙扩大成裂纹，降低了钢的机械性能，引起钢体脆化，叫作“氢脆”。

氢气的扩散性也很强，在空气中的扩散系数为 0.654cm²/s，因此，当氢气系统泄漏时，距离漏点 0.25m 以外就不易找到准确的漏点，一旦漏出氢气便很快扩散。

5. 用氢气作发电机的冷却介质时，也有一定的缺点，就是氢气与空气或氧气容易形成爆炸性气体。表 6-4 列出了氢气的燃烧、爆炸性能。

从表 6-4 可知，氢气在空气（或氧气）中的着火温度虽然很高，达到 560～585℃，但着火能量只有 0.2mJ。另外，只要氢气在空气中的体积含量在 4.0%～75.0%，或氢气在氧气中的体积含量在 4.65%～94.0%，都属于易爆炸范围。显然这个范围是很宽的，只要现场有轻微的金属摩擦或很小的火源，就可能引起着火、燃烧、爆炸。所以在氢冷发电机组现场曾发生过多次人身伤害事故。

另外，氢气冷却也带来了发电机结构和运行的复杂性，如发电机必须更加严密地防止氢气泄漏及必须设置氢、供氢装置与系统等。

表 6-4　氢气的燃烧、爆炸性能

项目	数值
在空气中的燃烧范围(体积分数,%)	4.0～75.0
在空气中的爆轰范围(体积分数,%)	18.0～59.0
在氧气中的燃烧范围(体积分数,%)	4.65～94.0
在氧气中的爆轰范围(体积分数,%)	18.3～58.9
在空气中的着火温度(℃)	585
在氧气中的着火温度(℃)	560
着火能(mJ)	0.02
燃烧能[kcl/(g·mol)]	68
火焰温度(℃)	2045
灭火距离(latm·cm)	0.06
火焰传播速度(cm/s)	270

三、氢气的化学性质

1. 氢气与氧气燃烧而化合成水

$$2H_2+O_2 \xlongequal{燃烧} 2H_2O$$

氢气能自燃,不能助燃。氢与氧的混合气体点燃时有爆鸣声,这是因为氢气与氧气(或空气)混合时在极短时间内呈均匀状态,燃烧时放出大量的热,体积急剧膨胀造成了爆鸣声。

在氢与氧的混合气体中,当氢气的含量达到4%～7%时才能爆炸,这是氢气与氧气混合的极限范围,但纯氢气燃烧时不会发生爆炸。

2. 氢气有还原作用,能使氧化物还原,如还原氧化铜

$$CuO+H_2 \xlongequal{\triangle} Cu+H_2O$$

3. 氢气与氯气按比例混合后燃烧成氯化氢,再溶于水生成盐酸

$$H_2+Cl_2 \xlongequal{日光} 2HCl$$

4. 氢气与氮气合成氨气。氢气与氨气按比例混合后,在高温(500℃)、高压(20MPa)下,经触媒作用生成氨气,叫合成氨,这是氨肥的主要制法

$$3H_2+N_2 \xlongequal{Fe触媒} 2NH_3$$

四、氢气的用途

1. 氢气是合成氨的主要原料。而氢气的来源主要用煤气发生炉抽取。

2. 氢气是裂解煤焦油的加成原料。氢气是焦炉煤气的副产品,是高分子碳

氢化合物，其在高温高压下能与氢化合物裂解而产生部分低分了碳氢化合物，从而提高利用率。氢气由煤气发生炉制得。

3. 氢气是合成盐酸的主要原料。氢气在氯气中燃烧生成氯化氢，氯化氢溶于水制成盐酸。氢气的来源主要是由电解食盐而得。

4. 在玻璃工业中用于还原火焰，以防止熔化铅的氧化。氢气的来源是由电解水产生。

5. 一些易被氧化的金属，如铝、铅，不能用一般氧焊，必须用氢氧焰进行，火焰温度达 1000～1200℃。

6. 用作发电机的冷却介质。氢气由电解水制取。

7. 氢气是未来的能源。将氢气液化作火箭的动力原料，汽车将有可能不用汽油而采用液氢。

8. 在气象领域，制造氢气球，探测高空气候变化。

6.3 水的基本特性

一、水的基本特性

水分子是一个极性很强的分子，水是单个分子 H_2O 和 $(H_2O)_n$ 的混合物，呈现出以下几种特性：

1. 水的状态。水在常温下有三态。水的融点为 0℃，沸点为 100℃，在自然环境中可以以固体状态存在，并有相当部分变为水蒸气。图 6－3 是水的物态图

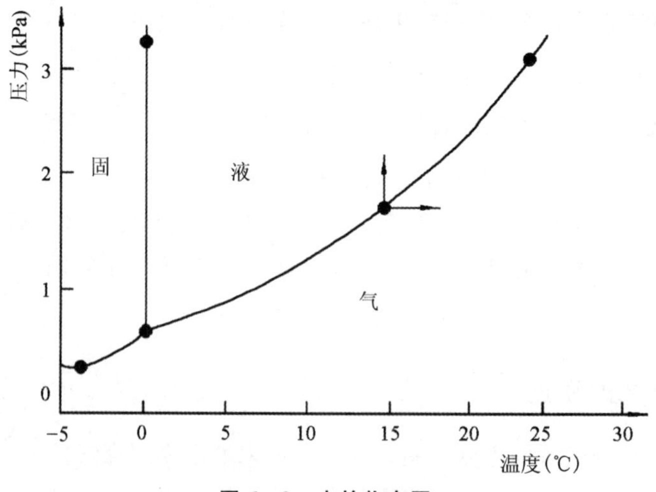

图 6－3 水的物态图

(或称三相图),图中表明了冰—水—汽、冰—汽、水—汽和冰—水共存的温度、压力条件。火力发电厂的生产工艺就是利用水的这种三态变化来转换能量的。

2. 水的密度。水的密度与温度的关系和一般物质有些不同,一般水的密度是在 3.98℃时最大,为 1g/cm^3,这通常由水分子之间的缔合现象来解释,即在 3.98℃时,水分子缔合后的聚合物结构最密实,高于或低于 3.98℃时,水的聚合物结构比较疏松。

3. 水的比热容。几乎在所有的液体和固体物质中,水的比热容最大,同时有很大的蒸发热和溶解热。这是因为水加热时,热量不仅消耗于水温升高,还消耗于水分子聚合物的解离。所以,在火力发电厂和其他工业中,常以水作为传送热量的介质。表 6-5 列出水在定压(0.1MPa)下的比热容。

表 6-5　不含空气的水在定压(0.1MPa)下的比热容

t (℃)	c_p [J/(kg·℃)]	t (℃)	c_p [J/(kg·℃)]
0	4217.3098	40	4178.3816
5	4205.8833	50	4180.4771
10	4191.7782	60	4184.2443
15	4185.5000	70	4189.2669
20	4181.7330	80	4195.9637
25	4175.8733	90	4204.7533
30	4178.3846	100	4215.6356

4. 水的溶解能力。水有很大的介电常数,溶解能力极强,是一种很好的溶剂。溶解于水中的物质可以进行许多化学反应,而且能与许多金属的氧化物、非金属的氧化物及活泼金属产生化合作用。表 6-6 列出水的介电常数。

表 6-6　水的介电常数

t(℃)	ϵ	t(℃)	ϵ	t(℃)	ϵ
0	87.90	35	74.85	70	63.78
5	85.90	38	73.83	75	62.34
10	83.95	40	73.15	80	60.93
15	82.04	45	71.50	85	59.55
18	80.93	50	69.88	90	58.20
20	80.18	55	68.30	95	56.88
25	78.36	60	66.76	100	55.58
30	76.58	65	65.25		

5. 水的表面张力。在水体内部，由于每个水分子受其四方相邻水分了的引力，所以每个水分子的受力是平衡的。但靠近表面的水分子则受力不平衡，水体内部对它的引力大，外部空气对它的引力小，从而使水体表面分子受到一种向内的拉力，称为表面张力。水有最大的表面张力，达到 72.75×10^{-5} N/cm，表现出异常的毛细、润湿、吸附等特性。

6. 水的黏度。表示水体运动过程中所发生的内摩擦力，其大小与内能损失有关。纯水的黏度取决于温度，与压力几乎无关。表 6-7 列出水的动力黏度和运动黏度与温度的关系。

表 6-7　水的动力黏度和运动黏度与温度的关系

温度（℃）	动力黏度（Pa·s）	运动黏度（cm^2/s）	温度（℃）	动力黏度（Pa·s）	运动黏度（cm^2/s）
0	0.0017887	0.017887	55	0.0005072	0.005146
5	0.0015155	0.015156	60	0.0004701	0.004781
10	0.0013061	0.013065	65	0.0004395	0.004445
15	0.0011406	0.011416	70	0.0004062	0.004154
20	0.0010046	0.010064	75	0.0003795	0.003892
25	0.0008941	0.008968	80	0.0003556	0.003659
30	0.0008019	0.008054	85	0.0003341	0.003451
35	0.0007205	0.007248	90	0.0003146	0.003259
40	0.0006533	0.006584	95	0.0002981	0.003099
45	0.0005958	0.006017	100	0.0002821	0.002944
50	0.0005497	0.005546			

二、水的电导率

因为水是一种很弱的两性电解质，能电离出少量的 H^+ 和 OH^-，所以即使是理想的纯水，也有一定的导电能力，这种导电能力常用电导率来表示。

电导率是电阻率的倒数。电阻率是对断面为 1cm×1cm、长为 1cm 的体积的水所测得的电阻，单位是 Ω·cm。电导率的单位是 S/cm 或 μS/cm。

25℃时纯水的电阻率为 1.83×10^7 Ω·cm。

由于温度升高，在电场作用下，离子在水中的迁移率增加，所以水溶液的电

导率增大。水溶液电导率与温度的关系可用式(6-3)和式(6-4)表示

$$\kappa_{25} = \kappa_t / [1 + 0.01 \times a(t - 25)] \tag{6-3}$$

或

$$\kappa_t = \kappa_{25} / [1 + 0.01 \times a(t - 25)] \tag{6-4}$$

式中：κ_{25}——25℃时溶液的导电率(μS/cm)；

t——温度(℃)；

a——比例常数，通常介于1.0～3.0之间，对于不同的水溶液，a 值可由实验确定。

纯水的电导率与温度的关系见表6-8。

表6-8　纯水的电导率与温度的关系

温度(℃)	导电率(μS/cm)		温度(℃)	导电率(μS/cm)	
0	0.0119	0.01155	50	0.169	0.17726
10	0.0233	0.02207	60	0.244	0.25549
20	0.0421	0.04125	70	0.338	0.35240
25	0.0550	0.05502	80	0.452	0.46913
30	0.0709	0.07200	90	0.586	0.60642
40	0.112	0.011672	100	0.737	0.76469

由于水溶液的电导率与温度有密切关系，所以在水质标准中的电导率值都注明是25℃时的测定值。

三、水的离子积与水的pH值

离子积是水的重要性质之一，对计算水及水溶液的pH值具有重要意义。水的离子积 K_{H_2O} 在一定温度下是常数，可用式(6-5)表示

$$K_{H_2O} = a_{H^+} a_{OH^-} \tag{6-5}$$

式中：a_{H^+} 和 a_{OH^-}——水中 H^+ 和 OH^- 的离子活度。

对于纯水或极稀水溶液，离子活度可用离子浓度代替，则

$$K_{H_2O} = [H^+][OH^-] \tag{6-6}$$

式中：$[H^+]$和$[OH^-]$——H^+ 和 OH^- 的浓度。

水的离子积($-\lg K_{H_2O}$)与温度和压力的关系见表6-9。

表 6-9　水的离子积($-\lg K_{H_2O}$)与温度和压力的关系

压力(MPa)	温度(℃)									
	0	25	50	75	100	150	200	250	300	350
饱和压力	14.938	13.995	13.275	12.712	12.265	11.638	11.289	11.191	11.406	12.300
25	14.83	13.90	13.19	12.63	12.18	11.54	11.16	11.01	11.14	11.77
50	14.72	13.82	13.11	12.55	12.10	11.45	11.05	10.85	10.86	11.14
75	14.62	13.73	13.04	12.48	12.03	11.36	10.95	10.72	10.66	10.74
100	14.53	13.66	12.96	12.41	11.96	11.29	10.86	10.60	10.50	10.54
150	14.34	13.53	12.85	12.29	11.84	11.16	10.71	10.43	10.26	10.22
200	14.21	13.40	12.73	12.18	11.72	11.04	10.57	10.27	10.08	9.98
250	14.08	13.28	12.62	12.07	11.61	10.92	10.45	10.12	9.91	9.79
300	13.97	13.18	12.53	11.98	11.53	10.83	10.34	9.99	9.76	9.61
350	13.87	13.09	12.44	11.90	11.44	10.74	10.24	9.88	9.63	9.47

由图 6-4 的曲线可看出 pK_{H_2O}(即$-\lg K_{H_2O}$)与温度的关系。

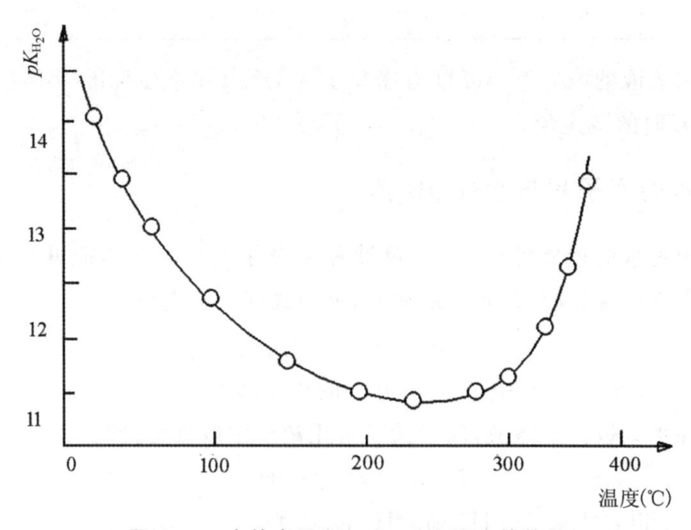

图 6-4　水的离子积(pK_{H_2O})和温度的关系

因为一个水分子只能电离出一个 H^+ 和一个 OH^-，所以纯水中的 H^+ 和 OH^- 的离子浓度是相等的。在 25℃时，纯水中的 H^+ 和 OH^- 的离子浓度各等

于 1×10^{-7} mol/L，此时水溶液称中性溶液；若[H^+]>[OH^-]，则称酸性溶液；若[H^+]<[OH^-]，则称碱性溶液。当温度一定时，[H^+]和[OH^-]的乘积总是保持一个定值，即等于该温度时的 K_{H_2O}。例如 25℃时，在 0.001mol/L HCl 溶液中，[H^+]=10^{-3} mol/L，则

$$[OH^-]=\frac{K_{H_2O}}{[H^+]}=\frac{10^{-14}}{10^{-3}}=10^{-11}\,\text{mol/L}$$

由于一般水溶液中的[H^+]和[OH^-]的值都非常小，在不同条件下，它们的变化范围很大，如果用 mol/L 浓度表示很不方便，所以在化学上 pH 值，它表示氢离子浓度的负对数，即

$$pH=-\lg[H^+]=\lg\frac{1}{[H^+]}$$

同样

$$pOH=-\lg[OH^-]=\lg\frac{1}{[OH^-]}$$

如中性溶液的[H^+]=10^{-7}mol/L，则它的 pH 值为 7。酸性溶液的[H^+]>10^{-7}mol/L，则它的 pH 值小于 7，酸性越强，pH 值越小。碱性溶液的[H^+]<10^{-7}mol/L，则它的 pH 值大于 7，碱性越强，pH 值越大。所以使用起来很方便，也很直观。

在特别强的酸性溶液中，pH 值可小于 0；在特别强的碱性溶液中，pH 值可大于 14，这时便不用 pH 值表示，而改用物质的量浓度来表示。

四、纯水

纯水的电导率为 0.055μS/cm，因为电导率和电阻率互为倒数，所以纯水的电阻率为 $1.83\times10^7\,\Omega\cdot$cm，但实际上纯水是不存在的。在锅炉水处理领域中，通常将电导率小于 3μS/cm(25℃)的水称为蒸馏水；将电导率小于 5μS/cm(25℃)，SiO_2 含量小于 100μS/L 的水称为一级除盐水；将电导率小于 0.2μS/cm(25℃)，SiO_2 含量小于 20μS/L 的水称为二级除盐水；将电导率小于 0.2μS/cm(25℃)，Cu、Fe、Na 含量小于 3μS/L，SiO_2 含量小于 3μS/L 的水称为高纯水或超纯水。

五、水与几种气体冷却介质的对比

水与其他液体和气体冷却介质的热性能参数见表 6-10。

表 6-10　水与其他液体和气体冷却介质的热性能参数

	空气（$p=1.013\times10^5$ Pa）	氦气	氢气	氢气（$p=1.013\times10^5$ Pa）	油	水
相对密度	1	1/7.2	1/14.4	1/7.2	750	860
相对热导率	1	5.8	7.1	7.1	5.3	23
相对比热容(按质量)	1	5.2	14.1	14.2	1.9	4.1
相对比热容(按体积)	1	0.7	1	2	1400	3500
相对运动黏度	1	66	7.3	36	2.2	1/16
同一流速下的放热系数	1	1.34	1.7	27.5	22.2	570
同一流量(按质量)下的放热系数	1	5.5	11.8	11.8	1/32	2.35
同一放热系数下的流速	1	0.72	0.5	0.25	1/60	1/3100
同一放热系数下的流阻	1	0.91	0.5	0.125	1/520	1/6200

表中数据说明：

1. 水的比热容、热导率均比气体的大得多，所以水冷却的散热能力较气体大为提高，如水的比热容(c_V)是空气和氢气的 3500 倍，热导率(λ)是空气的 23 倍，是氢气的 3 倍多。

2. 水作为冷却介质所需要的流量比气体的流量小得多，所以维持冷却介质循环所消耗的功率也比气体小得多。如同一放热系数下的流速，水只是空气的 1/3100。

3. 由于水的比热容大，因此水与发热体之间的温差小，水冷却时导体温升的绝大部分是冷却介质本身的温升。

4. 水的化学性质稳定，不会燃烧，而且廉价，但它增加了水路系统。

因此，水是很好的冷却介质，它不仅具有很大的比热容和热导率，而且廉价、无毒、不助燃，无爆炸危险。

水的电导率是一项极重要的技术参数。为了确保安全，需要使泄漏电流尽可能小，特别是在断水的情况下，水的温度迅速上升，电导率也随之增大。我国一些水冷发电机运行规范中常以 5μS/cm 作为控制极限。

6.4　电机定子水冷结构

电机定子内冷水系统采用密闭循环式，使连续的高纯水中，水流通过定子绕组空心导线，带走绕组能量损耗而产生的热量，控制温升在允许范围内。发电机定子的内冷水为汽轮机的凝结水或合格的二级除盐水，通过电磁阀、过滤器后进入水箱。水箱中的内冷水通过耐酸水泵升压后送入管式冷却器、过滤器，然后进入发电机定子绕组的汇流管，将发电机定子绕组的热量带出，又回到水箱，完成一个闭式循环。图6-5所示为某电厂发电机定子内冷水系统。

该系统主要包括一台定子冷却水箱、两台100%容量的定子冷却水泵、两台100%容量的定子水冷却器、两台过滤器、一台离子交换器，以及连接各设备和部件的阀门、管道。

系统主要流程为：定子冷却水箱→定子冷却水泵→定子水冷却器→过滤器→发电机定子绕组→定子冷却水箱。正常运行时，定子冷却水泵、定子水冷却器、过滤器均是一台运行，另一台备用。

发电机的定子内冷水在进入闭式循环以前，先经过一个混床式离子交换器处理至水质合格后，储存在定子冷却水箱内。水箱中的内冷水经升压、冷却、过滤后，通过外部进水管，进入发电机励磁机端的定子绕组进水汇水管。然后分成两路：一路进入定子绕组，带走绕组热量后，由汽轮机端的定子绕组出水汇水管引出；另一路进入定子绕组主出线的冷却水管。两路水流最后汇至一个出水母管，返回定子冷却水箱。

为了改善进入发电机定子绕组的水质，将进入发电机总水量的1%～10%的水不断经过该装置的混床式离子交换器进行处理，然后回到水箱。

一、定子内冷水系统设计参数(以某电厂600MW机组为例)

1. 内冷水入口处压力(表压)为0.25～0.35MPa。

2. 内冷水出口处压力(表压)为0.15～0.25MPa，发电机氢压—内冷水水压为0.1～0.2MPa。

3. 内冷水入口处温度为45～50℃，出口处温度小于或等于80～90℃。

4. 内冷水流量为$(90\pm3)m^3/h$。

5. 内冷水铜化合物含量小于或等于100μg/L。

6. 内冷水20℃时的电导率为0.5～1.5μS/cm。

7. 内冷水20℃时的pH值为6.8～7.3。

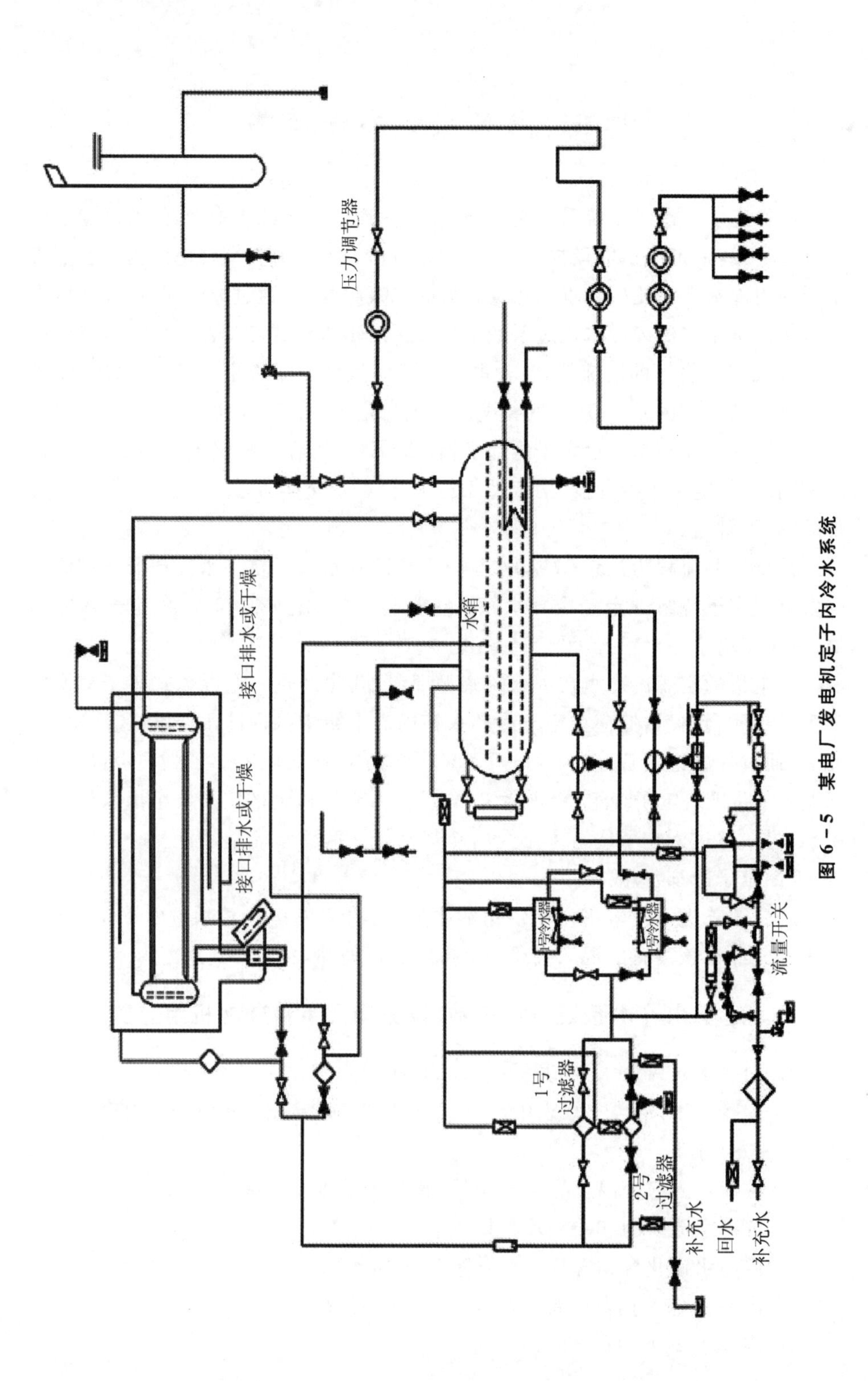

图 6－5 某电厂发电机定子内冷水系统

8. 内冷水20℃时的硬度小于2μmol/L。

9. 内冷水20℃时的含氨量(NH_3)为微量。

10. 定子冷却水泵转速为2950r/min,流速为1500L/min。

11. 定子冷却水泵电动机转速为2950r/min,功率为37kW。

12. 内冷水额定流速为1200L/min。

13. 无流量最大运行时间为1h。

14. 混床离子交换器最大流量为180L/min。

二、主要设备

1. 定子内冷水箱

定子内冷水箱的容积在2m^3左右,它的作用是调节整个定子内冷水系统的水量波动,并可为定子内冷却水泵提供足够的净吸入压头。水箱水位由电磁液位控制器自动调节,保证水箱的正常水位,当水位过高或过低时发出报警信号。

定子内冷水箱为密闭水箱,上部装有安全阀。发电机运行期间,少量高压氢气可能渗入定子绕组水管,导致定子绕组出水可能含有微量氢气。定子绕组出水进入定子内冷水箱时,氢气将聚集在水箱上部。通过安装在水箱水位上的压力表,可监测氢气压力。当水箱内气体压力高于一个定值时,可通过安全阀自动排气,防止水箱超压。机组开始运行时,由于定子绕组内部冷却水温度较低,可能导致定子绕组表面结露。为防止这种现象发生,水箱下部装有蒸汽加热装置,以便在机组投运前对定子绕组内部的冷却水进行加热。蒸汽加热装置的蒸汽来源为电厂辅助蒸汽,压力为0.8～1MPa。

2. 定子内冷水泵

定子内冷水泵的作用是提升定子内冷水的压力,克服定子内冷水在系统中的流动阻力。每台定子冷却水泵入口设置一只手动隔离阀,出口设置一只止回阀。两台定子内冷水泵具有联动功能,当一台泵停运时,备用泵能立即自动启动。

每台定子内冷水泵的进出口管道上跨接压力开关,可输出泵组故障信号。当一台运行中的水泵发生故障,使得泵进出口管道压差下降至140kPa时,压差开关闭合,发出水泵停运报警信号,并启动备用泵,以维持发电机定子水内冷系统的正常运行。

3. 定子内冷水冷却器

定子内冷水在带走了定子绕组损耗产生的热量后,温度升高,需要被冷却后才能再次循环使用。定子内冷水冷却器的作用就是使用开式循环冷却水来冷却吸热后的定子内冷水。因此,定子内冷水冷却器也是机组开式循环冷却水系统的组成部分。

定子内冷水冷却器是表面式热交换器，每台换热面积在 40m^2 左右，壳侧介质是定子内冷水，管侧介质是开式循环水。为防止水质较差的开式循环水渗漏进水质好的定子内冷水中，设计时保持定子内冷水压力大于开式循环水。定子水冷却器的进、出口均设隔离阀。

4. 过滤器

在定子内冷水冷却器后并联安装两台过滤器。正常运行时，一台运行，另一台备用。过滤器能够去除定子内冷水中的固体杂质。过滤器进、出口管道上跨接压差开关，以监测过滤器的堵塞情况。当过滤器两端压差比正常值高 21kPa 时，压差开关闭合，发出报警信号，并启动备用过滤器，同时清洗堵塞的过滤器。

5. 离子交换器

离子交换器的作用是控制该系统的定子内冷水的电导率在规定范围内，防止由于水的电导率高致使绕组绝缘破坏。系统运行时，从定子水冷却器出口引出一小部分内冷水，使之流经离子交换器，控制内冷水的电导率为 0.5～1.5μS/cm。流经离子交换器的定子内冷水水量通过流量计指示，并可由手动阀门控制水量。经处理净化后的定子内冷水再回到定子内冷水箱。

离子交换器的出口水管上设置电导率仪，以监视离子交换器出水的电导率不超过限定值（$<$1.5μS/cm）。另外，在定子内冷水冷却器出口的主内冷水管道上也设有电导率仪，作为定子绕组进水电导率监测，当电导率达到 5μS/cm 时报警。回水进入定子内冷水箱。

某电厂设置的离子交换器为不锈钢材质，直径为 325mm，高度为 1735mm，运行周期约为 12000h。交换器中，阳树脂为 001×7，质量为 24kg；阴树脂为 201×7，质量为 20kg；阳、阴树脂体积比为 1∶1。当监测离子交换器出口水质的电导率计显示其电导率值高于 0.5μS/cm 时，表面离子交换器中的树脂已失效，此时应从系统中切除离子交换器，更新树脂后再投入运行。

三、定子内冷水质量保证措施

1. 该系统中的所有设备、管道、阀门及附件等均采用耐腐蚀材料，以减少水质受到污染而导致发电机内部水路堵塞。

2. 在定子绕组的外部进水管上安装反冲洗阀门，防止杂质堵塞定子绕组冷却水路。

3. 定子内冷水箱设有充氮保护。正常运行时，水箱上部充以氮气，使空气和定子内冷水隔离，以防止水箱内漏入空气，从而保证水质。机组停运时，水箱内充满氮气，保护水箱的金属表面不受腐蚀。

当用氮气对水箱进行密封时，水箱上设有减压器，能自动调节氮气压力，维持氮气压力在0.014MPa。当水箱内氮气压力超过0.035MPa时，安全阀将自动打开，释放压力。当氮气压力高于0.042MPa时，水箱上的接点压力表动作报警。水箱上部装有信号器，当水位低或高时均发出报警信号。水箱底部有排污门，上部有排气门。

4. 定子内冷水的最大压力低于发电机内氢气的压力，这样，当发电机定子某绕组有少量泄漏时，保证内冷水不会漏入发电机内部，影响绕组的绝缘性能。

5. 在定子回水管上的最高点引出一根细管(防虹吸管)，直接连接进入水箱，从而使可能泄漏的氢气直接进入水箱，同时也可避免因虹吸现象在高温出水端出现汽化，形成较大的气阻，破坏内冷水的循环流动。

6. 在定子冷却水泵出口处装有电接点压力计，以便自动调节阀门开度，保持定子绕组内冷水的流量和压力稳定。

7. 在发电机内冷水管和混床出口均装有电导率表和传感器。进水电导率表量程范围为0～20μS/cm，输出为4～20m/A(DC)和0～5V(DC)，应该采用的运行电导率是0.5～1.5μS/cm。发电机运行时，当定子内冷水的电导率增加到1.5μS/cm时，同时定子绕组的供水量不足，第一个触点打开；如果水系统中备用泵在5s内不能投入运行，致使定子绕组中水流量降低，发电机必须停机或者在2min内以50%/min的速率将定子电流自动降低到额定电流的15%，同时定子内冷水的电导率控制在1.5μS/cm以内。当定子冷却水电导率增高至5μS/cm时，第二个触电闭合。若发电机以100%额定电流运行，定子水流量降低，水系统中备用泵需要在5s内投入正常运行。

在正常工作状态下，离子交换器出口电导率应控制在0.1～1.4μS/cm以内，当出水电导率达到0.5μS/cm时，发出“出水电导率高”的报警信号。

四、定子内冷水系统的运行与维护

1. *内冷水系统的启动与停运*

(1) 机组在通水启动前，应对内冷水系统进行水冲洗。对于检修后机组，应彻底对人孔门、水箱等检查后，再进行水冲洗。

(2) 开启水箱补水旁路门向水箱加水，然后开启水箱放水门，冲洗水箱。合格后向水箱加水，同时投入水箱自动补水门，并经试验确定其补水功能正常。

(3) 水系统冲洗前，必须先将发电机的定子冷却进水门关闭严密，然后开启定子泵出水门，启动水泵，向系统充水，检查管道有无泄漏，并注意水箱水位。然后开启定子进水门前放水门，进行放水冲洗。如果发电机引出母线为水冷导线，此时也可以进行冲洗。冲洗0.5h后即可化验水箱及定子和转子进水门前放水门处的水质，必要时可拆开水冷却器出口滤网，清除滤网上的脏物。当水质合格后，关闭各放水门，即可向发电机定子通水循环。

（4）发电机通水循环后，应做下列检查及操作。①检查水系统管道、发电机定子绕组端部的塑料进水管、发电机机壳下部等处有无漏水现象；②进行定子泵互联试验，正常后投入连锁；③投入发电机的检漏计及发电机定子绕组温度自动巡回检测仪。如果上述情况良好，则定子水系统即可投入正常运行。

（5）停机后，若计划停机时间较短，可保持定子水系统正常运行；若停机时间较长或水系统有检修工作，则应放尽系统存水，并将定子泵电机停机。冬季时，水系统停运后要注意防冻。

2. 定子内冷水系统的正常运行维护

（1）发电机运行中要严格控制定子水压力，保持水压低于氢压。

（2）运行中要定子内冷水的水质进行化验，以确定内冷水的电导率及所含杂质的种类和含量，以便分析处理，并进行适当的排污。

（3）定期对定子内冷水系统和发电机下油水继电器处积水情况进行检查，若有泄漏，要及时处理。

（4）要加强对定子内冷水流量、压力、水温等参数的检查和调整。

（5）发电机并网前应将发电机断水保护系统投入。

（6）发电机并网后，根据回水温度的变化可投入水冷却器，以维持发电机进水温度不超过 40℃且不低于 15℃。

（7）当在同样的进水压力下冷却水量有所减少时，可判断堵塞现象。应及时调节、维持流量正常，待有机会停机时，对发电机内部进行冲洗。

3. 定子内冷水控制系统的报警信号

现以 QFSN－600－2YHG 型汽轮发电机定子内冷水控制系统为例，其报警信号见表 6－11。

表 6－11　QFSN－600－2YHG 型汽轮发电机定子内冷水控制系统的报警信号

序号	信号名称	整定值	保护	操作	备注
1	泵“1B”停止	0.14MPa	开关 SW20 动作	延时 3～5s 启动 1A 泵	按额定流量整定压力值
2	泵“1A”停止	0.14MPa	开关 SW21 动作	延时 3～5s 启动 1B 泵	按额定流量整定压力值
3	定子绕组进水压力高	0.4MPa	压差开关动作	手动旁路阀门	
4	定子绕组进水温度高	＞50℃	热电偶发信号		

续　表

序号	信号名称	整定值	保护	操作	备注
5	定子绕组出水温度高	>90℃	热电偶发信号		
6	定子绕组进水电导率高	>5μS/cm	电导率仪发信号		
7	定子绕组进水电导率过高	>9.5μS/cm	电导率仪发信号	甩负荷或打闸停机	
8	水箱水位低	液位信号器指示液位 450mm	液位信号器动作	补水电磁阀打开	正常水位 550mm
9	水箱水位高	液位信号器指示液位 650mm	液位信号器动作	查明原因手动调整水位	正常水位 550mm
10	水箱氮气压力低	0.007MPa	接点压力表动作	减压器补氮	
11	水箱氮气压力高	0.042MPa	接点压力表动作	安全阀自动排氮	
12	定子水流量低	<1/2 额定值	流量信号动作	报警	
13	定子水流量很低	<1/3 额定值	流量信号动作	延时 30s 减负荷	
14	交换器出水电导率高	>0.5μS/cm	电导率仪发信号	换树脂	
15	发电机氢与水的压差低	<0.03MPa	压差开关 SW35 动作	手调旁路阀门	
16	过滤器压力损失升高	比正常压差高 0.021MPa	压差开关 SW22 动作	清洗滤芯	

第7章　风力发电机冷却系统设计

7.1　风电冷却系统概述

随着风力发电机单机容量的逐步增大，发电机内各部件的散热量也将大大增加，如何有效解决发电机的温升瓶颈，已成为风力发电机进一步发展的关键问题之一。在具体设计换热器前，首先分析风力发电机运行过程中热量产生的部件和原因。

齿轮箱是联系叶轮与发电机之间的桥梁，由于叶轮的转速为 20～30r/min，而发电机转子的额定转速为 1500～3000r/min 甚至更高，因此就在叶轮与发电机之间设置齿轮箱，对低速轴进行增速。齿轮箱在运转中，必然会有一定的功率损失，损失的功率转换为热量，使齿轮箱的油温上升。若温度上升过高，会引起润滑油的性能变化，黏度降低、老化变质加快，换油周期变短。在负荷压力作用下，若润滑油膜遭到破坏而失去润滑作用，会导致齿轮啮合齿面或轴承表面损伤，最终造成设备事故。由此会造成停机损失和修理。因此控制齿轮箱的温升是保证风电齿轮箱持久可靠运行的必要条件。冷却系统应能有效地将齿轮动力传输过程中发出的热量散发到空气中去。

从齿轮箱输出的高速轴与发电机转子连接，带动转子高速旋转并切割磁力线产生电势能。在发电机的工作过程中，电机线圈会产生大量的热，需对其进行有效冷却。另外，单机容量增大是当今风电技术的发展趋势，而电机容量的提高主要是通过增大电机的线性尺寸和增加电磁负荷两种途径来实现。由于电机的损耗与线性尺寸的三次方成正比，因此增大线性尺寸的同时也会引起损耗增加，造成电机效率下降，而通过增加磁负荷的途径，也因受到磁路饱和的限制很难实现，提高单机容量的主要措施是增加线负荷。但增加线负荷的同时会增加线棒铜损，线圈的温度将增加，绝缘老化加剧，最终可能达到无法容许的程度。这时就必须采用合适的冷却方式有效地带走各种损耗所产生的热能，将电机各部分的温升控制在允许范围内，保证电机安全可靠地运行。发电机单机容量的增加，主要是依靠电机冷却技术的提高来实现的。

在风力发电机运行过程中，由于风速与风向总在不断地变化，这就需要配备适当的辅助装置随时调整风机的运行状态，保证风机的安全稳定运行。常见的系统辅助装置包括风速仪、风向标、偏航系统、刹车装置与感温器等部件。风速仪与风向标检测即时风况，感温器则负责检测发电机、齿轮箱等部件的温度变化。当运行工况发生变化时，风速仪、风向标与感温器将感受到的信号反馈至机舱中的控制系统，由控制系统对输入的信号进行判断处理，然后输出信号至偏航系统及刹车装置，改变风机的运行状态。控制系统还具有显示瞬时平均风速、平均风向、平均功率等工作参数及记录工作状态的功能，是整个风电机组正常运行的核心部件。在工作过程中，控制系统也会产生大量的热，需要及时对其进行冷却处理。

目前运行的风力发电机组普遍采用强制风冷与液冷的冷却方式，其中功率低于1.5MW的发电机组多采用强制风冷方式，而对于功率大于1.5MW的中大型风电机组，通常采用循环液冷的方式满足冷却要求，但具体采用方式根据机舱结构而设定，强制风冷体积要求大，液冷体积比风冷要小得多。

一、强制风冷系统

强制风冷是指通过在风力发电机内部设置风扇，对风机内各部件进行强制鼓风从而达到冷却效果。由于风冷机组的通风系统的好坏将直接影响到发电机的发热与冷却，与发电机的安全稳定运行密不可分，因此通风系统的设计非常重要，风路顺畅，可以带走发电机各个发热部位的热量。强制风冷系统在具体实施时还可根据系统散热量的大小选用不同的冷却方式。一般功率在300kW以下的风电机齿轮箱，多数是靠齿轮转动搅油飞溅润滑，齿轮箱的热平衡受机舱内通风条件的影响较大，且发电机与控制系统的散热量较小。因此可在齿轮箱高速轴上装冷却风扇，随齿轮箱运转鼓风强化散热，同时还可加大机组内部通风空间和绕组内部风道，增大热交换面积，达到对系统冷却各部件冷却的效果。对于功率在300kW以上的风电机，齿轮箱与发电机所产生的热量有较大增加。对于齿轮箱而言，仅依靠在高速轴上装冷却风扇或在箱体上增加散热肋片都不足以控制住温升，只有采用循环供油润滑强制冷却才能解决问题，即在齿轮箱配置循环润滑冷却系统和监控装置，用油泵强制供油，润滑油经过滤和电动机鼓风冷却再分配到各个润滑点，保持齿轮箱油温在允许的最高温度以下。这种循环润滑冷却方式较为可靠，对齿轮箱而言，增加一套附属装置，费用大约为一台齿轮箱价格的10%。发电机的散热则通过设置内、外风扇产生冷却风对其进行表面冷却。理论上风扇的风量大、风压高对进一步降低发电机温升有好处，但这会导致冷却风扇尺寸过大，进而增大了发电机风摩耗，使发电机效率降低。在设计时需合理确定风扇尺寸，使发电机的风摩耗能控制在较低水平而又能保证其温升符合要求。

风冷系统具有结构简单、初投资与运行费用都较低、利于管理与维护等特点，然而其制冷效果受气温影响较大，制冷量较小，同时由于机舱要保持通风，导致风沙和雨水侵蚀机舱内部件，不利于机组的正常运行，因此通常采用机舱冷却系统。

二、循环液冷系统

由于液体工质的密度和比热容都远远大于气体工质，因此冷却系统采用液体冷却介质时能够获得更大的制冷量而结构更为紧凑，能有效解决风冷系统制冷量小与体积庞大的问题。

液冷系统的结构如图 7 - 1 所示，冷却介质流入冷却器，与高温的齿轮箱润滑油进行热交换，带走齿轮箱所产生的热量，然后流入设置在发电机定子绕组周围的换热器，吸收发电机产生的热量，最后由水泵送至外部散热器进行冷却，再继续进行下一轮循环热交换。在通常情况下冷却水泵始终保持工作，循环将系统内部热量带至外部散热器进行散热。而润滑油泵可由齿轮箱箱体内的温度传感器控制，油温高于额定温度时，润滑油泵起动，油被送到齿轮箱外的油泵器进行冷却。当油温低于额定温度时，润滑油回路切断，停止冷却。由于各风力发电机组采用的控制系统不同，其功能与散热量也有所差异。当控制系统的散热量较小时，可由机舱内部空气对其进行冷却；当控制系统的散热量较大时，可在控制系统外部设置换热器，或与发电机共用一个换热器，由冷却介质将产生的热量带走，从而达到对控制系统的温度控制。

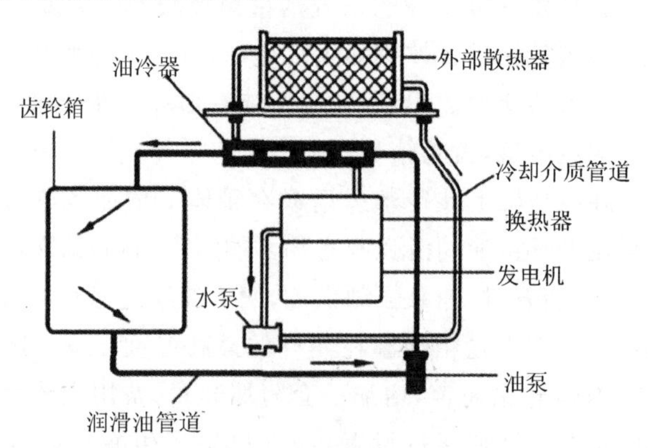

图 7 - 1　采用液冷方式的冷却系统

液冷系统中常用的冷却介质有水和乙二醇水溶液。与水相比，乙二醇水溶液具有更好的防冻特性。通过添加稳定剂、防腐剂等方式，不仅可以保证其最低工作温度低于－40℃，同时其换热性能也与水相当。

外部散热器多采用铜管-铝翅片换热器。由于换热器在外部环境条件下容易引起腐蚀，影响换热器长期、可靠工作，需进行必要的防腐处理，铜管采用海军铜材质，在铝片表面先涂一层抗腐蚀的丙烯树脂，然后在外面做亲水膜处理，其抗酸雨和抗盐腐蚀的性能可达通常铝翅片的5至6倍。在进行换热器设计时，由于冷却系统冬、夏两季的工作负荷相差较大，可采用按负荷较大的夏季工况进行设计，冬季对水泵采取旁通的方法来控制换热效率。与风冷式发电机相比，采用液冷系统的发电机结构更为紧凑，虽增加了换热器与冷却介质管道的费用，却大大提高了发电机的冷却效果，从而提高了发电机的工作效率。同时由于机舱可以设计成密封型，避免了舱内风沙雨水的侵入，为机组创造了有利的工作环境，还延长了设备的使用寿命。如图7－2所示，对水冷系统示意图可做简单介绍。

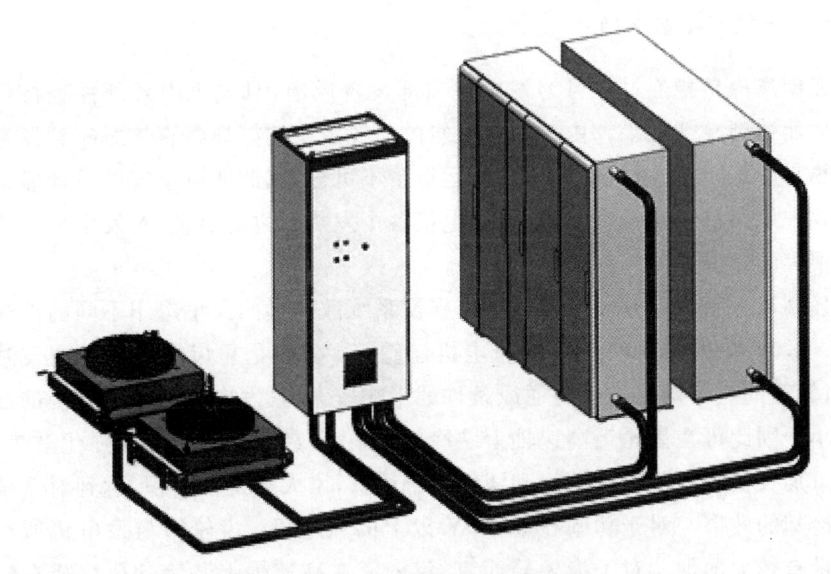

图7－2　水冷系统运行原理图

变流水冷系统：采用不锈钢立式多级泵；复合铝板翅、强制风机冷却散热器；不锈钢球阀、隔膜压力膨胀罐、压力泵、压力表、温度表；可选用丙烯乙二醇混合液或类似的中性冷却液；

适用机型：双馈、永磁风力发电机组；功率范围：1.1～3.0kW；

散热能力：10～150kW；工作压力：2～3bar；管网流速：1～2m/s；

流量范围：2～20m^3/h(变频可调)；装机容量：5～24kW；

工作温度：－40～＋50℃；环境湿度：小于95％；海拔高度：小于2000m；工作制：可连续。

7.2 风力发电方式

如前所述，风力发电机运行过程中，齿轮箱、发电机、控制系统等部件会产生大量的热量，为了确保发电机组长期安全稳定运行，需要对以上部件进行有效冷却。早期的风力发电机由于功率较小，其发热量也不大，只需通过自然通风就可以达到冷却要求。随着风力发电机的功率逐步增大，自然通风已经无法满足机组的冷却需求，目前运行的风力发电机组普遍采用强制风冷与液冷的冷却方式，目前一般低于2.5MW的发电机组多用强制风冷系统，高于2.5MW的机组采用液冷系统。

一、强制风冷系统

强制风冷是指通过在风力发电机内部设置风扇，对风机内各部件进行强制鼓风从而达到冷却效果。由于风冷机组的通风系统的好坏将直接影响到发电机的发热与冷却，与发电机的安全稳定运行密不可分，因此通风系统的设计显得至关重要。风路是否顺畅，能否带走发电机各个发热部位的热量，对发电机的性能有着很大的影响。

强制风冷系统在具体实施时还可根据系统散热量的大小选用不同的冷却方式。一般功率在300kW以下的风电机齿轮箱，多数是靠齿轮转动搅油飞溅润滑，齿轮箱的热平衡受机舱内通风条件的影响较大，且发电机与控制系统的散热量较小。因此可在齿轮箱高速轴上装冷却风扇，随齿轮箱运转鼓风强化散热，同时还可加大机组内部通风空间和绕组内部风道，增大热交换面积，达到对系统各部件冷却的效果。对于功率在300kW以上的风电机，齿轮箱与发电机所产生的热量有较大增加。对于齿轮箱而言，仅依靠在高速轴上装冷却风扇或在箱体上增加散热肋片都不足以控制住温升，只有采用循环供油润滑强制冷却才能解决问题，即在齿轮箱配置循环润滑冷却系统和监控装置，用油泵强制供油，润滑油经过滤和电动机鼓风冷却再分配到各个润滑点，保持齿轮箱油温在允许的最高温度以下。这种循环润滑冷却方式较为完善可靠，但对齿轮箱而言，增加了一套附属装置，所需费用大约为一台齿轮箱价格的10％。发电机的散热则通过设置内、外风扇产生冷却风对其进行表面冷却。理论上风扇的风量大、风速高对进一步降低发电机温升有好处，但这会导致冷却风扇尺寸过大，进而增大了发电机风摩耗，使发电机效率降低。因此在设计时需合理确定风扇尺寸，使发电机的风摩耗能控制在较低水平而又能保证其温升符合要求。与其他冷却方式相比，风冷系统具有结构简单、初投资与运行费用都较低、利于管理与维护等优点，然而其制冷效果受气温影响较大，制冷量较小，同时由于机舱要保持通风，导致风沙和雨水侵蚀机舱内部件，不利于机组的正常运行。随着机组功率的不断增加，采用强制风冷已难以满足系统冷却要求，液冷系统应运而生。

二、液冷系统

由热力学知识可知，风力发电机冷却系统中的热平衡方程为：$Q=q_mC_p(t_2-t_1)$，式中Q为系统的总散热量，q_m为冷却介质的质量流量，C_p为冷却介质在t_1及t_2温度范围内的平均定压质量比热，t_1与t_2分别为冷却介质的进口与出口温度。由于液体工质的密度与比热容都远远大于气体工质，因此冷却系统采用液体冷却介质时能够获得更大的制冷量而结构更为紧凑，能有效解决风冷系统制冷量小与体积庞大的问题。

表7-1　乙二醇水溶液在不同浓度下的冰点

浓度(%)	冰点(℃)	浓度(%)	冰点(℃)
0	0	60	−50.1
5	−2.0	70	−48.5
10	−4.3	80	−41.8
20	−9.0	85	−36.0
30	−17.0	90	−26.8
40	−26.0	100	−13.0
50	−38.0		

三、集成冷却系统

虽然采用液冷冷却方式能够满足目前风力发电机系统的冷却需求，然而随着近海风力发电的大力发展，风电机的单机容量将进一步加大。目前5MW的风力发电机已投入使用，专家们预言，2020年将会有20MW、30MW乃至40MW的风力发电机面世。单机容量的增大将会导致风力发电机内部的齿轮箱、发电机及控制系统等部件产生更多的热量。可以预见目前对这些部件采用的强制风冷和液冷方式将难以满足下一代大容量风力发电机的冷却需求，因此十分有必要对目前采用的冷却方式进行优化，并发展基于下一代大功率风力发电机的新型冷却系统。为此在现有风力发电冷却方式的基础上，提出了两种采用新型冷却技术的风力发电机系统。

1. *蒸发循环冷却系统*

采用蒸发循环冷却的风力发电机系统的特征，是在风力发电机舱外设有蒸发循环制冷机，如图 7－4 所示。风力发电机运行时，冷却介质分别流经设置在齿轮箱、发电机及控制系统外部的换热器，将以上部件产生的热量带走。温度升高后的冷却介质经过冷却介质换热器，与蒸发循环制冷机提供的冷量进行热交换降温，然后对各部件进行下一轮循环冷却，从而保证了各部件长期运行在合适的工作环境下。由于蒸发循环制冷机本身具有一定的重量，会加重机舱在高空的运行负担，因此还可将制冷机置于塔架内部最顶层的平台上，制冷机与冷却介质换热器之间可采用波纹管连接，从而更好地适应风力发电机在实际工作中因为风向的改变而旋转机身的情况，制冷机的冷凝器则放置在塔架外部，便于散热。与目前采用强制风冷、液冷方式的风力发电机相比，采用蒸发循环冷却的风力发电机系统虽然增加了蒸发循环制冷机的费用，以及制冷机对冷却介质进行冷却所需要的能耗，但它能够满足大功率冷却需求，为研制新一代大功率风力发电机组奠定了基础。

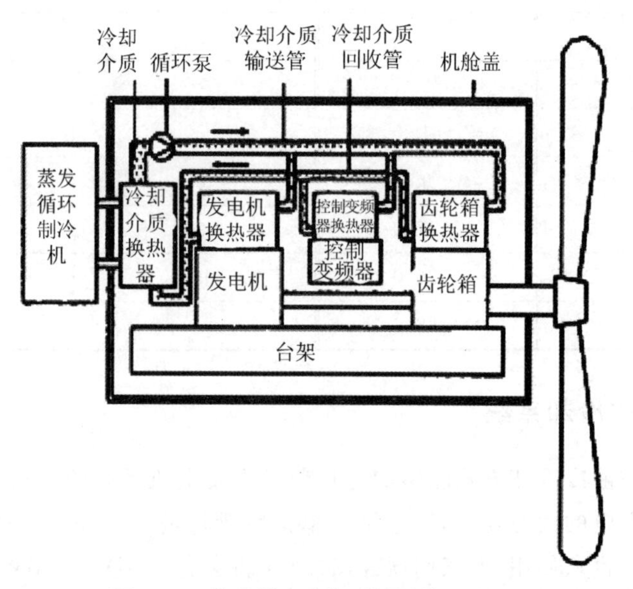

图 7－4　蒸发循环冷却系统结构示意图

2. *集成冷却式系统*

集成冷却式风力发电机系统的特征，是在风力发电场中设置冷却机组，为风电场中的各台风力发电机集中提供冷量，如图 7-5、图 7-6 所示。与采用蒸发循环冷却的风力发电机类似，系统运行时，冷却介质分别流经齿轮箱、发电机及控制系统外部的换热器，将以上部件产生的热量带走。温度升高后的冷却介质通过冷却介质回收管送入风力发电场中的冷却机组进行集中冷却，然后经由冷却介质输送管送入各风力发电机，对各部件进行下一轮循环冷却。在实际应用中，冷却机组可根据发电机的冷却需求，选用不同类型的空气冷却器或制冷机组。相对于空气冷却器，采用制冷机组可以获得更低的冷却温度，更有利于开发新一代大功率风力发电机系统。当单台冷却机组无法满足制冷量需求时，可设

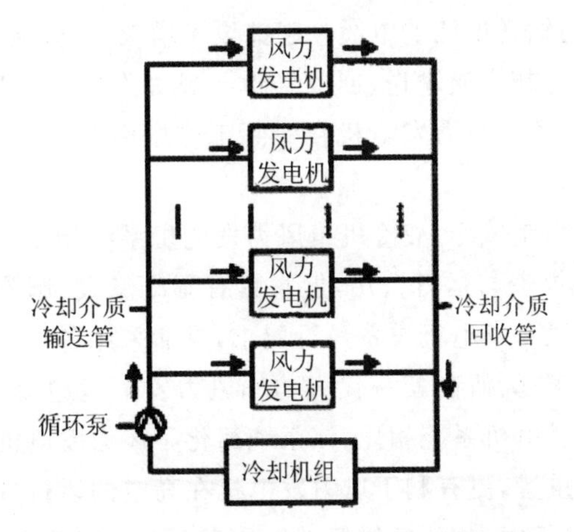

图 7-5　集成冷却式风力发电系统示意图

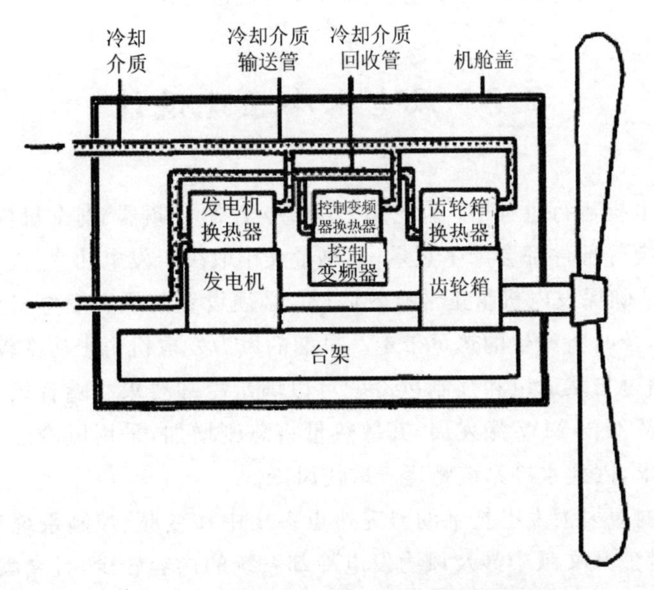

图 7-6　集成冷却式风力发电结构示意图

置多台机组，而在气候、季节变化等因素引起制冷量需求波动时，只要改变设备运行台数即可进行灵活调节。对于占地面积广、发电机台数多的风力发电厂，可根据实际情况在不同的合适部位设置多处集成式冷却机组，以更好地满足冷却需求和合理配置冷却介质输送管道，获得运行的高可靠性和经济性。由于在实际应用中冷却介质的用量与输送能耗都很大，因此在满足冷却需求的前提下，采用气体冷却介质比采用液体冷却介质具有更高的经济性。对于风力发电机工作温度较低的场合，为了减少冷却介质输送过程中引起的冷量损耗，可采用绝热性能良好的管材并配以一定的绝热处理，如在管外包裹绝热层等。冷却介质输送、回收管道可以与输送电能的电缆一起铺设于塔架内部，从而避免了风沙和雨水对管道的侵蚀。冷却介质输送、回收管道与风力发电机的连接处可采用波纹管连接，从而更好地适应风力发电机在实际工作中因为风向的改变而旋转机身的情况。

与目前采用的强制风冷、液冷机组风力发电机系统相比，集成冷却式风力发电机系统增加了初投资与运行费用，但它具有制冷量大、调节能力强等优点，并且冷却机组可根据风力发电机设备运行要求，灵活采用各种制冷方式，从而能够满足大功率冷却需求，为研制新一代大功率风力发电机组奠定基础。与采用蒸发循环冷却的风力发电机系统相比，该系统简化了风力发电机内部的冷却设备，降低了运行的自身重量，更有利于风力发电机在高空的运行，从而降低了设备维护的难度。此外，对于因季节、气候等改变引起冷量需求变化时，只需对冷却机组进行调节即可，而无需逐一对各台风力发电机进行操作。

7.3 风电水冷系统设计

风力发电机运行过程中，齿轮箱、发电机、控制变频器、刹车机构、调向装置及变桨距系统等部件都会产生热量，其热量大小取决于发电功率、设备类型及生产工艺。为了确保发电机组正常有效运行，必须设置与风力发电机容量相匹配的冷却系统，及时将产生的热量带走。早期的风力发电机由于功率较小，其发热量也不大，通过自然通风和强制风冷就可以满足冷却要求。随着风力发电机单机容量从 kW 级向 MW 级发展，其散热量将急剧增加，采用风冷已无法满足系统冷却的需求，因此水冷系统将逐步取代风冷。

当前国内对风力发电技术的研究热点多集中在变频、控制系统和机械设计等学科领域，公开文献中涉及风力发电冷却系统的内容较少，且文献较早，仅简单介绍了风冷式风力发电机的原理和水冷系统的简单构造，其内容相对于快速发展的风力发电技术存在较大的滞后。目前国内MW级风力发电机的冷却设备多从国外购买，投资与运行成本很高。针对该研究现状，现以风场1.5MW风力发电机为例，根据风力发电机厂商提供的环境条件和技术要求，进行了风力发电机冷却系统设计，并通过编制Matlab计算软件，对设计参数进行了优化。

一、风力发电机冷却容量的确定

MW级风力发电机的主要散热集中在齿轮箱、发电机和控制变频器三大部件，冷却系统的主要任务是将它们产生的热量及时释放到外界环境，确保风力发电机安全、高效运行。若某2.5MW风力发电机的冷却系统运行，其工作过程如图7-7所示：机组的冷却系统包括油冷与水冷系统两部分，其中油冷系统负责齿轮箱的冷却，水冷系统则负责发电机与控制变频器的冷却。在油冷系统中，润滑油对齿轮箱进行润滑，温度升高后的润滑油被送至机舱中部上方的润滑油冷却装置进行强制空冷，冷却后的润滑油再回到齿轮箱进行下一轮的润滑。水冷系统则是由乙二醇水溶液空气换热器、水泵、阀门以及温度、压力、流量控制器等部件组成的闭合回路，回路中的冷却介质流经发电机和控制变频器换热器将它们产生的热量带走，温度升高后进入机舱尾部上方的外部散热器进行冷却，温度降低后回到发电机和控制变频器进行下一轮冷却循环。

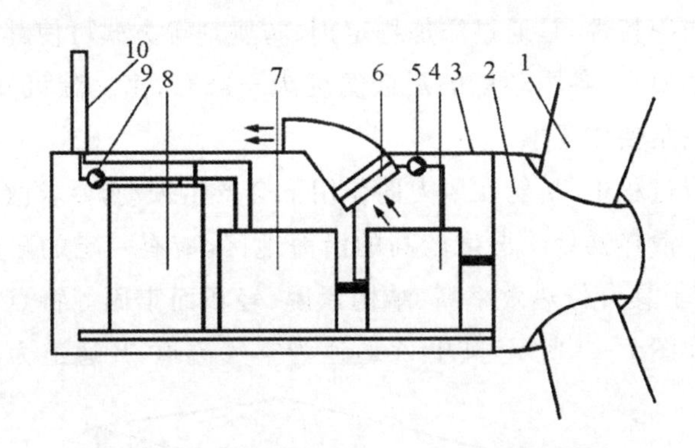

图7-7　2.5MW风力发电冷却系统示意图

1—桨叶　2—机舱毂　3—机舱盖　4—齿轮箱　5—油泵　6—润滑油冷却装置
7—发电机　8—控制变频器　9—水泵　10—外部散热器

该1.5MW风力发电机的安装地点为沿海地区，温度范围为−35℃到40℃。风机的启动风速为4m/s，停机风速为25m/s，发电功率P与风速$v_{c,in}$的关系曲线如图7-8所示。假设发电机的效率保持$\eta=97\%$不变，散热量为发电功率的3%，最高进水温度为50℃，流量为50L/min，压力损失为0.08MPa。控制变频器的散热量为19kW，最高进水温度为45℃，流量为60L/min，压力损失为

0.1MPa。外部散热器框架尺寸要求限制在 1900mm×820mm×200mm 以内，液侧压力损失小于 0.01MPa。水冷系统的设计任务是根据风机厂商提供的环境条件和技术要求，设计出满足机组冷却需求的水冷系统，并使其结构尺寸最有利于机组的长期运行。

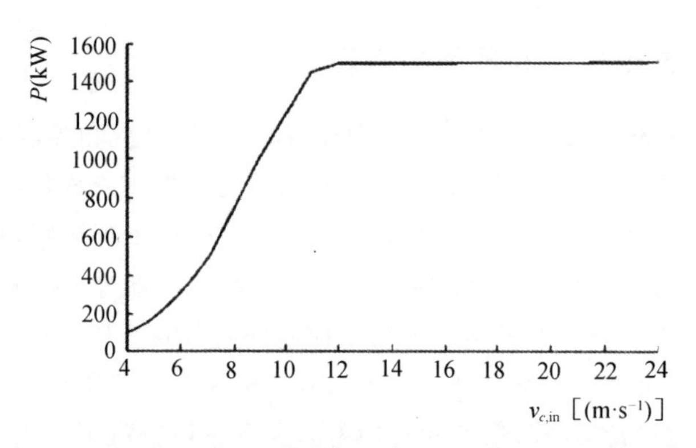

图 7－8　风力发电机的输出功率与风速的关系

二、主要部件的选型

液冷系统中常用的冷却介质有水和乙二醇水溶液。与水相比，乙二醇水溶液具有更好的防冻特性，且通过添加稳定剂、防腐剂等方式可使其换热性能与水相当。根据技术要求，冬季环境的最低温度为－35℃，由文献可知，50%的乙二醇水溶液能够满足使用要求。

在实际运行过程中，机舱在风力的作用下会产生振动，要求散热器具有良好的抗震性；同时，散热器处于湿度较高的沿海地区，应有一定的耐腐蚀性。综合上述要求，选用了具有传热效率高、结构紧凑、轻巧而牢固等特点的铝制错流板翅式换热器。如图 7－9 所示，其中 A 通道为空气流道，B 通道为乙二醇溶液通

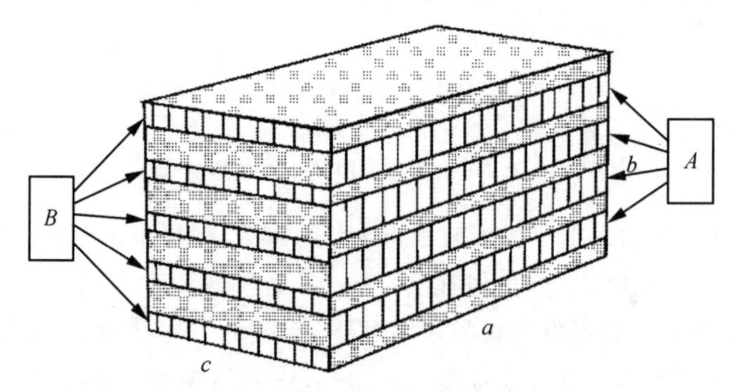

图 7－9　错流板翅式换热器芯体三维图

道，通道分布方式为 $A\ B\ A\ B\ A\ B\ A\ B\cdots$。通过在换热器表面加涂丙烯树脂及做亲水膜处理，可使其抗酸雨和抗盐腐蚀的性能提高 5 倍以上。

翅片形状根据流体性能和设计使用条件等选定，考虑到风场所在沿海地区空气中含有固体悬浮物，为避免流道堵塞，空气流道选用平直型翅片，而乙二醇水溶液流道则选用高性能的锯齿形翅片。为了保证一定的承压能力，翅片与隔板选用高防锈性的 LF21 铝合金材料，并根据已知工作条件取隔板厚度为 0.81mm。同时，为了获得均匀的物流分配效果和使流动阻力损失得到较好抑制，封头选用错排孔板型形式。水冷系统管道包括钢管和抗压软管两部分，综合考虑各种因素，选择系统主干管路钢管与抗压软管管内径 $D1=48$mm，支管钢管与抗压软管管内径 $D2=42$mm，并根据选定管径计算出的沿程阻力与局部阻力，选择合适的循环泵。

三、冷却器芯体计算

外部散热器是水冷系统的核心部件，其结构尺寸对风力发电机的冷却效果及机身重量都有着重要的影响。由于外部散热器框架尺寸被限制在 1900mm×820mm×200mm 之内，除去导流片与封条，实际换热器芯体最大尺寸为 1800mm×800mm×200mm，由此选定换热器芯体迎风面尺寸为 1800mm×800mm，换热器芯体厚度的函数关系式由传热方程、换热系数方程等推导而得，具体过程如下。

总传热量

$$Q = k_h \Delta t_m F_h \tag{7-1}$$

式中：Q——换热器传热量；

k_h——液侧总传热系数；

Δt_m——传热平均温差；

F_h——液侧总传热面积。

$$F_h = f_1(a, b, c) \tag{7-2}$$

式中：a——换热器芯体厚度；

b——气侧翅片单元尺寸；

c——液侧翅片单元尺寸。

由式(7-1)、式(7-2)可得换热器芯体厚度为

$$\delta_1 = f_2(Q, k_h, \Delta t_m, b, c) \tag{7-3}$$

其中又由已知条件可知

$$Q = f_3(v_{c,\mathrm{in}}) \tag{7-4}$$

传热系数为

$$k_h = f_4(\alpha_c, \alpha_h, \eta_{0,c}, \eta_{0,h}, F_c, F_h) \tag{7-5}$$

气体侧换热系数

$$\alpha_c = f_5(v_{c,\text{in}}, b) \tag{7-6}$$

液体侧换热系数

$$\alpha_h = f_6(v_{c,\text{in}}, c) \tag{7-7}$$

液体侧流速

$$v_h = f_7(a, b, c) \tag{7-8}$$

气体侧翅片效率

$$\eta_{0,c} = f_8(b, \alpha_c) \tag{7-9}$$

液体侧翅片效率

$$\eta_{0,h} = f_9(c, \alpha_h) \tag{7-10}$$

气体侧总传热面积

$$F_c = f_10(a, b, c) \tag{7-11}$$

由式(7-2)、式(7-5)～式(7-11)可得

液体侧传热系数

$$k_h = f_{11}(a, b, c, v_{c,\text{in}}) \tag{7-12}$$

传热平均温差

$$\Delta t_m = f_{12}(t_{c,\text{in}}, t_{c,\text{out}}, t_{h,\text{in}}, t_{h,\text{out}}) \tag{7-13}$$

式中：$t_{c,\text{in}}$，$t_{c,\text{out}}$分别为空气的进、出口温度；$t_{h,\text{in}}$，$t_{h,\text{out}}$分别为乙二醇溶液的进、出口温度；其中$t_{c,\text{in}}$与$t_{h,\text{out}}$为已知量，并且有

$$t_{c,\text{out}} = f_{13}(b, c, v_{c,\text{in}}, Q) \tag{7-14}$$

$$t_{h,\text{in}} = f_{14}(Q) \tag{7-15}$$

由式(7-13)～式(7-15)可得

$$\Delta t_m = f_{15}(a, b, c, v_{c,\text{in}}) \tag{7-16}$$

将式(7-4)，式(7-12)，式(7-16)代入式(7-3)可将换热器芯体厚度函数交通关系式简化为

$$c = f_{16}(b, c, v_{c,\text{in}}) \tag{7-17}$$

在推导求得的换热器芯体厚度计算公式基础上，对其厚度尺寸进一步优化。

假设风机运行时的风速$v_{c,\text{in}}$有n种情况，则某对应的发电功率与散热量有n个值。选定一组b与c翅片对组合，按照上式可得到分别满足n种情况的n个换热器芯体厚度a值，即$a_1, a_2, a_3, \cdots, a_n$。保证所选用的厚度值能够满足各种风况下的冷却需求，所选c值应为n种情况中的最大值，即有

$$a_{\max} = \max(a_1, a_2, a_3, \cdots, a_n) \tag{7-18}$$

在此基础上，通过改变Z种气液侧翅片对组合，可得到Z个满足设计需求

的换热器芯体厚度 $a_{\max1}$，$a_{\max2}$，…，$a_{\max z}$，由此可得 Z 个相应的液侧阻力和换热器的重量。换热器芯体的优化计算任务就是从多种设计方案中得到既能满足系统变工况散热需求，又能使系统能耗或重量最小的气液侧翅片组合方案。

优化程序流程如图 7－10 所示，并做出如下假设：

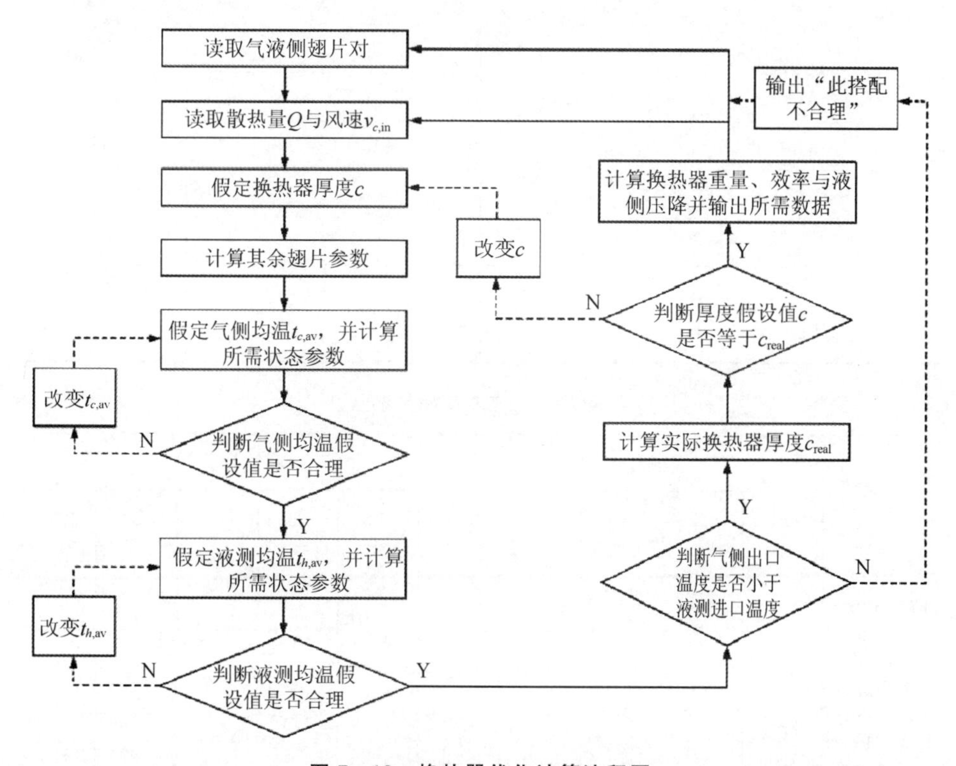

图 7－10　换热器优化计算流程图

（1）由于夏天和冬天的工作负荷相关较大，冷却系统采用负荷较大的夏季工况进行设计。综合发电机与控制变频器规定的最高进水温度，并考虑流体在管道内的温升，选定外部换热器出口的乙二醇水溶液温度为 $t_{h,\text{out}}=43℃$。

（2）假定空气与乙二醇水溶液在换热过程中密度 ρ、导热系数 λ、定压比热容 c_p 与动力黏度 μ 保持不变，其值按进、出口平均温度选取。

（3）考虑到风力发电机通常在大于 8m/s 的风速下工作，只计算风速为 8～25m/s 的情况，并选定每隔 1m/s 为一个状态点，共计 18 种风况，由发电机功率曲线可得不同风速下的换热器额定散热量，如表 7－2 所示。

（4）受加工因素的限制，气侧翅片从 5 种平直型翅片中选择，液侧翅片从 5 种锯齿型翅片中选择，则气侧翅片对组合共有 25 种组合，具体参数如表 7－3 所示。

表 7-2 风速与换热额定散热量的关系

$v_{c,in}$ (m·s^{-1})	Q(kW)	$v_{c,in}$ (m·s^{-1})	Q(kW)
8	41.5	17	64
9	49	18	64
10	56.5	19	64
11	62.5	20	64
12	64	21	64
13	64	22	64
14	64	23	64
15	64	24	64
16	64	25	64

表 7-3 气液侧翅片参数

参数	气侧翅片型号					液侧翅片型号				
	cc1	cc2	cc3	cc4	cc5	ch1	ch2	ch3	ch4	ch5
翅高 L_C/mm	12	9.5	6.5	4.7	3.2	3.2	4.7	6.5	9.5	12
翅厚 δ_C/mm	0.15	0.2	0.3	0.3	0.3	0.3	0.3	0.3	0.2	0.15
翅距 m_C/mm	1.4	1.7	1.7	2.0	4.2	4.2	2.0	1.4	1.7	1.4

计算过程中，先选定一气液侧翅片对组合，再读取风速与换热器额定散热量，然后采用迭代法计算出满足该条件的换热器厚度值 a，最后计算出此时换热器芯体的重量、液侧压降与换热器效率等参数，依次类推，直至所有计算完成。

四、冷却芯体结构设计

1. 各种翅片对组合对应的换热器厚度大于 0.2m 的风况数量

选定一气液侧翅片对组合，对应于 18 种风况可计算出 18 个满足系统冷却需求的换热器厚度值 c。由于换热器芯体厚度被限制在 0.2m 内，因此当 18 种风况中有一种风况所对应的 c 值大于 0.2m 时，即表示此气液侧翅片对组合不能满足体积要求。对应 c 值大于 0.2m 的风况数量越多，表明该气液侧翅片对组合不能满足变工况要求。由图 7-11 可知，气侧翅片高度越小，液侧翅片高度越大，换热器厚度值大于 0.2m 的风况数越多，搭配越不合理。

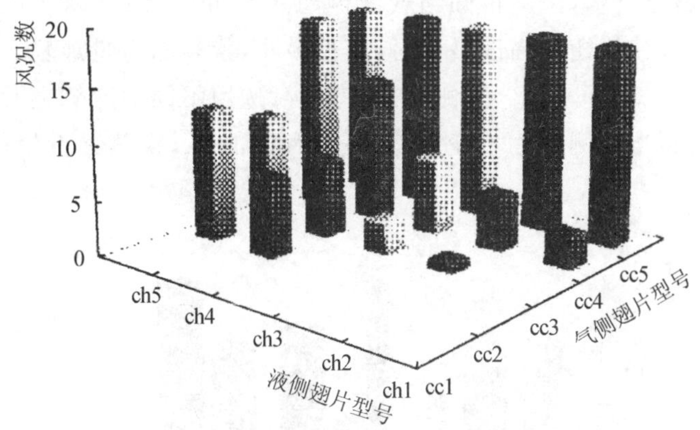

图 7-11　各种翅片组合对应的换热器厚度大于 0.2m 的风况数量

2. 不同翅片对组合对应的换热器厚度选定值

当 18 种风况对应的 18 个换热器厚度值 a 都小于 0.2m 时，表明此种气液侧翅片对组合能同时满足系统冷却和体积要求。在每一种组合中，为了保证换热器能够满足各种风况下的冷却需求，所选定的换热器厚度值为 18 种风况中的最大值。图 7-13 为不同翅片对组合对应的厚度选定值。由图 7-12 可知，当气液侧翅片对组合为 cc1 和 ch1 时，即气侧翅片高度最大，液侧翅片高度最小，其厚度选定值最小，换热器结构最为紧凑。由图还可知，选定气侧翅片不变，改变液侧翅片，对换热器厚度选定值的影响较小；而保持液侧翅片不变，改变气侧翅片，则换热器厚度选定值的变化十分明显。

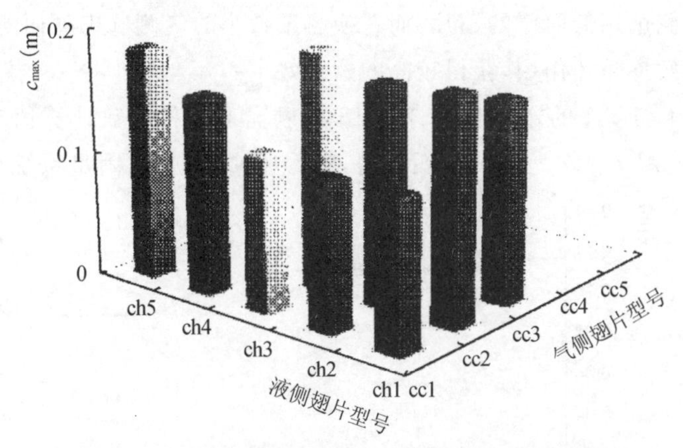

图 7-12　不同翅片搭配对应的换热器厚度选定值

3. 不同翅片对组合对应的换热器重量

在满足体积条件的气液侧翅片对组合中，每一种组合都对应着一个厚度选定值，按照该厚度值可计算出相应的换热器重量。图 7－13 为不同翅片对组合对应的换热器重量，由图可知当气液侧翅片对组合为 cc1 和 ch1 时，即气侧翅片高度最大，液侧翅片高度最小时，其值最小，换热器重量最轻。与图 7－12 一样，从图 7－13 还可看出，气侧翅片一定时，选用不同的液侧翅片，换热器重量变化很小；而当液侧翅片不变时，改变气侧翅片 cc，换热器重量的变化则十分明显。

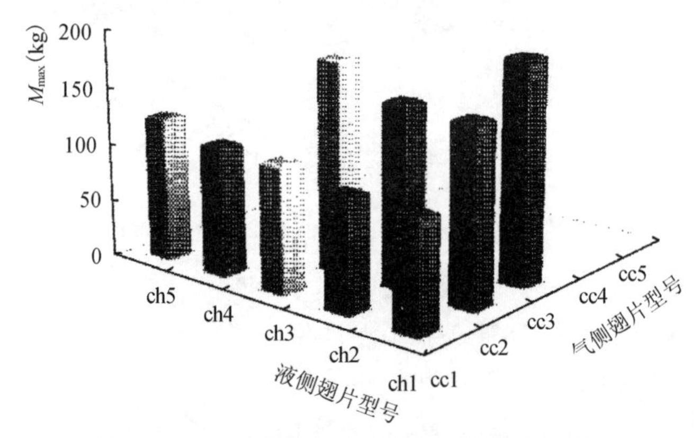

图 7－13　不同翅片组合对应的换热器最大重量

由上述计算结果可知，采用 cc1 与 ch1 的翅片对组合可使换热器尺寸最为紧凑、重量最轻，从而有利于机组的高空运行。考虑到换热器液侧压降远远小于冷却介质流经发电机与控制变频器压降，因此本设计以冷却系统重量为优化方向，计算结果选定的 cc1 与 ch1 翅片对为最优翅片组合。计算结果表明，在换热系数大的液侧选用低而厚的翅片，而在换热系数小的气侧选用高而薄的翅片，可以更有效地发挥翅片作用，获得较高的翅片效率。

采用 cc1 与 ch1 的翅片对组合在 18 种风况下的各参数计算值与风速关系如图 7－14～图 7－17 所示。由图可得，随着风速的增大，满足系统冷却需求的

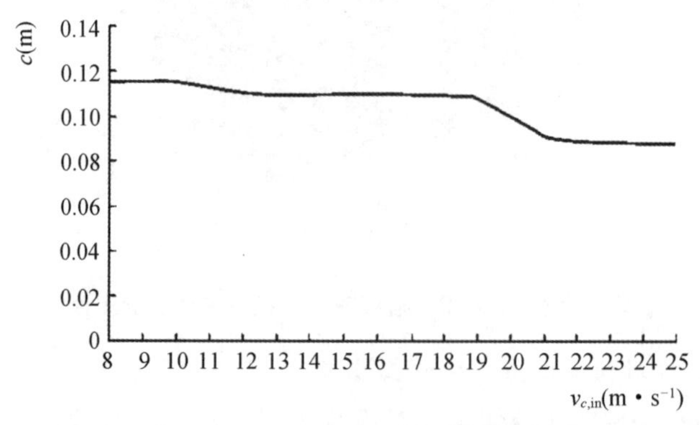

图 7－14　cc1 与 ch1 组合时风速与换热器厚度的关系

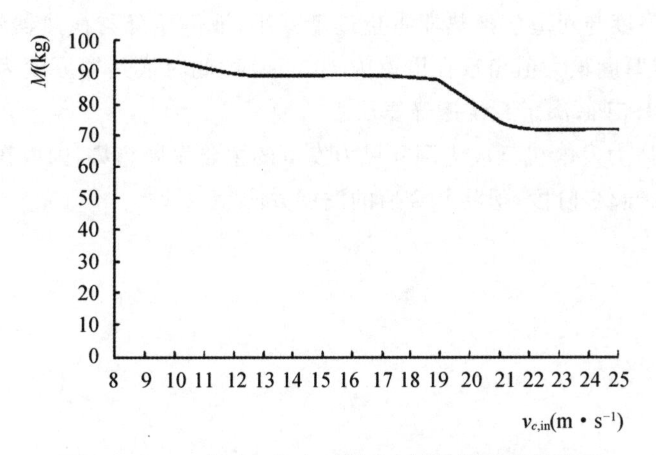

图 7－15　cc1 与 ch1 组合时风速与换热器重量的关系

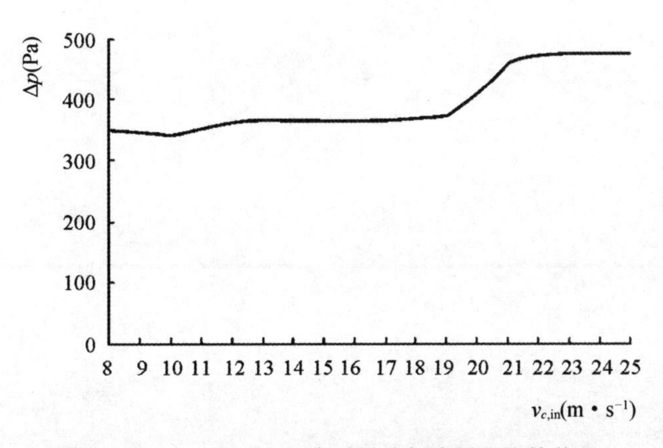

图 7－16　cc1 与 ch1 组合时风速与液侧压降的关系

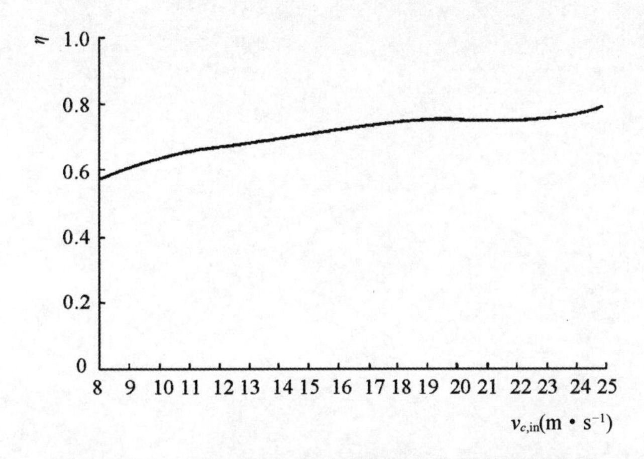

图 7－17　cc1 与 ch1 组合时风速与换热器效率的关系

换热器计算厚度与对应的换热器重量逐渐减小，液侧压降与换热器效率则逐渐升高，换热器厚度最大值出现在风速为 10m/s 时，此时换热器厚度为 116cm，液侧压降为 341.5Pa，满足系统压降要求。

MW 级风力发电机已成为国际风力发电的主要发展趋势，国内在 MW 级领域的研究尚属起步阶段，但将是今后的发展方向。

第8章　翅片管传热及选型

8.1　翅片管的原理与应用

一、翅片管的原理

根据传热学中的定义：固体表面和它接触的流体之间的换热称为对流换热。翅片管的换热系数是指单位换热面积、单位温差(表面和流体之间的温差)、单位时间内对流换热量，其单位是 $J/(s \cdot m^2 \cdot ℃)$，或 $W/(m^2 \cdot ℃)$。对流换热系数常用 h 表示，其定义式为

$$h = \frac{Q}{A\Delta T} \tag{8-1}$$

式中：Q 为对流换热量(W)；A 为换热面积(m^2)；ΔT 为表面温度 T_w 与流体温度 T_f 之差，$\Delta T = T_w - T_f$ 或 $\Delta T = T_f - T_w$。

影响换热系数的因素很多，主要取决于以下几方面：

(1) 流体的种类和物理性质，例如水和空气是截然不同的，其换热系数相差甚大；此外，还与流体的流速和流动状态有关。

(2) 流体在换热过程中是否发生相变，即是否发生沸腾或凝结。若有相变发生，则其换热系数将大大提高。

(3) 换热表面的形状和结构等。

换热系数的数值大小主要通过实验数据确定，下面给出一组常用情况下的 h 的数值范围：

水蒸气的凝结：h=10000～20000W/(m^2 · ℃)；

水的沸腾：h=7000～10000W/(m^2 · ℃)；

水的强制对流：h=2000～5000W/(m^2 · ℃)；

空气或烟气的强制对流：h=30～100W/(m^2 · ℃)；

空气或烟气的自然对流：h=3～10W/(m^2 · ℃)。

不同情况下换热系数的差别非常大。而传热是指热量从热流体经过固定间壁传给冷流体的过程。对圆管而言,传热过程既包括管内流体的对流换热过程,也包括管外流体的换热过程,还包括管壁的导热过程。传热过程的强弱和传热量的大小主要取决于间壁两侧的对流换热的特性。例如,一台用热水加热空气的换热器,热水在管内流动,空气在管外流动。热水的热量经过管壁传给管外的冷流体——空气。传热过程与间壁两侧的两个对流换热过程紧紧地联系在一起。假定管内水侧对流换热系数为 5000W/(m^2 · ℃),而管外空气侧的对流换热系数为 50W/(m^2 · ℃),前者是后者的 100 倍,主要受热阻影响。热阻 R 的定义是传递单位热量所需要的温差,单位为℃/W 或(m^2 · ℃)/W,即

$$R = \frac{\Delta T}{Q} \text{或} R = \frac{\Delta TA}{Q} \tag{8-2}$$

传热学中的热阻与电工学中的电阻相似,根据电工学中的欧姆定律,电阻等于传递单位电流所需要的电压差,所需的电压差越大,说明电阻越大。同理,传递单位热量所需要的温差越大,则说明热阻越大。

由式(8-1)和式(8-2)可知,热阻等于换热系数的倒数,说明换热系数越大,其热阻值就越小,反之,换热系数越小,其热阻值就越大。空气侧的换热系数小于水侧的换热系数,因而空气侧的热阻大于水侧的热阻,成为影响传热的主要热阻,使得空气侧成为传热过程的"瓶颈",限制了传热量的提高。

为了减少空气侧热阻,克服空气侧的"瓶颈"效应,在换热器设计中,可能采取多种措施,其中,最有效的选择就是在空气侧外表面增加翅片,即采用翅片管。增加翅片使空气侧原有的换热面积得到极大的扩展,弥补了空气侧换热系数低的缺点,使传热量 Q 或热流密度 q(q 为单位面积的传热量,$q=Q/A$)大大提高,如图 8-1 所示,其中图 8-1(a)为加翅片之前的传热情况,图 8-1(b)为加翅片之后的传热情况。目前关于电机空气冷却均无翅片管,但油水冷却器普遍采用了翅片管。

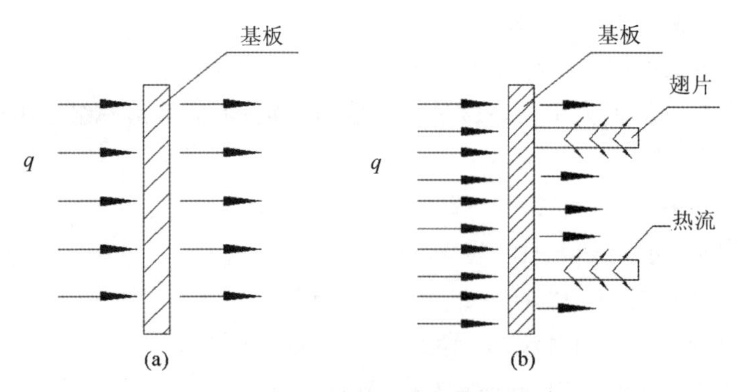

图 8-1 加翅片前后热流密度的变化

二、翅片管的选用

在了解翅片管的原理以后，选用翅片管应根据下面几个原则：

1. 管子两侧的换热系数如果相差很大，则应该在换热系数小的一侧加装翅片。在设计时，应尽量将换热系数小的一侧放在管外，以便于加装翅片。

2. 管子两侧的换热系数都很小，为了强化传热，应在两侧同时加装翅片。若结构上有困难，则两侧可都不加装翅片。若只在一侧加装翅片，对传热量的增加是不会有明显效果的。

3. 管子两侧的换热系数都很大，则没有必要采用翅片管，可直接用直管。

翅片管在有效应用场合中的注意事项：

1. 传热过程中，两侧流体的换热热阻不对称，一侧热阻大，一侧热阻小，在热阻大的一侧应采用翅片管。

2. 传热过程中，如果两侧流体的换热热阻都很大，可创造条件，在两侧采用某种形式的扩展表面。

3. 在某些特殊的传热场合，如电子器件的冷却中，热量不是由热流体传给冷流体，而是由固态的发热元件传给冷流体，在冷流体侧可采用带翅片的传热元件。

在需要增强换热、减少热阻的场合都可以应用翅片管。目前，翅片管和翅片管换热器已得到广泛应用，随着翅片管的制造工艺不断完善，翅片管对增强传热的功能得到广泛认可。

三、翅片管分类

随着翅片管应用领域的不断扩大，翅片管的种类和规格日益增多。从用途和结构的结合上对翅片管进行分类，大致可分为四种类型：与空气换热的翅片管、与烟气换热的翅片管、与有机介质或制冷介质换热的翅片管和用于电气元件散热的翅片管。

1. 与空气换热的翅片管特点

与空气换热的翅片管，在结构选择上应考虑下列特点：

①空气是比较干净的流体，大多数情况下不含灰尘和杂质，不易对传热表面造成积灰和腐蚀。

②空气温度和湿度受当地气候条件或工作环境的影响很大。

③空气流经翅片管时的温度变化范围一般在－30～150℃之间。

④因空气侧没有积灰和腐蚀，因而多采用铝翅片，且节距很小，翅化比较高，在15～25之间，也有时采用钢翅片。

⑤根据管内流体的种类、换热特点及温度和压力情况，基管可采用碳钢管、

不锈钢管，也可采用有色金属管。

⑥翅片与基管的结合工艺：当基管和翅片都为铝材时，有单金属整体轧制翅片管；当基管为钢材、翅片为铝材时，有双金属轧制翅片管、张力缠绕翅片管和L型翅片管。上述翅片管都是在圆形基管外面加工环形翅片。此外，还有板式翅片管、椭圆形翅片管等。

2. 与空气换热的翅片管的应用

与空气换热的翅片管的应用领域主要有：发电厂用空气冷凝冷却器；炼油厂各种油品的空气冷凝冷却器；提供烘干用热风的空气加热器；制冷空调系列的冷风机或热风机；供暖用热风幕；电子设备散热器等。

8.2 翅片管换热计算

一、翅片管传热系数和热阻

翅片管换热的计算是指在翅片管换热器的设计中所必须应用的方程。因翅片管换热器是换热器大家族的一员，因而应遵循换热器的基本传热规律。

根据传热的定义：热量从热流体经过固定壁面传给冷流体的过程称为传热过程。对于绝大多数的翅片管换热器，翅片加工在基管外侧，翅片管的基本结构如图 8－2 所示。

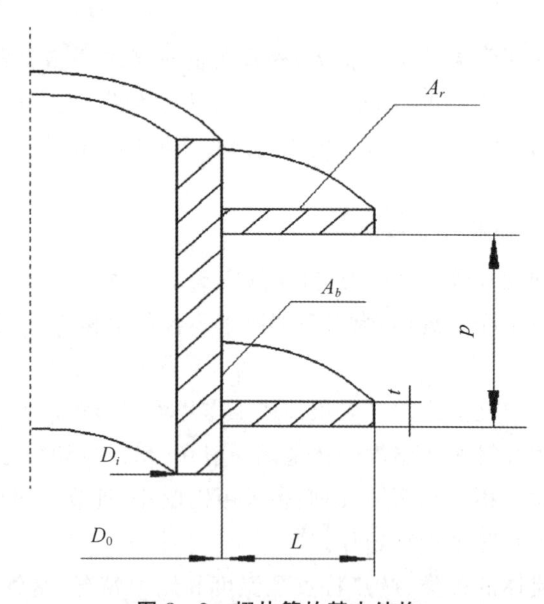

图 8－2　翅片管的基本结构

翅片管有三个传热面积可供设计选择：基管内表面积、基管外表面积和翅片管外表面积。为了设计方便，选取基管外表面积作为设计的基准面积，在此基准面积下，翅片管的基本传热公式为

$$Q = A_0 U_0 \Delta T \tag{8-3}$$

$$U_0 = \frac{1}{\dfrac{1}{h_0} + \dfrac{D_0}{D_i}\dfrac{1}{h_i} + \dfrac{D_0}{2\lambda}\ln\dfrac{D_0}{D_i} + R_c + R_{fo} + R_{fi}} \tag{8-4}$$

$$\frac{1}{U_0} = \frac{1}{h_0} + \frac{D_0}{D_i}\frac{1}{h_i} + \frac{D_0}{2\lambda}\ln\frac{D_0}{D_i} + R_c + R_{fo} + R_{fi} \tag{8-5}$$

式中：Q 为传热量(W)；A_0 为以基管外表面积为基准的传热面积(m^2)；U_0 为以基管外表面积为基准的传热系数[W/(m^2·℃)]；ΔT 为管内外流体之间的传热平均温度(℃)；h_0 为以基管外表面为基准的管外换热系数[W/(m^2·℃)]；h_i 为管内流体与内壁之间的对流换热系数[W/(m^2·℃)]；λ 为基管管壁的导热系数[W/(m^2·℃)]；D_0，D_i 分别为基管外径和内径(m)；R_c 为翅片和基管之前的接触热阻[(m^2·℃)/W]；R_{fo} 为翅片管的管外污垢热阻[(m^2·℃)/W]；R_{fi} 为翅片管的管内污垢热阻[(m^2·℃)/W]。

图8-2中，L 为翅片高度，t 为翅片厚度，P 为翅片节距，A_f 为翅片本身的换热面积，A_b 为翅片之间的裸管面积。

式(8-5)可以用热阻的形式来表示，即

$$R_{总} = R_0 + R_i + R_w + R_c + R_{fo} + R_{fi} \tag{8-6}$$

式中：$R_{总}$ 为传热过程的总热阻，$R_{总} = \dfrac{1}{U_0}$；R_0 为基管外部热阻，$R_0 = \dfrac{1}{h_0}$；R_i 为基管内部热阻，$R_i = \dfrac{D_0}{D_i}\dfrac{1}{h_i}$；$R_w$ 为管壁热阻，$R_w = \dfrac{D_0}{2\lambda}\ln\dfrac{D_0}{D_i}$。

二、翅片效率和翅化比

翅片效率 η_f 定义为

$$\eta_f = \frac{Q_f}{Q_0} \tag{8-7}$$

式中：Q_f 为翅片的实际换热量；Q_0 为假定翅片各处温度都等于翅根温度时的换热量，即

$$Q_0 = hA_f\theta_0$$

式中：$\theta_0 = T_0 - T_f$，其中，T_0 为翅根温度，T_f 为翅片外流体温度；A_f 为翅片本身的换热面积；h 为翅片管与外部流体之间的换热系数。

翅片本身的实际换热量为

$$Q_f = \eta_f Q_0 = \eta_f h A_f \theta_0$$

此外，通过翅片之间的裸管面积 A_b 的换热量为

$$Q_b = hA_f\theta_0$$

通过翅片管的总换热量为

$$Q = Q_f + Q_b = h\theta_0(\eta_f A_f + A_b)$$

以基管外表面为基准的管外换热系数为 h_0，对应的基管外表面积为 A_0，其换热量可写为

$$Q = h_0 A_0 \theta_0$$

由上述两式相等可得

$$h_0 = h \times \frac{\eta_f A_f + A_b}{A_0} \tag{8-8}$$

因为 $(\eta_f A_f + A_b) > A_0$，故 $h_0 > h$，这说明，增加翅片之后，可使以基管外表面为基准的管外换热系数大大提高，这正是采用翅片管的目的所在。

式(8－8)也可写为

$$\frac{h_0}{h} = \frac{\eta_f A_f + A_b}{A_0} \tag{8-9}$$

比值 $\frac{h_0}{h}$ 代表翅片管传热的有效性，说明由于在基管外增加了翅片时，使管外换热系数增加的倍数。

当 $A_f \gg A_b$ 时，式(8－8)可近似写为

$$h_0 = h\eta_f\beta \tag{8-10}$$

$$\beta = \frac{A_f + A_b}{A_0} \tag{8-11}$$

式中：β 称为翅化比，表示增加翅片后，换热面积扩展的倍数。

下面通过一个例题说明增加翅片前后传热系数发生的变化和对传热面积的影响。

一台蒸汽加热空气的蒸汽/空气加热器，管内是饱和水蒸气的凝结，管外有翅片，与空气对流换热。选择的基管为Φ38×3.0的碳钢管，其导热系数λ＝40W/(m・℃)，管内水蒸气的凝结换热系数 h_i＝10000W/(m^2・℃)，管外翅片与空气之间的对流换热系数 h＝50W/(m^2・℃)。经过计算，增加翅片后，以基管外表面积为基准的管外换热系数 h_0＝400W/(m^2・℃)。试计算增加翅片前后传热系数 U_0 的变化。设定：不考虑污垢热阻 R_{fo}，R_{fi} 和翅片与基管的接触热阻 R_c；在增加翅片前，光管外表面与空气之间的换热系数也等于50W/(m^2・℃)。

计算结果见表8－1。

表 8-1　增加翅片前后传热系数的比较

物理量	表示式	单位	无翅片换热器计算值	有翅片换热器计算值
管内换热系数	h_i	W/(m^2·℃)	10000	10000
管内换热热阻	$R_i=\frac{D_o}{D_i}\frac{1}{h_i}$	(m^2·℃)/W	0.0001187	0.0001187
管壁导热热阻	$R_w=\frac{D_o}{2\lambda}\ln\frac{D_o}{D_i}$	(m^2·℃)/W	0.0000816	0.0000816
基管外换热系数	h_0	W/(m^2·℃)	50	400
基管外部热阻	$R_o=\frac{1}{h_0}$	(m^2·℃)/W	0.02	0.0025
传热热阻	$\frac{1}{U_o}$	(m^2·℃)/W	0.0202	0.002708
传热系数	U_o	W/(m^2·℃)	49.5	369.2
传热系数之比	$\frac{U_o(\text{无翅片})}{U_o(\text{有翅片})}$		7.46	

三、翅片效率的简化计算

简化计算的要点是：在保持换热效果不变的情况下，将环形翅片转换为相应的直翅片，然后，按直翅片效率的计算公式计算环形翅片效率。

将环形翅片的展开面积 $\pi(r_2^2-r_1^2)$ 转换为两个面积之和：

$$\pi(r_2^2-r_1^2)=2\pi r_1(r_2-r_1)+\pi(r_2-r_1)^2$$

如图 8-3 所示，式中 $2\pi r_1(r_2-r_1)$ 代表直翅片面积，直翅片的宽度等于基管的周长 $2\pi r_1$，直翅片的高度等于环形翅片的原有高度 $L=r_2-r_1$，而 $\pi(r_2-r_1)^2$ 代表一个半径为 L 的圆面积，或两个半圆的面积，代表环形翅片比直翅片多

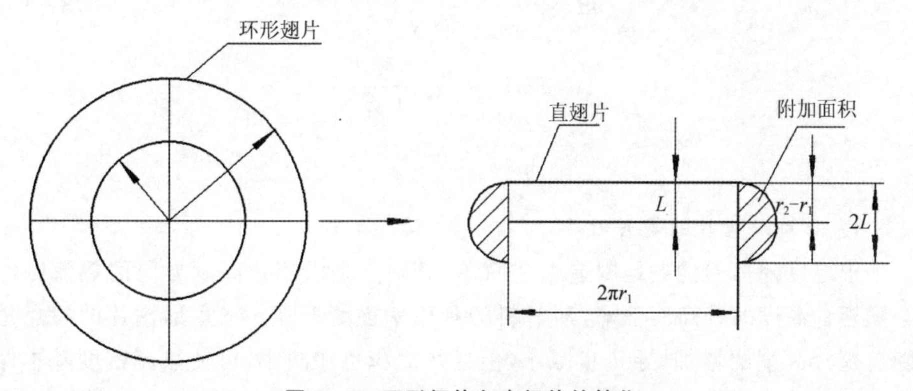

图 8-3　环形翅片向直翅片的转化

余出来的面积。显然，翅片高度 L 越大，则多余出来的面积越多，反之，翅高 L 越小，则多余出来的面积就越少。

设环形翅片的内径为 r_1，外径为 r_2，翅片高度为 L，翅片厚度为 t。

环形翅片和绕流气体之间的换热量

$$Q = hA_{fm}\theta \tag{8-12}$$

式中：h 为换热系数；A_{fm} 为环形翅片的换热面积；θ 为对流换热的平均温差。直翅片的换热量为

$$Q' = h'A'\theta \tag{8-13}$$

式中：A'为直翅片的换热面积；h'为直翅片上的换热系数。

假定原环形翅片的换热量全部由分割出来的直翅片承担，面积代替后，换热效果不变，即上述两式中的 Q'，Q 相等，且假定换热温差相同，则有

$$hA_{fm}\theta = h'A'\theta, h' = hA_{fm}/A'$$

$$\frac{A_{fm}}{A'} = \frac{\pi(r_2^2 - r_1^2)}{2\pi r_1(r_2 - r_1)} = 1 + \frac{r_2 - r_1}{2r_1} = 1 + \frac{L}{2r_1} \tag{8-14}$$

所以：$h' = h\left(1 + \frac{L}{2r_1}\right)$

式中的 $1 + \frac{L}{2r_1}$ 可以看作因直翅片的传热面积减少所得到的补偿值。显然，此值越大，得到的补偿值就越大。

四、特种形状翅片效率的计算

特种形状翅片包括：三角形翅片、方形或矩形翅片、开齿形翅片、H 型翅片、椭圆管矩形翅片、整体平板翅片等。将各种不同形状的翅片转化为相当面积的环形翅片，然后用环形翅片的简化计算式计算其翅片效率：

$$mL = L_c\sqrt{\frac{2h}{\lambda t}}\sqrt{1 + \frac{L}{2r_1}} \tag{8-15}$$

$$\tanh mL = \frac{e^{mL} - e^{-mL}}{e^{mL} + e^{-mL}}$$

$$\eta_f = \frac{\tanh mL}{mL}$$

1. 三角形翅片的翅片效率

等厚度翅片的优点是制造工艺简单，其缺点是沿翅片高度方向的热流密度会随翅片高度的升高而下降，使材料的利用率逐渐下降。三角形翅片的特点是随着翅片高度的增加，导热量减小，但导热面积也在减小，可使热流密度基本保持不变，使材料的利用率有所提高，节省了制造成本。三角形翅片的形状及尺寸

特点如图8-4所示，图中L为翅片高度，t为根部厚度。

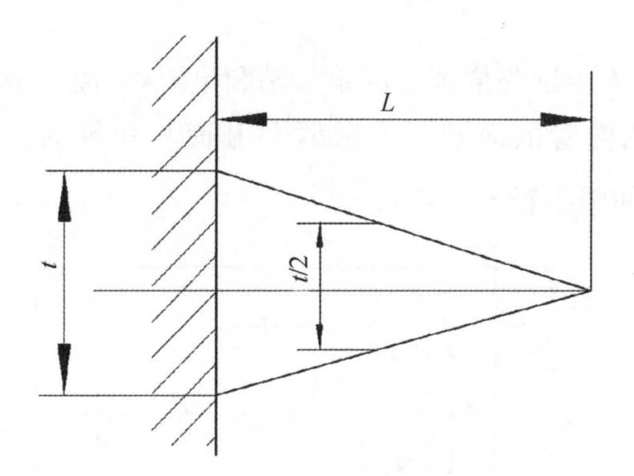

图8-4　三角形直翅片

根据Gardner的理论分析，平面上三角形直翅片的翅片效率计算式为

$$\eta_f = \frac{1}{\sqrt{mL}} \frac{J_1(2\sqrt{mL})}{J_0(2\sqrt{mL})} \tag{8-16}$$

式中：$mL = L\sqrt{\frac{2h}{\lambda t}}$；$J_1$，$J_0$为虚变量的贝塞尔函数，可通过附录8查取。虽然式(8-16)形式并不复杂，但却不能直接计算出η_f，为了能方便地计算翅片效率，可以将三角形翅片看作平均厚度为$\frac{t}{2}$的矩形直翅片，按直翅片计算其翅片效率，这时mL应写为

$$mL = L_c\sqrt{\frac{2h}{\lambda t}}\sqrt{1+\frac{L}{2R_1}} \tag{8-17}$$

$$\tanh mL = \frac{e^{mL} - e^{-mL}}{e^{mL} + e^{-mL}}$$

$$\eta_f = \frac{\tanh mL}{mL}$$

式中：h为翅片管外换热系数，λ，t分别为翅片的导热系数和翅片厚度。

2. 椭圆管矩形翅片的翅片效率

椭圆管是由圆管加工改造而成，椭圆管与圆管相比有两大优点：管内当量直径变小，流速增大，使管内换热系数提高；管外在长轴方向的流动阻力减小，同时，管外换热系数也有所提高。相关研究指出，在特定的试验条件下，椭圆管矩形翅片管束的管外换热系数比圆管环形翅片管束的换热系数提高15%，而流动阻力降低18%左右。由椭圆管为基管的矩形翅片如图8-4所示。在早期的空气冷却器上该类翅片管曾得到广泛应用。因为结构的特殊性，椭圆管矩形翅片的翅片效率虽然可以理论求解，但因过于复杂而不能应用与实际计算，故往往用模拟法求解。

为了设计方便，现推荐一种近似方法。首先，按圆管环形翅片的方法计算其翅片效率。

图 8－5 中，a，b 分别为椭圆管的半长轴和半短轴，而 a_1，b_1 分别为矩形翅片的长边和短边。椭圆管的面积 $s = \pi ab$，与其面积相等的圆的面积为 $\pi r_1{}^2$，即 $\pi r_1{}^2 = \pi ab$，对应的圆半径 $r_1 = \sqrt{ab}$。

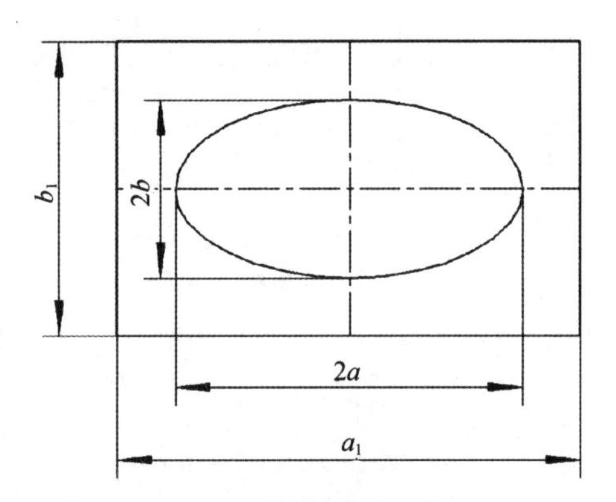

图 8－5　椭圆管矩形翅片

对于矩形翅片，两边长 a_1，b_1 所包括的面积为 $s_1 = a_1 b_1$，对应的圆面积为 πr_2^2，半径 $r_2 = \sqrt{\dfrac{a_1 b_1}{\pi}}$，转化后对应的翅片高度 $L = r_2 - r_1$，若翅片厚度为 t，则 $L_c = L + \dfrac{t}{2}$。然后，翅片效率就可按圆管环形翅片的计算式(8－15)计算了。

3. 整体平板翅片的翅片效率

叉排或顺排的圆管管束共用整体的平板翅片，如图 8－6 所示，假定整体平板翅片的尺寸为 $a \times b$，圆管数目为 n，外径为 r_1。

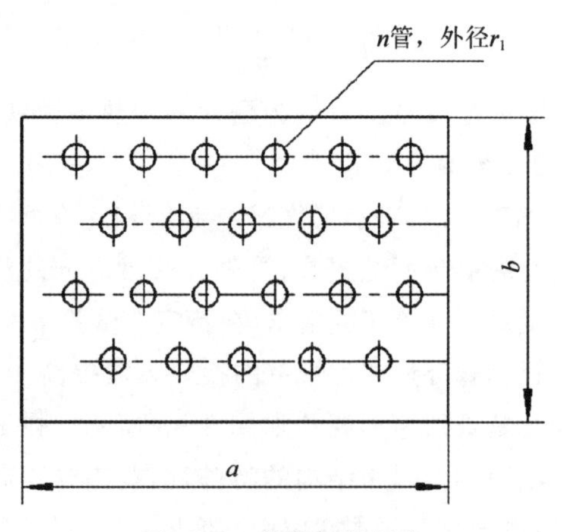

图 8－6　整体平板翅片

计算这种整体平板翅片效率的方法如下：首先，计算每支圆管所分摊的翅片面积(单根表面)为$\frac{ab}{n}$。然后，将其换算成等面积的环状翅片，并求出翅片的外径：由$\pi r_2^2 = \frac{ab}{n}$解得$r_2 = \sqrt{\frac{ab}{\pi n}}$。翅片高度$L = r_2 - r_1$，且$L = L_c$(因端部不参与换热)。最后，就可以按环形翅片通用式进行翅片效率的计算了。

8.3　翅片管的管内换热计算

对于绝大多数的翅片管换热器而言，管内换热主要有以下几种形式：

1. 管内单向流体的对流换热。如翅片管式锅炉省煤气，管内是流动的水，被管外烟气所加热；又如翅片管散热器，管内是流动的热水，将热量传给管外的空气。

2. 管内蒸汽的冷凝换热。如翅片管式蒸汽/空气加热器，管内是蒸汽的凝结过程，凝结放出的热量传给管外的空气。如果管内是饱和蒸汽流入，饱和液体流出，则管内是一个纯粹的蒸汽凝结过程；如果进入换热器的是过热蒸汽，流出换热器的是过冷的凝液，则管内的冷凝过程应分为三个阶段：第一阶段是过热蒸汽的冷却，将过热蒸汽冷却至饱和蒸汽；第二阶段是饱和蒸汽的凝结，将饱和蒸汽凝结为饱和液体；第三阶段是凝结液的冷却，将凝结液从饱和态冷却至过冷态。三个不同的阶段有不同的换热规律。

3. 管内是液体的蒸发或沸腾过程。如翅片管式蒸汽发生器，或翅片管式余热锅炉。其换热特点是：从管外高温烟气或空气中吸收热量传至管内的液体，使管内流动的液体汽化(蒸发或沸腾)，吸收的热量主要以汽化潜热的形式由蒸汽带走。如果流入的是过冷的液体，则首先需要将其预热至饱和的温度，然后才能进入沸腾状态。如果对产生的饱和蒸汽继续加热，则进入过热蒸汽的加热过程，属于单相流体的对流换热。

一、管内紊流换热关联式

一般，管内$R_e \geqslant 10^4$时的换热属于管内紊流换热，在这一领域，有各种不同形式的实验关联式，下面推荐简单而适用的 Dittus-Boelter 关联式：

$$Nu_f = 0.023 Re_f^{0.8} Pr_f^n \qquad (8-18)$$

当管内流体被加热时，$n=0.4$；当流体被冷却时，$n=0.3$；式中，下标f代表以流体平均温度作为选取物性值的定型温度，选取内径D_i作为特征尺寸。实验

范围是 $Re_f=10^4\sim1.2\times10^5$，$Pr_f=0.7\sim120$，$\frac{L}{D_i}\geqslant60$，$L$ 为管子长度。式(8-18)可表示为

$$h_i = 0.023\left(\frac{\lambda_f}{D_i}\right)\left(\frac{D_iG_m}{\mu_f}\right)^{0.8}Pr_f^n \tag{8-19}$$

式中：h_i 为管内对流换热系数[W/(m²·℃)]；D_i 为管内径(m)；G_m 为管内质量流速[kg/(m²·s)]；λ_f、μ_f、Pr_f 为管内流体的导热系数[W/(m²·℃)]、黏度系数[kg/(m²·℃)]和普朗特数。

式(8-19)中的 Re 数也可以表示为

$$\frac{D_iG_m}{\mu_f}=\frac{D_i\rho_f v}{\mu_f}$$

式中：v 为流体的线速度(m/s)；ρ_f 为流体密度(kg/m³)。

为了显示各物理量对换热系数的影响大小，也可以将式(8-19)写成

$$h_i = 0.023\lambda_f^{0.6}D_i^{-0.2}\mu_f^{-0.4}c_p^{0.4}(\rho_f v)^{0.8} \tag{8-20}$$

式中：c_p 为流体质量定压比热容[J/(kg·℃)]。

由式(8-20)可以看出：

1. 换热系数 h_i 与流体的导热系数 λ_f 的0.6次幂成正比。例如，在50℃下，水的导热系数约为制冷剂氟利昂-12的10倍，机油的5倍，因而在其他条件相同的情况下，水在管内流动时的换热系数约为制冷剂氟利昂-12的4倍。

2. 换热系数 h_i 与管子内径的−0.2次幂成正比，即管径越大，换热系数越小。所以，为了保证管内有较高的换热系数，不宜选用大的管径。

3. 与黏度的−0.4次幂成正比，即随着管内流体黏度的增大，管内换热系数将明显下降。若管内流动的是液态油品，由于油品的黏度系数随温度的降低而急剧增大，从而使管内换热系数大幅下降。

4. 换热系数 h_i 随管内质量流速 G_m(即 $\rho_f v$)的0.8次幂成正比，并且是对流换热的普遍规律。所以，在设计翅片管换热器时要选择合理的管内质量流速。

二、管内层流换热关联式

在翅片管换热器的设计过程中，经常会遇到管内流速很低的情况，当管内 R_e 数小于2300时，流动状态为层流，管内换热系数应该用层流的关联式计算。当管内 R_e 数在2300～10^4 时，虽然处于层流和紊流的过渡区，但仍可用层流公式计算，使设计偏于安全。

Sieder-Tate 关联式：

$$h_i = 1.86\left(\frac{\lambda_f}{D_i}\right)(R_ePr)^{\frac{1}{3}}\left(\frac{D_i}{L}\right)^{\frac{1}{3}}\left(\frac{\mu_f}{\mu_w}\right)^{0.14} \tag{8-21}$$

式中：L 为管内流体的流动长度。除黏度 μ_w 按壁面温度取值之外，其他物性均按流体的平均温度取值。

应用范围：$R_e < 2300$，$0.6 < Pr < 6700$，$\left(R_e Pr \frac{D_i}{L}\right) > 100$。

管内层流换热的理论计算为

$$Nu = \frac{h_i D_i}{\lambda} = 4.364 \quad 或 \quad h_i = 4.364 \frac{\lambda}{D_i} \tag{8-22}$$

三、管内流动阻力

紊流（$R_e \geqslant 10^4$）阻力计算：

$$\Delta p = f \frac{L \rho v^2}{D_i 2} \tag{8-23}$$

式中：Δp 为流动阻力（Pa）；L，D_i 分别为流程长度和管内径；ρ 为流体密度（kg/m^3）；v 为管内平均流速（m/s）；f 为阻力系数，由实验关联式确定：

$$f = 0.316 R_e^{-\frac{1}{4}} \tag{8-24}$$

式（8 - 23）的选用范围：$R_e = 10^4 \sim 2 \times 10^5$，与式（8 - 18）的适用范围相同。由式（8 - 23）、式（8 - 24）可得

$$\Delta p = 0.316 \times \frac{L}{D_i} \times \frac{\rho v^2}{2} \times R_e^{-0.25} \tag{8-25}$$

式中：R_e 为管内雷诺数，$R_e = \frac{D_i \rho v}{\mu}$。

管内层流（$R_e \leqslant 2300$）阻力计算：

管内层流阻力的理论分析式为

$$\Delta p = 32 \times \frac{L \mu v}{D_i^2} \tag{8-26}$$

式中：Δp 为流动阻力（Pa）；L 为流程长度（m）；μ 为介质平均流速；D_i 为内径。

8.4　翅片管的排列与连接

一、翅片管的排列方式

在翅片管换热器的设计中，翅片管排列方式的选取非常重要。翅片管有三种排列方式：叉排、顺排和 M 型排列，如图 8 - 7～图 8 - 9 所示。所谓叉排，是指在气流方向上管子交叉排列，而顺排是指在气流方向上管子顺序排列，M 型

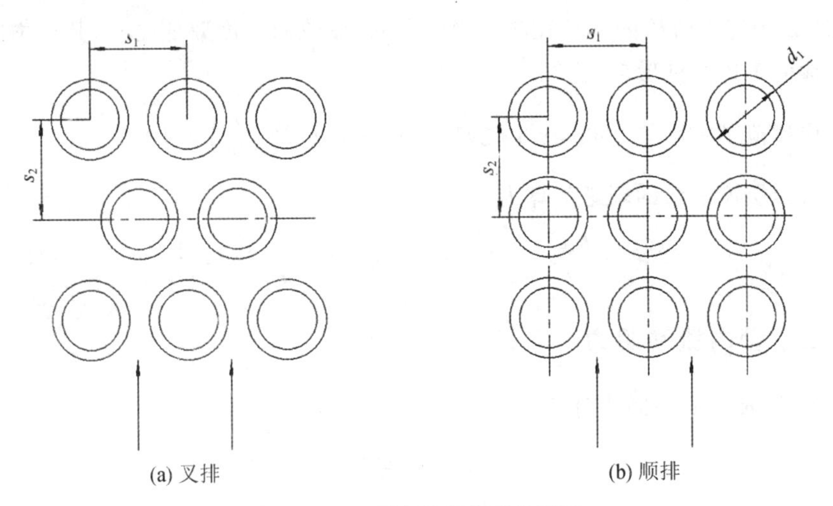

图 8-7　环形翅片的叉排和顺排

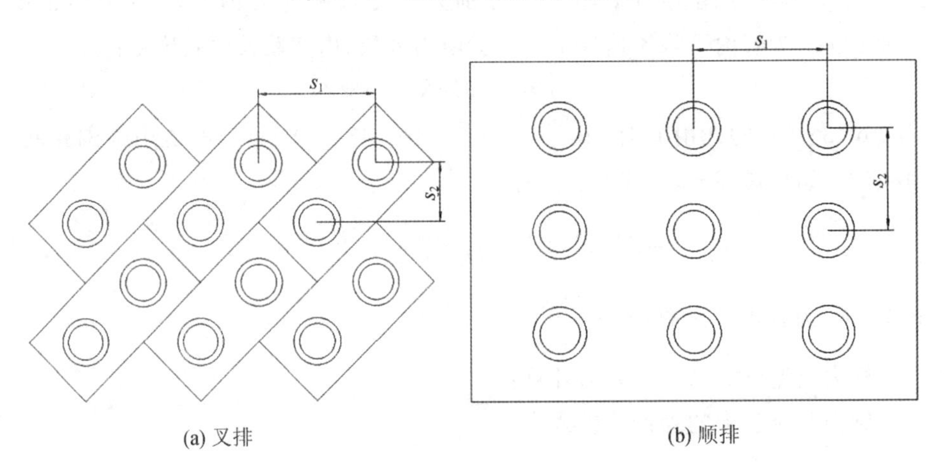

图 8-8　矩形翅片和板状翅片的叉排和顺排

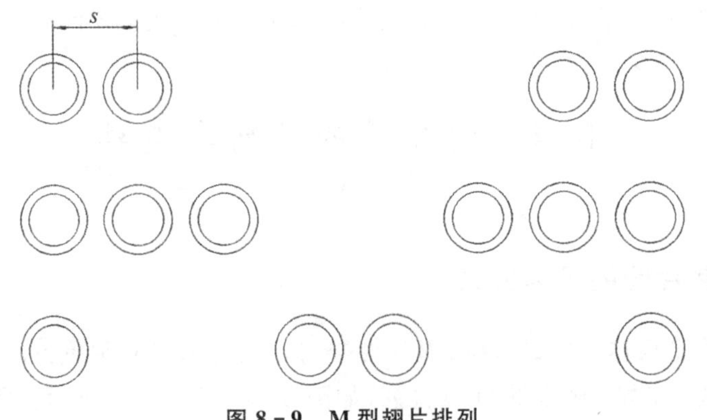

图 8-9　M 型翅片排列

排列可增加气流空间。图 8－7 是环形翅片的叉排和顺排，图 8－8 是指对于不同翅片形状的翅片管，如矩形翅片或整体的板状翅片（又称板翅）的叉排和顺排，图 8－9 是 M 型排列方式。

图中的箭头表示管外流体的流动方向，s_1 表示横向管间距，s_2 表示纵向管间距。顺排和叉排的优缺点是：

顺排：流体在管外绕流时，受到的扰动较小，换热系数较低，但优点是阻力小。

叉排：流体在管外绕流时，受到的扰动较大，换热系数较高，但缺点是阻力较大。

当对阻力没有严格限制时，应首选叉排排列；当要求的阻力较低时，应选取顺排方案。此外，管间距 s_1 和 s_2 的大小对换热和阻力也有很大的影响。对于叉排管束，通常采用等边三角形排列，有时也采用等腰三角形排列。

应当指出，翅片管的排列方式和管间距的选择是为了满足管外翅片侧的换热和阻力而做出的选择，是针对管外因素的选择。

二、管程及其连接

为了满足管内换热的要求，应保证管内介质具有一定的流速。需选择每个管程中的管子数目。管程是对管内介质的流动而言的。每一管程可以由一排或多排管组成，各管程之间的连接方式主要有管箱连接和弯管连接两种。

1. 管箱（集箱）连接

若管内流体的压力较高，一般选用大直径的圆管作为管箱，如图 8－10(a)所示。例如，在锅炉系统中，几乎都选用圆管作为管箱。在空冷器应用中，经常采用方形管箱，如图 8－10(b)所示。方形管箱的优点是可以同时连接多排翅片管，便于安装和维修。

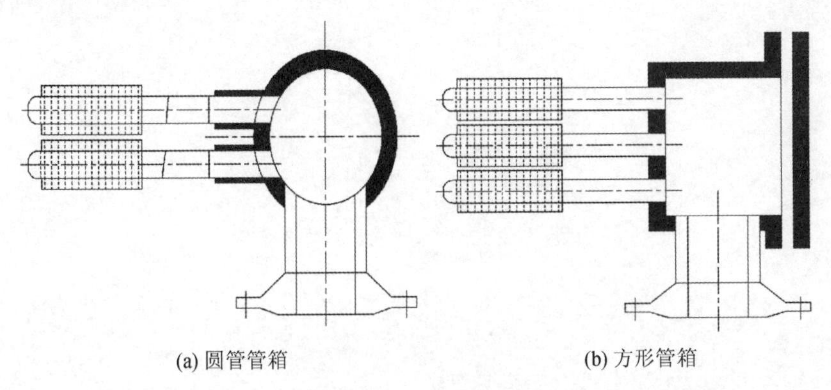

(a) 圆管管箱　　(b) 方形管箱

图 8－10　管箱连接

2. 弯管连接

除了第一管程和最后管程必须采用管箱连接外，其余中间管程中的各排管最好用弯管一对一连接。其优点为：

（1）能提高换热效果。因为一对一连接能避免管内流体的相互掺混，而流体的掺混是不利于传热的。

（2）能减少流体的流动阻力。一对一连接能保正流动截面积不变，避免流体在连接处的膨胀和收缩。

（3）弯管能“吸收”热膨胀而产生弯形。

第9章　翅片管换热器设计

9.1　翅片管设计方法和步骤

翅片管换热器有三种不同的设计方法：

第一种设计方法，可称为“正设计法”，其要点是，根据已知条件，选择并确定与迎风面有关的所有参数：迎面风速、迎风面积、翅片管长度、翅片管间距、管径、翅片高度、翅片节距，并计算出迎风面上的翅片管数目和第一排管的传热面积。计算管外、管内换热系数和各项传热热阻，并计算出迎风面上的翅片管数目和传热温差。计算总传热面积和纵向管排数。

第二种设计方法，可称为“验算法”。其特点是，根据经验，已全部选定了翅片管换热器的结构和传热面积，设计者的任务是对其进行验算。逐项计算管内外换热系统和各项热阻，并最后计算出所需传热面积。若选取的传热面积≥计算传热面积，则该选取值可被认可，也可根据二者之差，做必要的修改。

第三种设计方法，可称为“变工况”计算法。当翅片管换热器经过设计、制造、并在现场安装运行后，发现实际的入口条件（冷热流体的入口温度和流量）与设计值有较大的偏差时，需要通过变工况计算，确定冷热流体的出口参数和传热量。

下面，主要讨论翅片管换热器的“正设计法”，其步骤和要点如下。

1. 梳理用户给出的条件和要求

用户应给出的条件为下列六项中的五项：

(1) 热流体流量 M(kg/h)或(Nm^3/h)或(m^3/h)；

(2) 热流体入口温度 T_1(℃)；

(3) 热流体出口温度 T_2(℃)；

(4) 冷流体流量 m(kg/h)或(Nm^3/h)或(m^3/h)；

(5) 冷流体入口温度 t_1(℃)；

(6) 冷流体出口温度 t_2(℃)；

用户给出的其他条件：

(1) 翅片侧和管内流体的压力和允许阻力降 Δp(Pa)；

(2) 积灰状况：含灰量(g/m^3)，灰分组成；

(3) 燃料品种及成分；

(4) 腐蚀和磨损的潜在可能性；

(5) 应用环境：室内/室外、环境温度、允许标高、安装空间等。

2. 计算热负荷 Q 并确定其余未知条件

对于单相流体，热流体放热量：

$$Q = Mc_h(T_1 - T_2)$$

冷流体吸热量：

$$Q = mc_c(t_2 - t_1)$$

在不考虑散热损失的情况下，热平衡为

$$Q = Mc_h(T_1 - T_2) = mc_c(t_2 - t_1)$$

式中：c_h 和 c_c 分别为热流体和冷流体的比热容。

从上面两式可以解出热负荷及待定的温度或流量。

对于相变过程，热流体或冷流体的传热量为

$$Q = M(i_1 - i_2)_h \quad 或 \quad Q = M(i_2 - i_1)_c$$

式中：$(i_1 - i_2)_h$，$(i_2 - i_1)_c$ 分别为热流体的焓降或冷流体的焓升。

当热流体为相变流体，冷流体为单相时，热平衡为

$$Q = M(i_1 - i_2)_h = mc_c(t_2 - t_1)$$

当冷流体为相变流体，热流体为单相时，热平衡为

$$Q = m(i_2 - i_1)_c = Mc_h(T_1 - T_2)$$

给出的进、出口温度和流量必须满足上述相关热平衡式的要求。

3. 选择迎风面质量流速并计算迎风面积

所谓迎风面积是指气体(烟气或空气等)在流入翅片管束之前的面积，即面对翅片管束的面积。该面积的大小决定了迎风面质量流速的大小。所谓迎风面质量流速是指在单位迎风面积上，单位时间所流过的气体质量，即

$$v_m = \frac{m}{F}$$

式中：v_m 为迎风面质量流速[$kg/(m^2 \cdot ℃)$]；m 为气体质量流量(kg/m^3)；F 为迎风面积(m^2)。

若给出的气体的体积流量 $V(m^3/h)$，应将其换算成质量流量：

$$m = \frac{V\rho}{3600}$$

式中：ρ 为气体的密度（kg/m^3），由对应的气体温度查取。

在翅片管换热器设计的初期阶段，气体的迎风面质量流速 v_m 是需要选定的，选择质量流速时，要考虑三个因素：

(1) 质量流速 v_m 大，管外换热系数大，翅片管外换热系数 h 与质量流速的约0.7次幂成正比。

(2) 随着质量流速 v_m 增大，管外流动阻力会大幅增加，由2.2节的相关式可知，气体绕流翅片管时的流动阻力 Δp(Pa)与管外流速的1.6～1.8次幂成正比。

(3) 管外流速的大小会直接影响翅片管外表面的积灰和磨损状况。

所以，需综合考虑上述传热、阻力、积灰等因素来选择合适的质量流速；如果对气体侧的阻力没有严格要求，建议选择较大的质量流速，$v_m=4\sim5kg/(m^2\cdot s)$；如果气体侧的允许阻力较低，建议选取较小的质量流速，$v_m=3\sim4kg/(m^2\cdot s)$。

对于含灰量大的流体，为了防止积灰，应选用较高的流速。一般，在翅片管最窄流通截面处的风速是迎风面上的2倍，经验证明，当最窄截面处的风速在8～10m/s时，就具备了一定的自吹灰能力。此外，为了避免积灰和磨损，在翅片管的结构和形式上需做进一步的改进。

当迎风面质量流速 v_m 选定后，迎风面积

$$F=\frac{m}{v_m}$$

迎风面的形状，一般设定为矩形，即

$$F=LW$$

式中：L 为矩形的长边，一般作为翅片管的有效长度；W 为迎风面的宽度。

4. 选定翅片管尺寸规格，在迎风面上的管间距、管子数目和长度

(1) 根据翅片管的应用条件和应用经验，选择翅片管规格和尺寸。

(2) 确定迎风面上的横向管排数。$N_1=\dfrac{W}{s_1}$，取圆整值。

(3) 计算迎风面上的基管传热面积

$$A_1=\pi D_o L N_1$$

5. 计算气体绕流翅片管的换热系数

(1) 计算最窄流通截面处质量流速：

$$G_m=\frac{\text{迎风面质量流量}}{\text{最窄流通面积}}$$

式中：G_m 的单位符号是 $kg/(m^2\cdot s)$，最窄流通面积是指翅片管中间的流通面积。

(2) 由气体侧的平均温度查取相应物理值：

密度：$\rho(kg/m^3)$；比热容：$c_p[kJ/(kg\cdot ℃)]$；导热系数：$\lambda[W/(m\cdot ℃)]$；

黏度系数：μ[kg/(m·s)]；普朗特数：Pr。

(3) 翅片管外换热系数 h 计算。

$$h = 0.1378\left(\frac{\lambda}{D_o}\right)\left(\frac{D_o G_m}{\mu}\right)^{0.718}(Pr)^{\frac{1}{3}}\left(\frac{Y}{H}\right)^{0.296}$$

6. 计算翅片效率和基管外换热系数

(1) 对于环形翅片，翅片效率 η_f 采用简化计算式计算；

(2) 以基管外表面为基准的换热系数 h_o 的计算：

$$h_o = h\frac{A_f\eta_f + A_1}{A_o} \quad \text{或} \quad h_o = h\beta\eta_f$$

7. 选择单管程的管排数，计算管内换热系数 h_i

(1) 确定单管程管排数及流通面积。

为了保证管内流体具有较高的流速和换热系数，同时具有合适的流动阻力，每个管程可以由 1 排管、2 排管或更多排管组成。

管程中的管排数选择如图 9－1 所示。

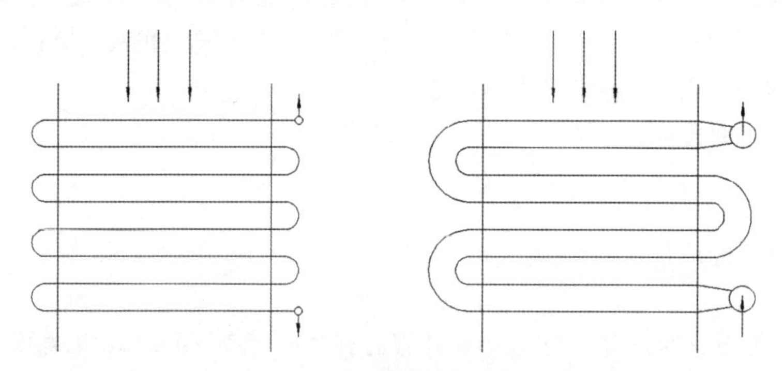

图 9－1　管程中的管排数选择

(2) 计算管内流体的质量流速：

$$G_m = \frac{\text{管内流体总流量}}{\text{单管程管内流通面积}}$$

8. 计算翅片管换热器的传热热阻和传热系数

计算各项热阻，选取污垢热阻和接触热阻。

9. 计算翅片管换热器的传热温差 ΔT

相关公式计算。

10. 传热面积、翅片管总数和纵向管排数的确定

(1) 传热面积和安全系数。

计算出的传热面积是以基管(光管)外表面为基准的传热面积，是传热面积的计算值，实际选取的传热面积应为上述计算值的 1.1～1.2 倍，即乘以安全系数。

安全系数的选取应考虑：各计算式不够精确，会造成一定的误差；积灰、污垢等因素很难精确估计，故选取一定的安全系数来保证设计的安全性。在运行参数变化大的场合，可选用更大的安全系数。

(2) 翅片管总根数：

$$N = \frac{\text{总传热面积}}{\text{单管传热面积}}$$

即 $N = \frac{A_o}{\pi D_o L_1}$，取圆整值。

(3) 纵向管排数：

$$N_2 = \frac{\text{总根数}}{\text{横向管排数}} = \frac{N}{N_1}$$

圆整并总取大值。

(4) 管束纵向尺寸。

选定纵向管间距 s_2，在等边三角形排列时

$$s_2 = \frac{\sqrt{3}}{2} s_1$$

管束的纵向尺寸等于 $s_2 N_2$。

11. 计算流动阻力 Δp

(1) 按相关公式计算管外气体的流动阻力 Δp，应满足 $\Delta p_{\text{计算值}} < \Delta p_{\text{要求值}}$，若不能满足设计要求，需修改相关参数，如选用较小的迎风面质量流速，并重复上述各步骤的计算；

(2) 按相关公式计算管内流体的流动阻力并确认是否满足设计要求。

12. 画出翅片管束布置图(见图 9-2)

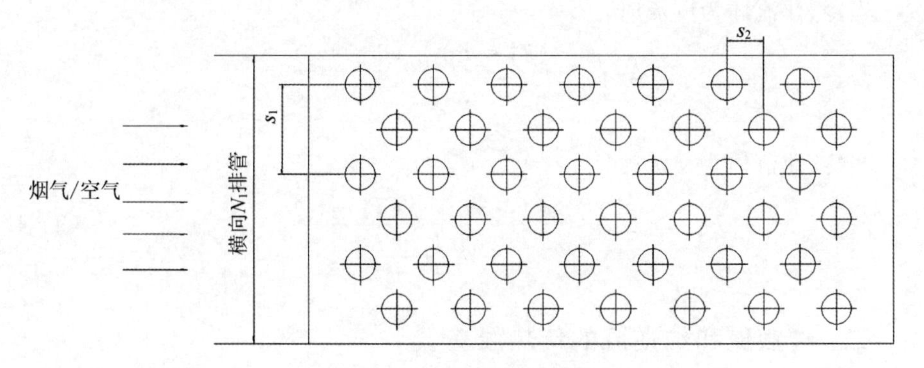

图 9-2 翅片管束布置图

13. 计算翅片管换热器的总重

(1) 翅片管元件的单重和总重；

(2) 管箱及其他结构件的重量；

(3) 设备总重和造价估计。

9.2 翅片管换热器的传热温差计算

一、传热温差公式

翅片管换热器的基本传热公式为

$$Q = U_0 A_0 \Delta T \quad 或 \quad A_0 = \frac{Q}{U_0 \Delta T} \tag{9-1}$$

为了求解传热面积 A_0，必须计算出传热系数 U_0 和传热温差 ΔT，本章的绝大部分章节所涉及的内容，都是为计算传热系数 U_0 所必须掌握的原理和方法。本章也将讨论传热温差 ΔT 的计算。

由于换热器的结构和型式多种多样，影响传热温差的因素较多，在假定传热系数不变，冷、热流体的比热不变的情况下，从理论上推导出的传热温差 ΔT 的统一表达式为

$$\Delta T = \Delta T_{\ln} F \tag{9-2}$$

式中：$\Delta T_{\ln}$ 为冷、热流体之间的对数平均温差；F 为考虑不同影响因素的温差修正系数。

取 T_1，T_2 代表热流体的进出口温度，t_1，t_2 代表冷流体的进出口温度，则对数平均温差 $\Delta T_{\ln}$ 可由冷、热流体的端部温差计算：

当冷、热流体为顺流时，

$$\Delta T_{\ln} = \frac{(T_1 - t_1) - (T_2 - t_2)}{\ln \dfrac{T_1 - t_1}{T_2 - t_2}} \tag{9-3}$$

当冷、热流体为逆流时，

$$\Delta T_{\ln} = \frac{(T_1 - t_2) - (T_2 - t_1)}{\ln \dfrac{T_1 - t_2}{T_2 - t_1}} \tag{9-4}$$

二、纯顺流和纯逆流的传热温差

纯顺流和纯逆流情况可由下式计算。

1. 气/气式热管换热器：高温和低温气体在热管蒸发段和冷凝段两侧形成纯顺流或纯逆流的流动，如图 9－3 所示。

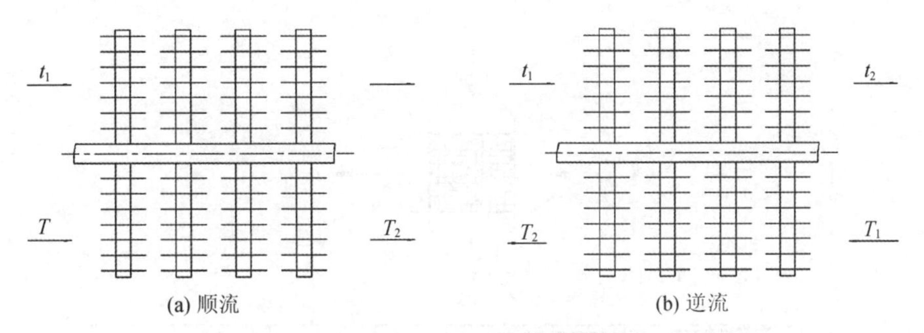

图 9－3　气/气式热管换热器

2. 纵向翅片管换热器中管内和管外流体形成纯顺流或纯逆流的流动。这种纯顺流和纯逆流情况下的传热温差的计算方法按下式计算：

$$\Delta T = \Delta T_{\ln} F$$

式中：对数平均温差为 $\Delta T_{\ln}$，温差修正系数 $F=1$。

三、交叉流翅片管换热器的传热温差

如图 9－4 所示，这是一种纯交叉流的情况，是由整体平板翅片管构成的换热器。该图显示冷热流体在交叉流动的过程中均不相互混合的特点。

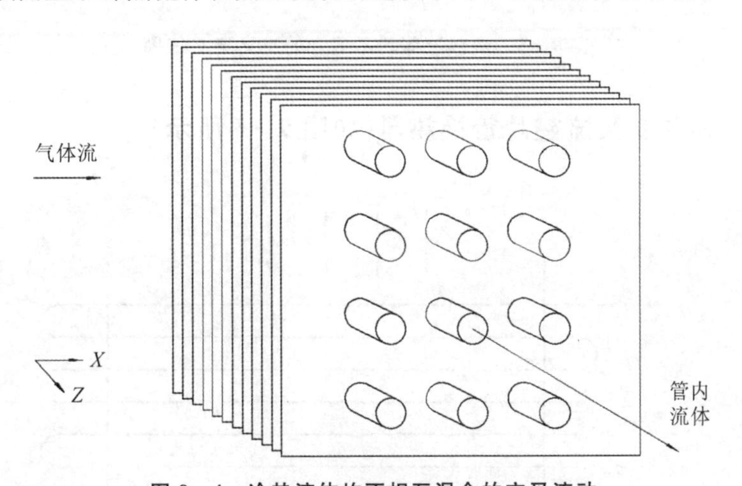

图 9－4　冷热流体均不相互混合的交叉流动

理论上可以证明，对于这种交叉流动的传热温差的计算方法是：$\Delta T = \Delta T_{\ln} F$；温差修正系数 F 值由图 9－5 查取。

$$R = \frac{T_1 - T_2}{t_2 - t_1} = \frac{\text{热流体温降}}{\text{冷流体温升}}$$

$$P = \frac{t_2 - t_1}{T_1 - t_1} = \frac{\text{冷流体温升}}{\text{冷流体最大可能的温升}}$$

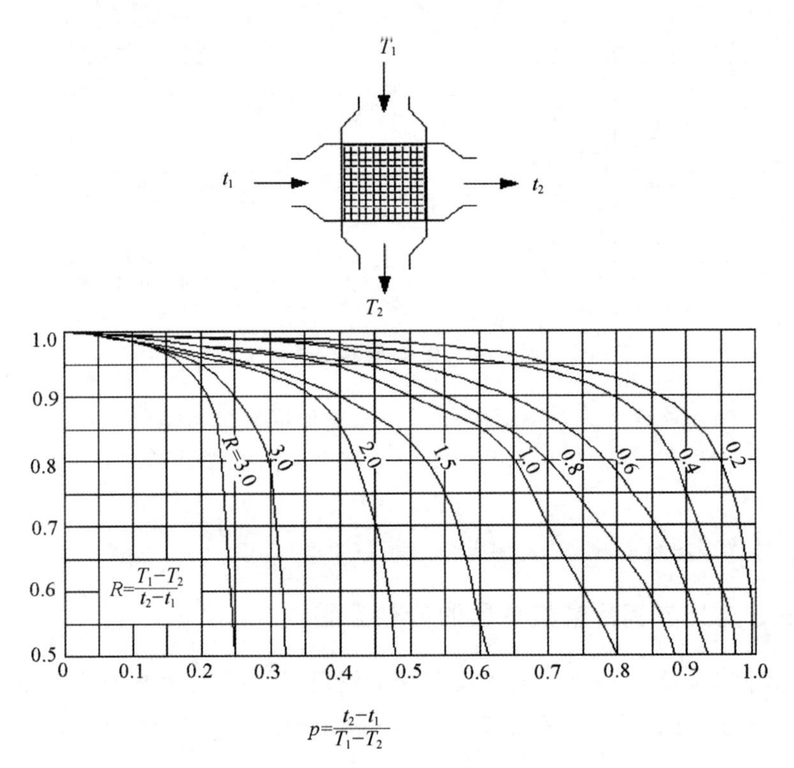

图 9-5　冷热流体均不混合的交叉流 F 值图

四、逆向交叉流翅片管换热器(如图 9-6 所示)

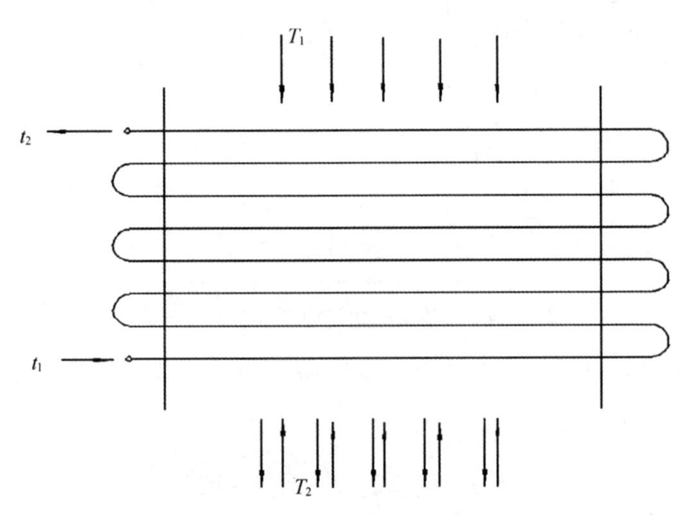

图 9-6　逆向交叉流的翅片管换热器

这种逆向交叉流的传热温差 $\Delta T=\Delta T_{\ln}F$，其中温差修正系数 F 值仍可由图 9-5 查取。此外，理论分析指出，图 9-5 虽然是对单管程交叉流动而言，但对于如图 9-6 所示的多管程交叉流的情况也是适用的。计算表明，单管程交叉流和多管程交叉流的 F 值是相同的。

五、管内相变换热情况下的传热温差

当管内是饱和蒸汽的凝结或饱和液体的沸腾时，其特点是相变流体的进出口温度不变，该情况下的传热温差的特点是：

1. 当冷热两流体平行流动时，无所谓顺流或逆流，因相变流体的进出口温度是相同的，对数平均温差为 $\Delta T_{\ln}$ 可按式(9-3)计算，温差修正系数 $F=1$。

2. 当冷热两流体垂直交叉流动时，对数平均温差 $\Delta T_{\ln}$ 可按逆流计算。因为一侧流体为相变换热，其 $R=0$，或 $P=0$，在图 9-5 中查得温差修正系数 $F=1$。

六、管内同时存在相变换热和单相对流换热时的传热温差

这也是在翅片管换热器的设计和应用中经常遇到的情况，管内是饱和蒸汽的凝结和凝结水的冷却，冷、热流体的温度变化如图 9-7 所示。

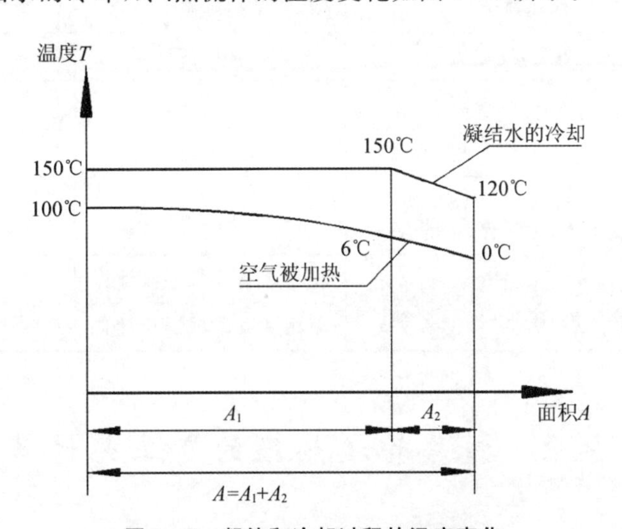

图 9-7　凝结和冷却过程的温度变化

此时，换热器的设计和传热温差的计算应分段进行：

1. 将换热器分解成两个换热器进行温差的计算，其中一个换热器为纯相变换热器，另一换热器为纯单相对流换热器。之所以分解成两个相联的换热器，一是因为两者传热温差的变化规律不同，计算方法也不同；二是因为两个换热器的传热系数有巨大的差异，因而所需的传热面积 A_1，A_2 也会相差很大。

2. 为了分别计算两个换热器的传热温差，需首先确定非相变流体在分界点处的温度。这可通过热平衡式计算：

总的传热量 $Q = M(i_1 - i_2)$

相变传热量 $Q_1 = Mr$

非相变传热量 $Q_2 = mc(t_m - t_1)$

式中：M 为相变流体的质量流量(kg/s)；i_1，i_2 为相变流体的进出口焓值(kJ/kg)；r 为相变流体汽化潜热(kJ/kg)；m 为非相变流体的质量流量(kg/s)；c 为非相变流体的比热容[kJ/(kg·℃)]；t_m 为非相变流体的中间温度，即两个换热器的分界温度，t_1 为非相变流体的入口或出口温度。由热平衡式 $Q=Q_1+Q_2$ 就可以解出非相变流体的分界温度 t_m。

3. 虽然传热温差分段计算，传热面积 A_1，A_2 也分别求得，但最终换热器仍作为一个整体进行结构设计。

为了便于传热温差的计算，将翅片管换热器经常遇到的上述五种情况，列入表 9-1。

表 9-1　翅片换热器的传热情况

序号	换热器特点	对数平均数温差 $\Delta T_{\ln}$	温差修正系数 F
1	单相，纯顺流	$\Delta T_{\ln}$按顺流计算	$F=1$
2	单相，纯逆流	$\Delta T_{\ln}$按逆流计算	$F=1$
3	单相，交叉流，多管程，不混合	$\Delta T_{\ln}$按逆流计算	$F<1$，按图 9-5 选取
4	一侧相变，另一侧单相交叉流，多管程，不混合	$\Delta T_{\ln}$按逆流计算	$F=1$
5	一侧相变+单相，另一侧单相，交叉流，多管程，不混合	相变区 $\Delta T_{\ln}$按逆流计算	$F=1$
		单相区 $\Delta T_{\ln}$按逆流计算	$F<1$，按图 9-5 选取

9.3　翅片管换热器的变工况计算

一、变工况计算涉及内容

翅片管换热器的设计者之所以重视变工况计算，是因为在翅片管换热器中参与换热的流体有气体——空气、烟气或其他工艺气体，这些气体介质的温度和流量等参数难以精确控制，甚至难以人为控制(如大气温度)，因而设备经常处于"变工况"运行中。所谓变工况，是指其运行参数与设计参数不相同的工作状况。

翅片管换热器的设计是在给定的条件下进行的,这些设计条件包括:冷、热流体的进出口温度,冷、热流体的流量。当采用“直接设计法”计算出了传热面积之后,或者在设备投入运行之后,经常需要进行换热器的变工况计算,计算该换热器在变工况的传热性能。

变工况计算主要涉及下列三种情况下的计算:

1. 只改变冷、热流体的进口温度,冷、热流体的流量保持不变,计算其出口温度和传热量;

2. 改变冷、热流体的进口温度,同时改变冷、热流体的流量,计算其出口温度和传热量;

3. 改变冷、热流体的进口温度和冷、热流体的流量,同时考虑由于冷、热流体流量的变化对传热系数的影响,计算其出口温度和传热量。

二、传热效率

热量计算和换热器设计的基本公式为

$$Q = (mc_p)_h(T_1 - T_2) \tag{9-5}$$

$$Q = (mc_p)_c(t_2 - t_1) \tag{9-6}$$

$$Q = UA\Delta T = UAF\Delta T_{\ln} = UAF\frac{(T_1 - t_2) - (T_2 - t_1)}{\ln\dfrac{T_1 - t_2}{T_2 - t_1}} \tag{9-7}$$

式中:Q为传热量(W);m为热流体或冷流体的质量流量(kg/s);c_p为热流体或冷流体的定压热容[J/(kg·℃)];$(mc_p)_h$,$(mc_p)_c$分别为热流体和冷流体的热容量(W/℃);T_1,T_2为热流体的进口温度和出口温度(℃);t_1,t_2为冷流体的进口温度和出口温度(℃);U为换热器的传热系数[W/(m^2·℃)];A为换热器的传热面积(m^2);$\Delta T_{\ln}$,F分别为对数平均温差和温差修正系数,它们都是冷、热流体进出口温度的函数。

上述三个方程中有三个未知数T_2,t_2,Q,但它们是不能直接求解出来的。要想求解必须利用烦琐的迭代方法。为了方便求解,需首先定义换热器的传热效率(Effectiveness)ε:

$$\varepsilon = \frac{\text{实际传热量}}{\text{最大可能传热量}} = \frac{Q}{Q_{\max}} \tag{9-8}$$

实际传热量Q可以通过式(9-5)或式(9-6)表示;最大可能的传热量对应最大可能的传热温差:热流体进口温度(T_1)和冷流体进口温度(t_1)之差$T_1 - t_1$,而在冷、热两种流体中,只有热容量(mc_p)最小的流体才可能拥有这一最大温差。因而最大可能的传热量可以写为

$$Q_{max} = (mc_p)_{min}(T_1 - t_1) \tag{9-9}$$

为此，需要计算并选择出具有最小热容量的流速，可能是热流体，也可能是冷流体，其热容量为$(mc_p)_{min}$，这时，由式(9-8)和式(9-9)得

$$\varepsilon = \frac{Q}{Q_{max}} = \frac{(mc_p)_{min}(\Delta T)_{min}}{(mc_p)_{min}(T_1 - t_1)} = \frac{(\Delta T)_{min}}{T_1 - t_1} \tag{9-10}$$

式中：$(\Delta T)_{min}$为最小热容量流体的进出口温差，若热流体为最小热容量者，则$\Delta T = T_1 - T_2$；若冷流体为最小热容量者，则$\Delta T = t_2 - t_1$。

若能求得传热效率ε，则冷、热流体的出口温度及传热量就可很容易地求解出来。经过分析，ε是两个无因次量的函数，即

$$\varepsilon = f(N, C) \tag{9-11}$$

式中：

$$N = \frac{UA}{(mc_p)_{min}}, C = \frac{(mc_p)_{min}}{(mc_p)_{max}}$$

其中，N称为传热单元数(NTU)，是一个无因次数，和传热系数与传热面积的乘积(UA)成正比，和最小热容量$(mc_p)_{min}$成反比。C是两个热容量的比值。ε随换热器的形式不同有不同的表达式，对于翅片管换热器，主要有下列几种形式：

1. 翅片管冷凝器或翅片管蒸发器的情况：管内是某种流体的凝结或蒸发，翅片管外是另一种流体(一般是气体)的强迫对流，因为管内是相变换热，其热容$(mc_p)_{max}$可以看作无穷大，因而管外流体总是传热过程中的$(mc_p)_{min}$，这时，$C = \frac{(mc_p)_{min}}{(mc_p)_{max}} \to 0$，其传热效率的表达式为

$$\varepsilon = 1 - e^{-N} \quad 或 \quad N = -\ln(1-\varepsilon) \tag{9-12}$$

2. 翅片管内是某种对流换热的流体，如水或油在管内流动，一般有较高的换热系数；管外有翅片，一般是气体的横向冲刷流动。

交叉流、多管程、不混合的换热如图9-8所示。

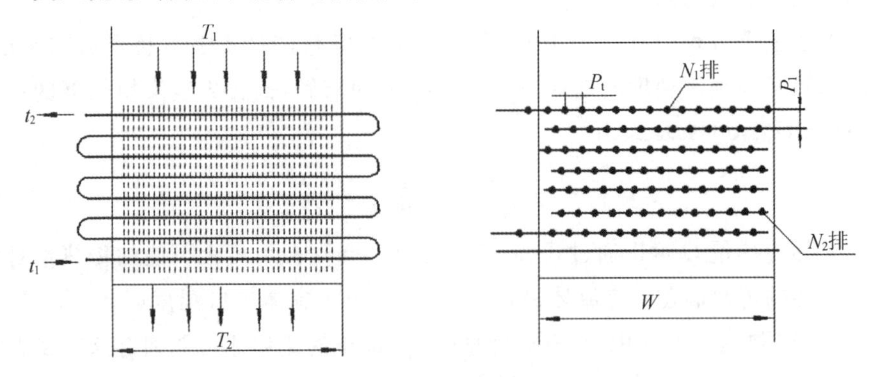

图9-8　交叉流、多管程、不混合的换热

其换热器特点是：交叉流，多管程，每种流体都不相互混合。

传热效率 ε 的计算式为

$$\varepsilon = 1 - \exp\left[\frac{\exp(-N^{0.78}C)-1)}{CN^{-0.22}}\right] \tag{9-13}$$

应当指出，严格来说，式(9-13)仅适用于交叉流、不混合、单管程的情况，对于交叉流、不混合、多管程的情况，应用式(9-13)所得结果会产生一定的误差。

空气在不同入口温度下的计算结果见表9-2。

表9-2 空气在不同入口温度下的计算结果

空气入口温度 t_1(℃)	40	30	20	10	0.0
空气出口温度 t_2(℃)	107.7	103.9	100.0	96.2	92.3
传热量 Q(kW)	293.8	320.5	347.2	373.9	400.6

由此可见，随着入口温度的降低，空气出口温度逐渐下降，但传热量逐渐增加。

附　　录

附录 1　干空气的热物理性质($p=1.01\times10^5$Pa)

t(℃)	ρ(kg · m^{-3})	c_p(kJ · kg^{-1} · ℃$^{-1}$)	$\lambda\times10^2$ (W · m^{-1} · ℃$^{-1}$)	$a\times10^8$ (m^2 · s^{-1})	$\mu\times10^6$ (kg · m^{-1} · s^{-1})	$v\times10^6$ (m^2 · s^{-1})	Pr
−50	1.584	1.013	2.04	12.7	14.6	9.24	0.728
−40	1.515	1.013	2.12	13.8	15.2	10.04	0.728
−30	1.455	1.013	2.20	14.9	15.7	10.80	0.723
−20	1.394	1.009	2.28	16.2	16.2	11.61	0.716
−10	1.342	1.009	2.36	17.4	16.7	12.43	0.712
0	1.293	1.005	2.44	18.8	17.2	13.28	0.707
10	1.247	1.005	2.51	20.0	17.6	14.16	0.705
20	1.205	1.005	2.59	21.4	18.1	15.06	0.703
30	1.165	1.005	2.67	22.9	18.6	16.00	0.701
40	1.128	1.005	2.76	24.3	19.1	16.96	0.699
50	1.093	1.005	2.83	25.7	19.6	17.95	0.698
60	1.060	1.005	2.90	27.2	20.1	18.97	0.696
70	1.029	1.009	2.96	28.6	20.6	20.02	0.694
80	1.000	1.009	3.05	30.2	21.1	21.09	0.692
90	0.972	1.009	3.13	31.9	21.5	22.10	0.690
100	0.946	1.009	3.21	33.6	21.9	23.13	0.688
120	0.898	1.009	3.34	36.8	22.8	25.45	0.686
140	0.854	1.013	3.49	40.3	23.7	27.80	0.684

续 表

t(℃)	ρ(kg·m^{-3})	c_p(kJ·kg^{-1}·℃$^{-1}$)	$\lambda\times10^2$ (W·m^{-1}·℃$^{-1}$)	$a\times10^8$ (m^2·s^{-1})	$\mu\times10^6$ (kg·m^{-1}·s^{-1})	$v\times10^6$ (m^2·s^{-1})	Pr
160	0.815	1.017	3.64	43.9	24.5	30.09	0.682
180	0.779	1.022	3.79	47.5	25.3	32.49	0.681
200	0.746	1.026	3.93	51.4	26.0	34.85	0.680
250	0.674	1.038	4.27	61.0	27.4	40.61	0.677
300	0.615	1.047	4.60	71.6	29.7	48.33	0.674
350	0.566	1.059	4.91	81.9	31.4	55.46	0.676
400	0.524	1.068	5.21	93.1	33.0	63.09	0.678
500	0.456	1.093	5.74	115.3	36.2	79.38	0.687
600	0.404	1.114	6.22	138.3	39.1	96.89	0.699
700	0.362	1.135	6.71	163.4	41.8	115.4	0.706
800	0.328	1.156	7.18	188.8	44.3	134.8	0.713
900	0.301	1.172	7.63	216.2	46.7	155.1	0.717
1000	0.277	1.183	8.07	245.9	49.0	177.1	0.719

附录2　大气压($p=1.01\times10^5$Pa)下烟气的热物理性质

t(℃)	ρ(kg·m^{-3})	c_p(kJ·kg^{-1}·℃$^{-1}$)	$\lambda\times10^2$ (W·m^{-1}·℃$^{-1}$)	$a\times10^8$ (m^2·s^{-1})	$\mu\times10^6$ (kg·m^{-1}·s^{-1})	$v\times10^6$ (m^2·s^{-1})	Pr
0	1.295	1.024	2.28	16.9	15.8	12.20	0.72
100	0.950	1.068	3.13	30.8	20.4	21.54	0.69
200	0.748	1.097	4.01	48.9	24.5	32.80	0.67
300	0.617	1.122	4.84	69.9	28.2	45.81	0.65
400	0.525	1.151	5.70	94.3	31.7	60.38	0.64
500	0.457	1.185	5.56	121.1	34.8	76.3	0.63

续 表

t(℃)	ρ(kg·m^{-3})	c_p(kJ·kg^{-1}·℃$^{-1}$)	$\lambda\times10^2$(W·m^{-1}·℃$^{-1}$)	$a\times10^8$(m^2·s^{-1})	$\mu\times10^6$(kg·m^{-1}·s^{-1})	$v\times10^6$(m^2·s^{-1})	Pr
600	0.405	1.214	7.42	150.9	37.9	93.61	0.62
700	0.363	1.239	8.27	183.8	40.7	112.1	0.61
800	0.330	1.264	9.15	219.7	43.4	131.8	0.60
900	0.301	1.290	10.00	258.0	45.9	152.5	0.59
1000	0.275	1.306	10.90	303.4	48.4	174.3	0.58
1100	0.257	1.323	11.75	345.5	50.7	197.1	0.57
1200	0.240	1.340	12.62	392.4	53.0	221.0	0.56

注：烟气中组成成分的质量分数：$w(CO_2)=0.13$；$w(H_2O)=0.11$；$w(N_2)=0.76$

附录3 饱和水的热物理性质

t(℃)	$p\times10^5$(Pa)	ρ(kg·m^{-3})	h(kJ·kg^{-1})	c_p(kJ·kg^{-1}·℃$^{-1}$)	$\lambda\times10^2$(W·m^{-1}·℃$^{-1}$)	$\mu\times10^6$(kg·m^{-1}·s^{-1})	Pr
0	0.00611	999.8	−0.05	4.212	55.1	1788	13.67
10	0.01228	999.7	42.0	4.191	57.4	1306	9.52
20	0.02338	998.2	83.9	4.183	59.9	1004	7.02
30	0.04245	995.6	125.7	4.174	61.8	801.5	5.42
40	0.07381	992.2	167.5	4.174	63.5	653.3	4.31
50	0.12345	988.0	209.3	4.174	64.8	549.4	3.54
60	0.19933	983.2	251.1	4.179	65.9	469.9	2.99
70	0.3118	977.7	293.0	4.187	66.8	406.1	2.55
80	0.4738	971.8	354.9	4.193	67.4	355.1	2.21
90	0.7012	965.3	376.9	4.208	68.0	314.9	1.95
100	1.013	958.4	419.1	4.220	68.3	282.5	1.75
110	1.41	950.9	461.3	4.233	68.5	259.0	1.60

续　表

t(℃)	$p\times10^5$ (Pa)	ρ ($kg\cdot m^{-3}$)	h ($kJ\cdot kg^{-1}$)	c_p($kJ\cdot kg^{-1}\cdot ℃^{-1}$)	$\lambda\times10^2$ ($W\cdot m^{-1}\cdot ℃^{-1}$)	$\mu\times10^6$ ($kg\cdot m^{-1}\cdot s^{-1}$)	Pr
120	1.98	943.1	503.8	4.250	68.6	237.4	1.47
130	2.70	934.9	546.4	4.266	68.6	217.8	1.36
140	3.61	926.2	589.2	4.287	68.5	201.1	1.26
150	4.76	917.0	632.3	4.313	68.4	186.4	1.17
160	6.18	907.5	675.6	4.346	68.3	173.6	1.10
170	7.91	897.5	719.3	4.380	67.9	162.8	1.05
180	10.02	887.1	763.2	4.417	67.4	153.0	1.00
190	12.54	876.6	807.6	4.459	67.0	144.2	0.96
200	15.54	864.8	852.3	4.505	66.3	136.4	0.93
210	19.06	852.8	897.6	4.555	65.5	130.5	0.91
220	23.18	840.3	943.5	4.614	64.5	124.6	0.89
230	27.95	827.3	990.0	4.681	63.7	119.7	0.88
240	33.45	813.6	1037.2	4.736	62.8	114.8	0.87
250	39.74	799.0	1085.3	4.844	61.8	109.9	0.86
260	46.89	783.8	1134.3	4.949	60.5	105.9	0.87
270	55.00	767.7	1184.5	5.070	59.0	102.0	0.88
280	64.13	750.5	1236.0	5.230	57.4	98.1	0.90
290	74.37	732.2	1289.1	5.485	55.8	94.2	0.93
300	85.83	712.4	1344.0	5.736	54.0	91.2	0.97
310	98.60	691.0	1401.2	6.071	52.3	88.3	1.03
320	112.78	667.4	1461.2	6.574	50.6	85.3	1.11
330	128.51	641.0	1524.9	7.244	48.4	81.4	1.22
340	145.93	610.8	1593.1	8.165	45.7	77.5	1.39
350	165.21	574.7	1670.3	9.504	43.0	72.6	1.60
360	186.57	527.9	1761.1	13.984	39.5	66.7	2.35
370	210.33	451.5	1891.7	40.321	33.7	56.9	6.79

附录4 干饱和水蒸气的热物理性质

t(℃)	$p\times10^5$ (Pa)	ρ(kg·m^{-3})	h(kJ·kg^{-1})	r(kJ·kg^{-1})	c_p (kJ·kg^{-1}·℃$^{-1}$)	$\lambda\times10^2$ (W·m^{-1}·℃$^{-1}$)	$\mu\times10^6$ (kg·m^{-1}·s^{-1})	Pr
0	0.00611	0.00485	2500.5	2500.6	1.8543	1.83	8.022	0.815
10	0.01228	0.00940	2518.9	2476.9	1.8594	1.88	8.424	0.831
20	0.02338	0.01731	2537.2	2453.3	1.8661	1.94	8.84	0.847
30	0.04245	0.03040	2555.4	2429.7	1.8744	2.00	9.218	0.863
40	0.07381	0.05121	2574.3	2405.9	1.8853	2.06	9.620	0.883
50	0.12345	0.08308	2591.2	2381.9	1.8987	2.12	10.022	0.896
60	0.19933	0.1303	2608.8	2357.6	1.9155	2.19	10.424	0.913
70	0.3118	0.1982	2626.1	2333.1	1.9364	2.25	10.817	0.930
80	0.4738	0.2934	2643.1	2308.1	1.9615	2.33	11.219	0.947
90	0.7012	0.4234	2659.6	2282.7	1.9921	2.40	11.621	0.966
100	1.0133	0.5975	2675.7	2256.6	2.0281	2.48	12.023	0.984
110	1.4324	0.8260	2691.3	2229.9	2.0704	2.56	12.425	1.00
120	1.9848	1.121	2703.2	2202.4	2.1198	2.65	12.798	1.02
130	2.7002	1.495	2720.4	2174.0	2.1763	2.76	13.170	1.04
140	3.612	1.965	2733.8	2144.6	2.2408	2.85	13.543	1.06
150	4.757	2.545	2746.4	2114.1	2.3145	2.97	13.896	1.08
160	6.177	3.256	2757.9	2085.3	2.3974	3.08	14.249	1.11
170	7.915	4.118	2768.4	2049.2	2.4911	3.21	14.612	1.13
180	10.019	5.154	2777.7	2014.5	2.5958	3.36	14.965	1.15
190	12.504	6.390	2785.8	1978.2	2.7126	3.51	15.298	1.18
200	15.537	7.854	2792.5	1940.1	2.8428	3.68	15.651	1.21
210	19.062	9.580	2797.7	1900.0	2.9877	3.87	15.995	1.24
220	23.178	11.65	2801.2	1857.7	3.1497	4.07	16.338	1.26
230	27.951	13.98	2803.0	1813.0	3.3310	4.30	16.701	1.29

续 表

t(℃)	$p\times10^5$ (Pa)	ρ(kg·m^{-3})	h(kJ·kg^{-1})	r(kJ·kg^{-1})	c_p (kJ·kg^{-1}·℃$^{-1}$)	$\lambda\times10^2$ (W·m^{-1}·℃$^{-1}$)	$\mu\times10^6$ (kg·m^{-1}·s^{-1})	Pr
240	33.446	16.74	2802.9	1765.7	3.5366	4.54	17.073	1.33
250	39.735	19.96	2800.7	1715.4	3.7723	4.84	17.446	1.36
260	46.892	23.70	2796.1	1661.8	4.0470	5.18	17.848	1.40
270	54.496	28.06	2789.1	1604.5	4.3735	5.55	18.280	1.44
280	64.127	33.15	2779.1	1543.1	4.7675	6.00	18.750	1.49
290	74.375	39.12	2765.8	1476.7	5.2528	6.55	19.270	1.54
300	85.831	46.15	2748.7	1404.7	5.8632	7.22	19.839	1.61
310	98.557	54.52	2727.0	1325.9	6.6503	8.06	20.691	1.71
320	112.78	64.60	2699.7	1238.5	7.7217	8.65	21.691	1.94
330	128.81	77.00	2665.3	1140.4	9.3613	9.61	23.093	2.24
340	145.93	92.68	2621.3	1027.6	12.211	10.70	24.692	2.82
350	165.21	113.5	2563.4	893.0	17.150	11.90	26.594	3.83
360	186.57	143.7	2481.7	720.6	25.116	13.70	29.193	5.34
370	210.33	200.7	2338.8	447.1	76.916	16.60	33.989	15.7
374	220.64	321.9	2085.9	0.0	∞	23.79	44.992	∞

附录5　饱和氨(NH_3)物性值

t(℃)	$p\times10^{-5}$ (Pa)	r (kJ·kg^{-1})	ρ (kg·m^{-3}) (液/汽)	c_p (kJ·kg^{-1}·℃$^{-1}$) (液/汽)	$\lambda\times10^2$ (W·m^{-1}·℃$^{-1}$) (液/汽)	$\mu\times10^6$ (kg·m^{-1}·s^{-1}) (液/汽)
240	1.0226	1369	681.4/0.8972	4.431/2.237	0.615/0.0184	273/9.16
250	1.6496	1339	668.9/1.404	4.483/2.343	0.592/0.0199	245/9.54
260	2.5529	1307	656.1/2.115	4.539/2.467	0.569/0.0211	220/9.93
270	3.8100	1273	642.9/3.086	4.579/2.611	0.546/0.0224	197/10.31
280	5.5077	1237	629.2/4.380	4.662/2.776	0.523/0.0239	176/10.70

续 表

t(℃)	$p\times10^{-5}$ (Pa)	r (kJ·kg^{-1})	ρ (kg·m^{-3}) (液/汽)	c_p (kJ·kg^{-1}·℃$^{-1}$) (液/汽)	$\lambda\times10^2$ (W·m^{-1}·℃$^{-1}$) (液/汽)	$\mu\times10^6$ (kg·m^{-1}·s^{-1}) (液/汽)
290	7.7413	1198	615.0/6.071	4.734/2.963	0.500/0.0256	157.7/11.07
300	10.614	1159	600.2/8.247	4.815/3.180	0.477/0.0277	141.0/11.45
310	14.235	1113	584.6/11.01	4.909/3.428	0.454/0.0302	126.0/11.86
320	18.721	1066	568.2/14.51	5.024/3.725	0.431/0.0332	113.4/12.29
330	24.196	1014	550.9/18.89	5.170/4.088	0.408/0.0368	101.9/12.74
340	30.789	958	532.4/24.40	5.366/4.545	0.385/0.0415	92.1/13.22
350	38.641	895	512.3/31.34	5.639/5.144	0.361/0.0467	83.2/13.74
360	47.702	825	490.3/40.18	6.042/5.978	0.337/0.0536	75.4/14.35

附录 6 金属材料的密度、比热容和导热系数

材料名称	20℃下			导热系数 λ (W·m^{-1}·℃$^{-1}$)			
	密度 ρ (kg·m^3)	比热容 c_p (kJ·kg^{-1}·℃$^{-1}$)	导热系数 λ (W·m^{-1}·℃$^{-1}$)	温度(℃)			
				100	200	300	400
纯铝	2710	0.902	236	240	238	234	228
杜拉铝 96Al-4Cu,微量 Mg	2790	0.881	169	188	188	193	
合金铝(92Al-8Mg)	2610	0.904	107	123	148		
合金铝(87Al-13Si)	2660	0.871	162	173	176	180	
纯铜	8930	0.386	398	393	389	384	379
铝青铜(90Cu-10Al)	8360	0.420	56	57	66		
青铜(89Cu-11Sn)	8800	0.343	24.8	28.4	33.2		
黄铜(70Cu-30Zn)	8440	0.377	109	131	143.	145	148
纯铁	7870	0.455	81.1	72.1	63.5	56.5	50.3
碳钢(w(C)≈0.5%)	7840	0.465	49.8	47.5	44.8	42.0	39.4

续　表

材料名称	20℃下			导热系数 λ ($W \cdot m^{-1} \cdot ℃^{-1}$)			
	密度 ρ ($kg \cdot m^3$)	比热容 c_p ($kJ \cdot kg^{-1} \cdot ℃^{-1}$)	导热系数 λ ($W \cdot m^{-1} \cdot ℃^{-1}$)	温度(℃)			
				100	200	300	400
碳钢(w(C)≈1.0%)	7790	0.470	43.2	42.8	42.2	41.4	40.6
碳钢(w(C)≈1.5%)	7750	0.470	36.7	36.6	36.2	35.7	34.7
不锈钢 19-20Cr/9-12Ni	7820	0.460	15.2	16.6	18.0	19.4	20.8
铬钢 w(Cr)≈13%	7740	0.460	26.8	27.0	27.0	27.0	27.6
锰钢 w(Mn)12%～13%, Ni≈13%	7800	0.487	13.6	14.8	16.0	17.1	18.3
锰钢 w(Mn)≈0.4 %	7860	0.440	51.2	51.0	50.0	47.0	43.5
镍钢 w(Ni)≈1%	7900	0.460	45.4	46.8	46.1	44.1	41.2
铅	11340	0.128	35.3	34.3	32.8	31.5	

附录7　虚变量的贝塞尔函数值

x	$J_0(x)$	$K_0(x)$	$J_1(x)$	$K_1(x)$
0.0	1.000	∞	0	∞
0.1	1.003	2.447	0.050	9.854
0.2	1.010	1.753	0.101	4.776
0.3	1.028	1.373	0.152	3.056
0.4	1.040	1.115	0.204	2.184
0.5	1.064	0.924	0.258	1.656
0.6	1.092	0.775	0.314	1.303
0.7	1.126	0.661	0.372	1.050
0.8	1.166	0.565	0.433	0.862
0.9	1.213	0.487	0.497	0.717
1.0	1.266	0.421	0.565	0.602

续　表

x	$J_0(x)$	$K_0(x)$	$J_1(x)$	$K_1(x)$
1.2	1.394	0.318	0.715	0.435
1.4	1.553	0.244	0.886	0.320
1.6	1.750	0.188	1.085	0.241
1.8	1.989	0.459	1.317	0.183
2.0	2.279	0.114	1.591	0.140
2.5	3.289	0.062	2.517	0.0739
3.0	4.881	0.0347	3.395	0.0402
3.5	7.378	0.0196	6.205	0.0222
4.0	11.302	0.0112	9.759	0.0125
4.5	17.481	0.0064	15.389	0.00708
5.0	27.240	0.0037	24.336	0.00404

索　引

参考文献

[1] 陈世坤.电机设计.北京：机械工业出版社,1982.

[2] 单文培,刘梦桦.水轮发电机组及辅助设备运行与维修.北京：中国水利水电出版社,2006.

[3] 李培元.发电机冷却介质及其监督.北京：中国电力出版社,2008.

[4] 朱跃钊,廖传华.传热过程与设备.北京：中国石化出版社,2008.

[5] 赵明富.制冷设备及应用.北京：化学工业出版社,2006.

[6] 刘纪福.翅片管换热器的原理与设计.哈尔滨：哈尔滨工业大学出版社,2012.

[7] 黎贤钛.电力变压器冷却系统设计.杭州：浙江大学出版社,2009.

图书在版编目(CIP)数据

电机运行热交换计算和设计 / 黎贤钛编著. —杭州：浙江大学出版社，2016.6

ISBN 978-7-308-15712-4

Ⅰ.①电… Ⅱ.①黎… Ⅲ.①发电机运行—热交换—传热计算②发电机运行—热交换—设计 Ⅳ.①TM306

中国版本图书馆 CIP 数据核字（2016）第 066716 号

电机运行热交换计算和设计

黎贤钛　编著

责任编辑　张作梅
责任校对　余梦洁
封面设计　续设计
出版发行　浙江大学出版社
　　　　　　（杭州市天目山路 148 号　邮政编码 310007）
　　　　　　（网址：http://www.zjupress.com）
排　　版　杭州林智广告有限公司
印　　刷　富阳市育才印刷有限公司
开　　本　710mm×1000mm　1/16
印　　张　13.25
字　　数　245 千
版 印 次　2016 年 6 月第 1 版　2016 年 6 月第 1 次印刷
书　　号　ISBN 978-7-308-15712-4
定　　价　58.00 元
